21 世纪高等院校规划教材

高等数学（上册）
（经管、文科类）

主　编　张翠莲

副主编　牛　莉　翟秀娜

中国水利水电出版社

www.waterpub.com.cn

内 容 提 要

本书依据教育部《高等数学课程教学基本要求》（经管、文科类）编写，可满足经管、文科类本科各专业对高等数学的教学需求。

本书分上、下两册出版，上册包括：函数、极限与连续、导数与微分、微分中值定理与导数的应用、不定积分、定积分、定积分的应用等内容，打*号的内容可根据不同专业选学，书末附有积分表，习题答案与提示。

本教材强调从实际应用的需要（实例）出发，加强数学思想和数学概念与社会经济实际问题的结合，淡化了深奥的数学理论，强化了几何说明，结构简练、合理。每章都有本章小结、复习题和自测题。此外，本书还配有辅导教材《高等数学学习指导与习题解答》（经管、文科类）。

本教材可供高等院校经管、文科类本科专业的学生学习使用，也可供高校教师和科技工作者使用。

图书在版编目（ＣＩＰ）数据

高等数学：经管、文科类. 上册 / 张翠莲主编. --
北京：中国水利水电出版社，2015.1（2024.7 重印）
21世纪高等院校规划教材
ISBN 978-7-5170-2894-9

Ⅰ．①高… Ⅱ．①张… Ⅲ．①高等数学－高等学校－
教材 Ⅳ．①013

中国版本图书馆CIP数据核字(2015)第020930号

策划编辑：石永峰　　责任编辑：张玉玲　　封面设计：李　佳

书　　名	21世纪高等院校规划教材 **高等数学（上册）（经管、文科类）**
作　　者	主　编　张翠莲 副主编　牛　莉　翟秀娜
出版发行	中国水利水电出版社 （北京市海淀区玉渊潭南路 1 号 D 座　100038） 网址：www.waterpub.com.cn E-mail：mchannel@263.net（答疑） 　　　　sales@mwr.gov.cn 电话：（010）68545888（营销中心）、82562819（组稿）
经　　售	北京科水图书销售有限公司 电话：（010）68545874、63202643 全国各地新华书店和相关出版物销售网点
排　　版	北京万水电子信息有限公司
印　　刷	三河市德贤弘印务有限公司
规　　格	170mm×227mm　16 开本　15 印张　306 千字
版　　次	2015 年 1 月第 1 版　2024 年 7 月第 6 次印刷
印　　数	8001—9000 册
定　　价	28.00 元

前　　言

我国的高等教育正在快速发展，教材建设也要与之适应，特别是随着教育部关于"高等教育面向 21 世纪内容与课程改革"计划的实施，对教材建设提出了新的要求。本书就是为了适应高等教育的快速发展，满足教学改革和课程建设的需求，体现经管、文科类高等教学教育教学的特点而编写。

本书是编者依据教育部颁布的《高等数学课程教学基本要求》（经管、文科类），根据多年的教学实践，按照新形势下教材改革的趋势编写。全书贯彻"掌握概念、强化应用"的教学原则，加强数学思想和数学概念与经济生活等实际问题的结合，强化利用数学方法求解数学模型，注重学生理解基本概念，掌握基本方法，了解高等数学在经济中的应用；精心选择了教材的内容，从实际应用的需要（实例）出发，淡化了深奥的数学理论，强化了几何说明。每章都配有有学习目标、学习重点、大量的例题和习题、小结、复习题、自测题等，便于学生总结学习内容和学习方法，巩固所学知识。

本书分上、下两册。上册包括函数、极限与连续、导数与微分、微分中值定理与导数的应用、不定积分、定积分、定积分的应用，书后附有积分表，习题答案与提示。本书可作为高等院校经管、文科类专业学生的高等数学教材。打*号的内容可根据不同专业选学。

为了配合我国高等教育从精英教育向大众化教育转变的趋势，以及现代化教育技术手段在教学中广泛应用的现状，我们对这套教材进行了立体化设计，将尽快推出与教材配套的典型例题分析与习题，希望能更好地满足高校教师课堂教学和学生自主学习及考研的需要，对教和学起到良好的作用。

本书由张翠莲任主编，牛莉、翟秀娜任副主编，其中翟秀娜编写第 1 章、第 2 章、第 6 章；张翠莲编写第 3 章、第 4 章、第 8 章、第 10 章及书后附录Ⅰ；牛莉编写第 5 章、第 7 章、第 9 章。参加本书编写的还有何春江、张文治、曾大有、岳雅瑶、郭照庄、邓凤茹、孙月芳、霍东升、赵艳、戴江涛、张静、刘园园等。

在本书的编写过程中，编者参考了很多相关的书籍和资料，采用了一些相关内容，汲取了很多同仁的宝贵经验，在此谨表谢意。

由于时间的仓促及作者水平所限，书中错误和不足之处在所难免，恳请广大读者批评指正，我们将不胜感激。

为了便于教师教学和学生学习，本书电子教案读者可以到中国水利水电出版社网站或万水书苑免费下载，网址：http://www.waterpub.com.cn/softdown/ 或 http://www.wsbookshow.com。也可以与作者联系来获取更多相关的教学资源，作者的 E-mail：clzgin@qq.com。

编　者

2014 年 12 月

目　　　录

前言
第 1 章　函数、极限与连续 1
　本章学习目标 1
　1.1　预备知识 1
　　　1.1.1　集合的概念 1
　　　1.1.2　实数集 4
　　　习题 1.1 6
　1.2　函数 7
　　　1.2.1　函数的概念 7
　　　1.2.2　函数的表示法 8
　　　1.2.3　反函数与复合函数 10
　　　1.2.4　隐函数 11
　　　1.2.5　初等函数 11
　　　1.2.6　函数的基本性质 12
　　　1.2.7　建立函数关系举例 13
　　　*1.2.8　常见的经济函数 14
　　　习题 1.2 17
　1.3　极限的概念 18
　　　1.3.1　数列的极限 18
　　　1.3.2　函数的极限 20
　　　1.3.3　极限的性质 23
　　　1.3.4　无穷小量与无穷大量 23
　　　习题 1.3 24
　1.4　极限的运算 25
　　　1.4.1　极限的运算法则 25
　　　1.4.2　两个重要极限 27
　　　1.4.3　无穷小的比较 30
　　　习题 1.4 32
　1.5　函数的连续性 33
　　　1.5.1　函数的连续性概念 33
　　　1.5.2　函数的间断点及其分类 34
　　　1.5.3　初等函数的连续性 36

    1.5.4　闭区间上连续函数的性质 38

    习题 1.5 39

本章小结 40

复习题 1 41

自测题 1 42

第 2 章　导数与微分 45

本章学习目标 45

2.1　导数的概念 45

    2.1.1　导数概念的引例 45

    2.1.2　导数的概念 46

    2.1.3　导数的几何意义 49

    2.1.4　可导与连续的关系 50

    习题 2.1 51

2.2　导数的运算 52

    2.2.1　函数的和、差、积、商的求导法则 52

    2.2.2　复合函数的导数 54

    2.2.3　反函数的求导法则 55

    2.2.4　初等函数的导数 56

    2.2.5　隐函数和由参数方程确定的函数的导数 58

    2.2.6　高阶导数 60

    习题 2.2 62

2.3　微分 64

    2.3.1　微分的概念 64

    2.3.2　微分的几何意义 66

    2.3.3　微分的基本公式与微分法则 66

    *2.3.4　微分在近似计算中的应用 69

    习题 2.3 70

本章小结 70

复习题 2 71

自测题 2 72

第 3 章　微分中值定理与导数的应用 75

本章学习目标 75

3.1　微分中值定理 75

    3.1.1　罗尔定理 75

    3.1.2　拉格朗日中值定理 77

    3.1.3　柯西中值定理 79

    习题 3.1 80

3.2　洛必达法则 81

   3.2.1　$\dfrac{0}{0}$ 型未定式的极限 81

   3.2.2　$\dfrac{\infty}{\infty}$ 型未定式的极限 83

   3.2.3　其他未定式的极限 84

   习题 3.2 86

3.3　函数的单调性、极值和最值 87

   3.3.1　函数的单调性 87

   3.3.2　函数的极值 90

   3.3.3　函数的最大值和最小值 94

   习题 3.3 96

3.4　曲线的凹凸性与拐点 97

   习题 3.4 100

*3.5　函数图形的描绘 101

   *习题 3.5 102

*3.6　导数在经济中的应用 103

   3.6.1　函数的变化率——边际函数 103

   3.6.2　函数的相对变化率——函数的弹性 109

   *习题 3.6 113

本章小结 114

复习题 3 115

自测题 3 116

第 4 章　不定积分 119

本章学习目标 119

4.1　不定积分的概念与性质 119

   4.1.1　不定积分的概念 119

   4.1.2　基本积分公式 121

   4.1.3　不定积分的性质 122

   习题 4.1 124

4.2　不定积分的积分方法 125

   4.2.1　第一类换元积分法（凑微分法） 125

   4.2.2　第二类换元积分法 129

   习题 4.2 133

4.3　分部积分法 134

   习题 4.3 137

*4.4　简单有理函数的积分及积分表的使用 137

4.4.1 简单有理函数的积分 137

4.4.2 积分表的使用 140

*习题 4.4 141

本章小结 141

复习题 4 143

自测题 4 144

第 5 章 定积分 147

本章学习目标 147

5.1 定积分的概念与性质 147

5.1.1 引出定积分概念的两个实例 147

5.1.2 定积分的概念 150

5.1.3 定积分的几何意义 151

5.1.4 定积分的基本性质 152

习题 5.1 155

5.2 微积分学基本定理 156

5.2.1 变上限的积分 156

5.2.2 微积分学基本定理 158

习题 5.2 161

5.3 定积分的积分方法 162

5.3.1 定积分的换元积分法 162

5.3.2 定积分的分部积分法 165

习题 5.3 169

*5.4 广义积分 171

5.4.1 无穷区间上的广义积分 171

5.4.2 无界函数的广义积分 172

*习题 5.4 174

本章小结 175

复习题 5 179

自测题 5 181

第 6 章 定积分的应用 184

本章学习目标 184

6.1 定积分的几何应用 184

6.1.1 定积分的微元法 184

6.1.2 用定积分求平面图形的面积 185

6.1.3 用定积分求体积 191

习题 6.1 196

*6.2 定积分在经济问题中的应用 197

      6.2.1　由边际函数求总函数 197

      6.2.2　消费者剩余和生产者剩余 199

      *习题 6.2 200

   本章小结 201

   复习题 6 202

   自测题 6 203

附录Ⅰ　积分表 205

附录Ⅱ　习题答案与提示 212

参考文献 232

第1章　函数、极限与连续

本章学习目标

- 理解函数的概念和基本性质
- 了解分段函数、基本初等函数、初等函数的概念
- 了解反函数、复合函数的概念，会分析复合函数的复合结构
- 了解极限的描述性定义
- 掌握极限的运算法则
- 会用两个重要极限求极限
- 了解无穷大、无穷小的概念及相互关系和性质
- 理解函数连续的定义及其性质

1.1　预备知识

1.1.1　集合的概念

1. 集合

"集合"是数学中一个重要的概念，在现代数学中起着非常重要的作用.

我们常常研究某些事物组成的集体，例如一班学生、一批产品、全体正整数等，这些事物组成的集体都是集合（有时简称集）.

一般说来，集合是具有某种属性的事物的全体，或是一些确定对象的汇总，构成集合的事物或对象称为集合的元素.

下面举几个集合的例子：

例 1.1.1　$3x^2 - 5x + 6 = 0$ 的根.

例 1.1.2　全体偶数.

例 1.1.3　直线 $x + y - 1 = 0$ 上所有的点.

由有限个元素构成的集合，称为有限集合，如例 1.1.1；由无限个元素构成的集合，称为无限集合，如例 1.1.2 和例 1.1.3.

通常，我们用大写字母 A、B、C…表示集合，用小写字母 a、b、c…表示集合的元素. 如果 a 是集合 A 的元素，则记作 $a \in A$，读作 a 属于 A 或 a 在 A 中；如果 a 不是集合 A 的元素，则记作 $a \notin A$，读作 a 不属于 A 或 a 不在 A 中.

例如，如果用 Q 表示全体有理数的集合，则 $\dfrac{3}{5} \in Q$，$\sqrt{2} \notin Q$．

我们这里讲的集合，具有确定性的特征，即对于某一个元素是否属于某个集合是确定的，"是"或者"不是"二者必居其一．

2．集合的表示法

（1）列举法：按任意顺序列出集合的所有元素，并用花括号 $\{\ \}$ 括起来．

例 1.1.4 由 a,b,c,d 四个元素组成的集合 A，可表示为 $A = \{a,b,c,d\}$．

例 1.1.5 由 $x^2 - 5x + 6 = 0$ 的根所构成的集合 A，可表示为 $A = \{2,3\}$．

用列举法表示集合时，必须列出集合的所有元素，不能遗漏和重复．

（2）描述法：设 $P(a)$ 为某个与 a 有关的条件或法则，A 为满足 $P(a)$ 的一切 a 构成的集合，则记为 $A = \{a | P(a)\}$．

例 1.1.6 设 A 为 $x^2 - 5x + 6 = 0$ 的根所构成的集合，可表示为 $A = \{x | x^2 - 5x + 6 = 0\}$．

例 1.1.7 设 A 为全体偶数的集合，可表示为 $A = \{x | x = 2n, n \text{为整数}\}$．

3．全集与空集

由所研究的所有事物构成的集合称为全集，记为 U．全集是相对的，一个集合在一定条件下是全集，在另一条件下就可能不是全集．例如，讨论的问题仅限于正整数时，则全体正整数的集合为全集；讨论的问题包括正整数和负整数时，则全体正整数的集合就不是全集．又如，要检查某工厂产品的优劣，则全厂产品为全集；如果只检查某车间，则该车间产品为全集．

不包括任何元素的集合称为空集，记作 $\varnothing$．

例 1.1.8 $x^2 + 1 = 0$ 的实数根构成的集合为空集．

例 1.1.9 平面上两条平行线的交点构成的集合为空集．

注意：$\{0\}$ 及 $\{\varnothing\}$ 都不是空集，前者只含有元素 "0"，后者以空集 "$\varnothing$" 为其元素．

4．子集

定义 1.1.1 如果集合 A 的每一个元素都是集合 B 的元素，即"如果 $a \in A$，则 $a \in B$"，则称 A 为 B 的子集．记为 $A \subset B$ 或 $B \supset A$，读作 A 包含于 B 或 B 包含 A．

例 1.1.10 设 N 表示全体自然数的集合，Q 表示全体有理数的集合，则有 $N \subset Q$．

定义 1.1.2 设有集合 A 和 B，如果 $A \subset B$ 且 $B \subset A$，则称 A 与 B 相等，记作 $A = B$．

例 1.1.11 设 $A = \{x | 1 < x < 4, x \in z\}$，$B = \{x | x^2 - 5x + 6 = 0\}$，则 $A = B$．

关于子集有以下结论：

（1）$A \subset A$，即"集合 A 是其自己的子集"．

（2）对任意集合 A，有 $\varnothing \subset A$，即"空集是任何集合的子集"．

（3）如果 $A \subset B$ ， $B \subset C$ ，则 $A \subset C$ ，即"集合的包含关系有传递性".

5. 集合的运算

下面给出集合运算的定义.

定义 1.1.3 设有集合 A 和 B ，由 A 和 B 的所有元素构成的集合，称为 A 与 B 的并，记为 $A \cup B$ ，即

$$A \cup B = \left\{ x \,\middle|\, x \in A \text{ 或 } x \in B \right\}.$$

集合的并有下列性质：

（1） $A \subset A \cup B, B \subset A \cup B$.

（2）对任何集合 A ，有 $A \cup \varnothing = A$ ， $A \cup U = U$ ， $A \cup A = A$.

定义 1.1.4 设有集合 A 和 B ，由 A 和 B 的所有公共元素构成的集合，称为 A 与 B 的交，记为 $A \cap B$ ，即

$$A \cap B = \left\{ x \,\middle|\, x \in A \text{ 且 } x \in B \right\}.$$

集合的交有下列性质：

（1） $A \cap B \subset A, A \cap B \subset B$.

（2）对任何集合 A ，有 $A \cap \varnothing = \varnothing$ ， $A \cap U = A$ ， $A \cap A = A$.

例 1.1.12 设 $A = \left\{ x \,\middle|\, -1 \leqslant x \leqslant 1 \right\}$ ， $B = \left\{ x \,\middle|\, x > 0 \right\}$ ，则

$$A \cup B = \left\{ x \,\middle|\, x \geqslant -1 \right\}, \quad A \cap B = \left\{ x \,\middle|\, 0 < x \leqslant 1 \right\}.$$

例 1.1.13 如果 A 为奇数集合， B 为偶数集合，则

$$A \cup B = \left\{ x \,\middle|\, x \text{ 为奇数或偶数} \right\}, \quad A \cap B = \varnothing.$$

如果 $A \cap B = \varnothing$ ，则称 A 、 B 是分离的.

定义 1.1.5 设有集合 A 和 B ，属于 A 而不属于 B 的所有元素构成的集合，称为 A 与 B 的差，记为 $A - B$ ，即

$$A - B = \left\{ x \,\middle|\, x \in A \text{ 且 } x \notin B \right\}.$$

例 1.1.14 如果 $A = \{1,2,3,4\}$ ， $B = \{1,3,5,7\}$ ，则 $A - B = \{2,4\}$.

定义 1.1.6 全集 U 中所有不属于 A 的元素构成的集合，称为 A 的补集，记为 A' ，即

$$A' = \left\{ x \,\middle|\, x \in U \text{ 且 } x \notin A \right\}.$$

补集有下列性质：

$$A \cup A' = U, \quad A \cap A' = \varnothing.$$

6. 集合运算律

（1）交换律： $A \cup B = B \cup A$ ， $A \cap B = B \cap A$.

（2）结合律： $(A \cup B) \cup C = A \cup (B \cup C)$ ， $(A \cap B) \cap C = A \cap (B \cap C)$.

（3）分配律： $(A \cup B) \cap C = (A \cap C) \cup (B \cap C)$ ， $(A \cap B) \cup C = (A \cup C) \cap (B \cup C)$.

（4）摩根律： $(A \cup B)' = A' \cap B'$ ， $(A \cap B)' = A' \cup B'$.

7. 集合的笛卡尔乘积

集合的元素是不涉及顺序问题的，例如 $\{a,b\}$ 与 $\{b,a\}$ 是指同一个集合．但有时需要研究元素必须按某种规定顺序排列的问题．

将两元素 x 和 y 按前后顺序排列的元素组 (x,y) 称为有序元素组．(x,y) 与 (y,x) 是两个不同的有序元素组．

对于有序元素组 (x_1,y_1) 和 (x_2,y_2)，当且仅当 $x_1=x_2$ 且 $y_1=y_2$ 时，才称 (x_1,y_1) 和 (x_2,y_2) 是相等的．

由两个元素组成的有序数组 (x_1,x_2) 称为二元有序数组，由三个元素组成的有序数组 (x_1,x_2,x_3) 称为三元有序数组，$\cdots$，由 n 个元素组成的有序数组 $(x_1,x_2,\cdots,x_n)$ 称为 n 元有序数组．

定义 1.1.7 设有集合 A 和 B，$x\in A$，$y\in B$，所有二元有序数组 (x,y) 构成的集合，称为集合 A 与 B 的笛卡尔乘积，记为 $A\times B$，即 $A\times B=\{(x,y)\mid x\in A, y\in B\}$．

例 1.1.15 设 $A=\{1,2,3,4\}$，$B=\{2,3\}$，则
$$A\times B=\{(1,2),(1,3),(2,2),(2,3),(3,2),(3,3),(4,2),(4,3)\}.$$

例 1.1.16 设 R 为全体实数的集合．则笛卡尔直角坐标系平面可记为
$$R\times R=\{(x,y)\mid x\in R, y\in R\}.$$

例 1.1.17 设 $A=\{x\mid 0\leqslant x\leqslant 2\}$，$B=\{y\mid 0\leqslant y\leqslant 1\}$，则
$$A\times B=\{(x,y)\mid 0\leqslant x\leqslant 2,\ 0\leqslant y\leqslant 1\}.$$

1.1.2 实数集

1. 实数与数轴

人们对数的认识是逐步发展的，先是自然数，继而发展到有理数（即正负整数、正负分数及 0），再进一步就发展到无理数（例如 $\sqrt{2}$、π 等都是无理数）．有理数可以表示为 $\dfrac{p}{q}$，无理数不能表示为 $\dfrac{p}{q}$，其中 p、q 都是整数，且 $q\neq 0$．

分数可以用有穷小数或无穷循环小数表示；反之，有穷小数或无穷循环小数亦可用分数表示．

因此，有理数可以表示为有穷小数或无穷循环小数，而无理数为无穷不循环小数．

设有一条水平直线，在这条直线上取一点 O，称为原点，规定一个正方向（习惯上规定由原点向右的方向为正方向），再规定一个长度，称为单位长度．这种具有原点、正方向和单位长度的直线称为数轴．

任何一个有理数 $\dfrac{p}{q}$，都可以在数轴上找到一个点与之对应，使得由原点到这

点的长度与单位长度之比等于 $\left|\dfrac{p}{q}\right|$. 这样得到的点称为有理点，它是有理数 $\dfrac{p}{q}$ 的几何表示，而 $\dfrac{p}{q}$ 称为有理点的坐标. 反之，数轴上任何一个有理点必对应于一个有理数.

任给两个有理数 a、b（$a<b$），在 a、b 之间至少可以找到一个有理数 c，使得 $a<c<b$，例如 $c=\dfrac{a+b}{2}$. 同样地，在 a、c 之间也至少可以找到一个有理数 d 使 $a<d<c$. 以此类推，可知不论有理数 a、b 相差多么小，在 a、b 之间总可以找到无穷多个有理数，这就是有理数的稠密性. 因为任何一个有理数必和数轴上的一个有理点相对应，因此数轴上任意两个有理点之间总可找到无穷多个有理点，即有理点在数轴上是稠密的.

虽然有理点在数轴上处处稠密，但是有理点尚未充满数轴. 例如边长为一个长度单位的正方形，其对角线的长度为 $\sqrt{2}$ 个长度单位，可以证明 $\sqrt{2}$ 不是有理数，因此数轴上坐标为 $\sqrt{2}$ 的点不是有理点. 这种点也有无穷多个，而且在数轴上也是处处稠密的. 例如，坐标为 $\sqrt{2}+1$，$\sqrt{2}+0.1$，$\sqrt{3}$，$\sqrt[3]{7}$，π 等的点都不是有理点. 因此，数轴上除有理点之外还有无穷多个"空隙"，这些空隙处的点称为无理点，与无理点相对应的数称为无理数.

有理数与无理数统称为实数. 实数充满数轴而且没有空隙，这就是实数的连续性. 由此可知，每一个实数必是数轴上某一个点的坐标；反之，数轴上每一点的坐标必是一个实数，这就是说全体实数与数轴上的全体点形成一一对应的关系. 今后我们所研究的数都是实数，为了简单起见，常常将实数和数轴上与它对应的点不加区别，用相同的符号表示，如点 a 和实数 a 是相同的意思.

2. 绝对值

在研究一些问题时，我们常常要用到实数绝对值的概念. 下面介绍一下实数绝对值的定义及性质.

定义 1.1.8　一个实数 x 的绝对值，记为 $|x|$，定义为　　$|x|=\begin{cases} x, & x\geqslant 0; \\ -x, & x<0. \end{cases}$

$|x|$ 的几何意义：$|x|$ 表示数轴上点 x（不论 x 在原点左边还是右边）与原点之间的距离.

绝对值及其运算有下列性质：

（1）$|x|=\sqrt{x^2}$；　　　　　　　　　（2）$|x|\geqslant 0$；

（3）$|x|=|-x|$；　　　　　　　　　　（4）$-|x|\leqslant x\leqslant |x|$；

（5）如果 $a>0$，则　$\{x\,|\,|x|<a\}=\{x\,|-a<x<a\}$；

（6）如果 $b>0$，则　$\{x\,|\,|x|>b\}=\{x\,|\,x<-b\}\bigcup\{x\,|\,x>b\}$；

（7）$|x+y| \leqslant |x| + |y|$；　　　　　（8）$|x-y| \geqslant |x| - |y|$；

（9）$|xy| = |x| \cdot |y|$；　　　　　（10）$\left| \dfrac{x}{y} \right| = \dfrac{|x|}{|y|}$，$y \neq 0$．

3．区间

设 a，b 为实数，且 $a < b$，则有：

（1）满足不等式 $a < x < b$ 的所有实数 x 的集合，称为以 a、b 为端点的开区间，记作 (a,b)，即 $(a,b) = \{x \mid a < x < b\}$．

（2）满足不等式 $a \leqslant x \leqslant b$ 的所有实数 x 的集合，称为以 a、b 为端点的闭区间，记作 $[a,b]$，即 $[a,b] = \{x \mid a \leqslant x \leqslant b\}$．

（3）满足不等式 $a \leqslant x < b$（或 $a < x \leqslant b$）的所有实数 x 的集合，称为以 a、b 为端点的半开区间，记作 $[a,b)$（或 $(a,b]$），即 $[a,b) = \{x \mid a \leqslant x < b\}$，$(a,b] = \{x \mid a < x \leqslant b\}$．

以上三类区间为有限区间．有限区间右端点 b 与左端点 a 的差 $b-a$ 称为区间的长．

还有下面几类无限区间：

（4）$(a,+\infty) = \{x \mid a < x\}$，$[a,+\infty) = \{x \mid a \leqslant x\}$．

（5）$(-\infty,b) = \{x \mid x < b\}$，$(-\infty,b] = \{x \mid x \leqslant b\}$．

（6）$(-\infty,+\infty) = \{x \mid -\infty < x < +\infty\}$，即全体实数的集合．

4．邻域

由绝对值的性质（5）可知，实数集合 $\{x \mid |x - x_0| < \delta, \delta > 0\}$ 在数轴上是一个以点 x_0 为中心、长度为 2δ 的开区间 $(x_0 - \delta, x_0 + \delta)$，称为点 x_0 的 δ 邻域．x_0 称为邻域的中心，δ 称为邻域的半径．

例如 $|x-5| < \dfrac{1}{2}$，是以点 $x_0 = 5$ 为中心，以 $\dfrac{1}{2}$ 为半径的邻域，也就是开区间 $(4.5, 5.5)$．

在微积分中还常常用到集合 $\{x \mid 0 < |x - x_0| < \delta, \delta > 0\}$，这是在点 x_0 的 δ 邻域内去掉点 x_0，其余的点所组成的集合，即集合 $(x_0 - \delta, x_0) \cup (x_0, x_0 + \delta)$，称为以 x_0 为中心，半径为 δ 的去心邻域．

例如 $0 < |x-1| < 2$，是以点 $x_0 = 1$ 为中心，半径为 2 的去心邻域 $(-1,1) \cup (1,3)$．

习题 1.1

1．用集合的描述法表示下列集合：

（1）大于 5 的所有实数集合；

（2）圆 $x^2 + y^2 = 25$ 内部（不包括圆周）一切点的集合；

（3）抛物线 $y = x^2$ 与直线 $x - y = 0$ 交点的集合.

2．如果 $A = \{x | 3 < x < 5\}$，$B = \{x | x > 4\}$，求（1）$A \cup B$；（2）$A \cap B$；（3）$A - B$.

3．用区间表示满足下列不等式的所有 x 的集合：

（1）$|x| \leqslant 3$；　　（2）$|x - 2| \leqslant 1$；　　（3）$|x - a| < \varepsilon$（a 为常数，$\varepsilon > 0$）；

（4）$|x| > 5$；　　　　（5）$|x + 1| > 2$.

4．用区间表示下列点集，并在数轴上表示出来：

（1）$I_1 = \{x \big| |x + 3| < 2\}$；　　　　　　（2）$I_2 = \{x | 1 < |x - 2| < 3\}$.

1.2　函　数

1.2.1　函数的概念

在自然现象或科学实验等过程中，经常会遇到两种不同的量：一种量在过程中不发生变化而保持一定的数值，这种量称为常量；另一种量在过程中可以取不同的数值，这种量称为变量．通常用字母 a, b, c 等表示常量，用字母 x, y, z 等表示变量.

定义 1.2.1　设 x, y 是两个变量，D 是一个给定的数集．如果有一个对应法则 f，使得对于每一个数值 $x \in D$，变量 y 都有唯一确定的数值与之对应，则称变量 y 是变量 x 的函数，记为

$$y = f(x)，\quad x \in D，$$

其中 x 称为自变量，y 称为因变量．集合 D 称为函数的定义域，记为 D_f．x 取数值 $x_0 \in D_f$ 时，与 x_0 对应的数值 y 称为函数 $y = f(x)$ 在 x_0 处的函数值，记作 $f(x_0)$ 或 $y|_{x=x_0}$，此时称函数 $y = f(x)$ 在 x_0 点处有定义．函数的定义域是指使函数有定义的点的集合．函数值组成的数集称为函数的值域，记为 Z_f.

函数的定义域 D_f 和对应法则 f 是函数的两个主要要素，如果两个函数具有相同的定义域和对应法则，则它们是相同的函数.

例 1.2.1　圆的面积 S 与半径 r 之间的关系由 $S = \pi r^2$ 表示，这里 S 与 r 都是变量，当半径 r 变化时，圆的面积 S 作相应的变化.

例 1.2.2　某自动记录仪记录的某电容放电的电容情况，为如图 1.1 所示的曲线．根据这条曲线，就能知道某电容随时间 t 的变化情况.

例 1.2.3　某化肥厂上半年生产的化肥产量如表 1.1 所示，这里的时间 T 和产量 Q 之间是两个相互依赖的变量．表中给出了 T 与 Q 之间的依赖关系.

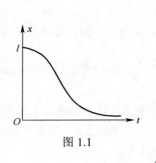

图 1.1

表 1.1

T（月）	1	2	3	4	5	6
Q（吨）	890	1045	1215	1054	980	798

以上三例的实际意义虽不相同，但却具有共同之处：每个例子所描述的变化过程都有两个变量，当其中一个变量在一定的变化范围内取定一数值时，按照某个确定的法则，另一个变量有唯一确定的数值与之对应．变量之间的这种对应关系就是函数概念的实质．

设函数 $y = f(x)$ 的定义域为 D_f，对于取定的 $x \in D_f$，对应的函数值为 y，以 x 为横坐标，y 为纵坐标，在 xOy 面上确定一点（x, y），当 x 取遍 D_f 上的每一个数值时，就得到 xOy 面上的点集 $\left\{ (x, y) \mid y = f(x), x \in D_f \right\}$，称之为定义在 D_f 上的函数 $y = f(x)$ 的图形．

1.2.2 函数的表示法

常用的表示函数的方法有以下三种：

（1）表格法．把自变量的一系列值与对应的函数值列成表格，例如平方表、立方表、常用对数表、三角函数表等．

（2）图示法．在平面直角坐标系中，将自变量 x 和因变量 y 之间的对应法则用图像表示出来．图示法的优点是简明直观，缺点是不便于理论上的分析和研究，如例 1.2.2．

（3）公式法（解析法）．用一个或几个数学式子来表示自变量 x 和因变量 y 之间的对应法则的方法，如例 1.2.1．今后我们所讨论的函数，大多数是用公式法表示的．

用公式法表示函数时，若对于自变量 x 的每一个值，因变量 y 有且只有一个值与之对应，则称 y 是 x 的单值函数．例如，指数函数 $y = 2^x$，对数函数 $y = \lg x$ 等都是单值函数；若对于自变量 x 的每一个值，因变量 y 有多于一个的值与之对应，则称 y 是 x 的多值函数．例如 $y^2 = x$ 便是多值函数．

在实际问题中，用公式法表示函数时，会遇到一个函数在其定义域的不同范围内用不同的数学式子来表示，用这种形式表示的函数称为分段函数．

如符号函数，$y = \operatorname{sgn} x = \begin{cases} 1, & x > 0, \\ 0, & x = 0, \\ -1, & x < 0 \end{cases}$

就是一个分段函数，它的定义域为 $(-\infty, +\infty)$，如图 1.2 所示．

例 1.2.4 求下列函数的定义域．

（1）$y = \dfrac{1}{\sqrt{3-x^2}} + \arcsin\left(\dfrac{1}{2}x - 1\right)$；　　　　（2）$y = \dfrac{\sqrt{\ln(x+2)}}{x(x-4)}$．

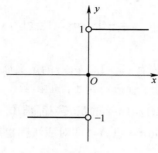

图 1.2

解　（1）由已知函数知，在该函数中有三种情况同时出现，即要求分母不为零，偶次根式的被开方式大于等于零和反正弦函数符号内的式子绝对值小于等于1．可建立不等式组，并求出联立不等式组的解．即

$$\begin{cases} \sqrt{3-x^2} \neq 0, \\ 3-x^2 \geqslant 0, \\ \left|\dfrac{1}{2}x - 1\right| \leqslant 1, \end{cases} \text{得} \begin{cases} -\sqrt{3} < x < \sqrt{3}, \\ 0 \leqslant x \leqslant 4, \end{cases} \text{即 } 0 \leqslant x < \sqrt{3}.$$

因此，所给函数的定义域为 $0 \leqslant x < \sqrt{3}$，即 $[0, \sqrt{3})$．

（2）由已知函数知，在函数中有三种情况同时出现，即要求分母不为零，偶次根式的被开方式大于等于零和对数函数符号内的式子为正．可建立不等式组，并求出联立不等式组的解．即

$$\begin{cases} x(x-4) \neq 0, \\ \ln(x+2) \geqslant 0, \\ x+2 > 0, \end{cases} \text{得} \begin{cases} x \neq 4,\ x \neq 0, \\ x \geqslant -1, \\ x > -2, \end{cases} \text{即 } -1 \leqslant x < 0 \text{ 或 } 0 < x < 4 \text{ 或 } x > 4.$$

因此，所给函数的定义域为 $-1 \leqslant x < 0$ 或 $0 < x < 4$ 或 $x > 4$，即 $[-1, 0) \cup (0, 4) \cup (4, +\infty)$．

例 1.2.5　判断下列各对函数是否相同.

（1）$f(x) = \sin^2 x$ 与 $g(x) = \dfrac{1}{2}(1 - \cos 2x)$；

（2）$f(x) = \dfrac{x^2 - 1}{x+1}$ 与 $g(x) = x - 1$；

（3）$f(x) = \ln(x^3)$ 与 $g(x) = 3\ln x$；

（4）$f(x) = \ln(x^4)$ 与 $g(x) = 4\ln x$；

（5）$f(x) = \sin^2 x + \cos^2 x$ 与 $g(x) = 1$．

解　利用函数的两要素，即定义域和对应法则进行判断.

（1）$f(x) = \sin^2 x$ 与 $g(x) = \dfrac{1}{2}(1 - \cos 2x)$ 的定义域都是 $(-\infty, +\infty)$，即两个函数的定义域相同，由于 $f(x) = \sin^2 x = \dfrac{1}{2}(1 - \cos 2x) = g(x)$，即对应法则也相同，所以 $f(x)$ 与 $g(x)$ 是相同的函数.

（2）由于 $f(x)$ 的定义域为 $x \neq -1$，$g(x)$ 的定义域为任意实数，因此 $f(x)$ 与 $g(x)$ 的定义域不同，所以 $f(x)$ 与 $g(x)$ 是不同的函数.

（3）$f(x) = \ln(x^3)$ 与 $g(x) = 3\ln x$ 的定义域都是 $(0, +\infty)$，即两个函数的定义域相同，由于 $f(x) = \ln(x^3) = 3\ln x = g(x)$，即对应法则也相同，所以 $f(x)$ 与 $g(x)$ 是相同的函数.

（4）由于 $f(x) = \ln(x^4)$ 的定义域为 $x \neq 0$，$g(x) = 4\ln x$ 的定义域为 $x > 0$，因此 $f(x)$ 与 $g(x)$ 的定义域不同，所以 $f(x)$ 与 $g(x)$ 是不同的函数.

（5）$f(x) = \sin^2 x + \cos^2 x$ 与 $g(x) = 1$ 的定义域都是 $(-\infty, +\infty)$，即两个函数的定义域相同，由于 $f(x) = \sin^2 x + \cos^2 x = 1 = g(x)$，即对应法则也相同，所以 $f(x)$ 与 $g(x)$ 是相同的函数.

例 1.2.6　运输部门规定：成年人乘火车携带的行李重量不超过 20 公斤的免收行李费，超过 20 公斤的按每公斤 a 元收费，试把行李费 y 和行李重量 x 之间的关系用公式法表示出来.

解　依题意，行李费 y 和行李重量 x 之间的关系为

$$y = \begin{cases} 0, & 0 \leqslant x \leqslant 20; \\ a(x - 20), & x > 20. \end{cases}$$

这是个分段函数，其中点 $x = 20$ 叫做函数的分段点.

1.2.3　反函数与复合函数

1. 反函数

定义 1.2.2　一般地，设 $y = f(x)$ 是定义在 D_f 上的一个函数，其值域为 Z_f. 如果对每一数值 $y \in Z_f$，有确定的且满足 $y = f(x)$ 的数值 $x \in D_f$ 与之对应，其对应法则记为 f^{-1}，则定义在 Z_f 上的函数 $x = f^{-1}(y)$ 称为函数 $y = f(x)$ 的反函数.

习惯上常用 x 表示自变量，y 表示因变量，故常把 $y = f(x)$ 的反函数记为 $y = f^{-1}(x)$. 若把函数 $y = f(x)$ 与其反函数 $y = f^{-1}(x)$ 的图形画在同一平面直角坐标系内，那么这两个图形关于直线 $y = x$ 对称.

例 1.2.7　求 $y = 2x - 1$ 的反函数.

解　由 $y = 2x - 1$ 得到 $x = \dfrac{y + 1}{2}$，然后交换 x 和 y，得 $y = \dfrac{x + 1}{2}$，

即 $y = \dfrac{x+1}{2}$ 是 $y = 2x - 1$ 的反函数.

2. 复合函数

定义 1.2.3 设 y 是 u 的函数 $y = f(u)$，而 u 又是 x 的函数 $u = \varphi(x)$. 如果对于 $\varphi(x)$ 的定义域中某些 x 值所对应的 u 值，函数 $y = f(u)$ 有定义，则 y 通过 u 也成为 x 的函数，称为由 $y = f(u)$ 及 $u = \varphi(x)$ 复合而成的复合函数，记为 $y = f[\varphi(x)]$，其中 u 称为中间变量.

根据定义可知，复合函数 $f[\varphi(x)]$ 的定义域或者与 $\varphi(x)$ 的定义域完全相同，或者只是 $\varphi(x)$ 的定义域的一部分.

不是任意两个函数都能复合成一个函数. 例如，$y = \arccos u$ 与 $u = 3 + x^2$ 就不能复合成一个函数，这是因为对于后一个函数的值域中的每一个 u 值，都不可能使前一个函数有定义.

例 1.2.8 函数 $y = 2^{\sqrt{x+1}}$ 是由哪些较简单的函数复合而成的？

解 $y = 2^{\sqrt{x+1}}$ 是由 $y = 2^u$，$u = \sqrt{v}$，$v = x + 1$ 三个较简单的函数复合而成的.

把一个较复杂的函数分解成几个较简单的函数对于今后的许多运算是很有用的.

1.2.4 隐函数

前面所介绍的函数的因变量 y 是由含有自变量 x 的数学式子直接表示为 $y = f(x)$ 的形式，如 $y = \sqrt{3 - \sin x}$，$y = \arcsin \dfrac{2}{x}$ 等. 用这种方法表示的函数称为显函数.

表示变量 x，y 之间相互依赖关系的方法通常很多，显函数是其中的一种. 有时变量 x，y 之间的相互依赖的关系是由某一个二元方程 $F(x, y) = 0$ 给出的，如 $\ln x + \sin y - xy + 5 = 0$，$\sin(xy) + \mathrm{e}^{x+y} = 6$，$\sin(xy) - 2x^2 y = 1$ 等，用这种方法表示的函数称为隐函数.

有些隐函数可以改写成显函数的形式，而有些隐函数不能改写成显函数的形式，把隐函数改写成显函数，叫做隐函数的显化.

1.2.5 初等函数

1. 基本初等函数

在中学数学里，我们已经学过以下五类最基本的函数：

（1）幂函数 $y = x^{\mu}$（μ 为实数）.

（2）指数函数 $y = a^x$（$a > 0$，$a \neq 1$）.

（3）对数函数 $y = \log_a x$（$a > 0$，$a \neq 1$）.

（4）三角函数 $y = \sin x$，$y = \cos x$，$y = \tan x$，$y = \cot x$，$y = \sec x$，$y = \csc x$.

（5）反三角函数 $y = \arcsin x$，$y = \arccos x$，$y = \arctan x$，$y = \operatorname{arccot} x$．

以上五类函数统称为基本初等函数，这些函数的性质、图形在中学已经学过，今后会经常遇到它们．

2．初等函数

由常数和基本初等函数经过有限次四则运算或有限次复合所构成，并可用一个解析式表示的函数称为初等函数．

例如函数 $y = \sqrt{3 - \sin x}$，$y = \arcsin \dfrac{2}{x}$，$y = \ln(x + \sqrt{1 + x^2})$ 等都是初等函数．

1.2.6　函数的基本性质

1．函数的单调性

设函数 $y = f(x)$ 在区间 I 上有定义，如果对于区间 I 内的任意两点 x_1，x_2，当 $x_1 < x_2$ 时，都有 $f(x_1) < f(x_2)$（或 $f(x_1) > f(x_2)$），则称函数 $f(x)$ 在区间 I 上是单调递增（或单调递减）的．单调递增和单调递减函数统称为单调函数，使函数保持单调性的自变量的取值区间称为该函数的单调区间．

例如，函数 $y = x^2$ 在区间 $[0, +\infty)$ 上单调递增，函数的图形是随着自变量的增加而升高；在 $(-\infty, 0]$ 上单调递减，函数的图形是随着自变量的增加而降低．

2．函数的有界性

设函数 $y = f(x)$ 在区间 I 上有定义，如果存在正常数 M，使得对于区间 I 内所有 x，恒有 $|f(x)| \leqslant M$，则称函数 $f(x)$ 在区间 I 上有界．如果这样的 M 不存在，则称 $f(x)$ 在区间 I 上无界．

例如，对于一切 x 都有 $|\cos x| \leqslant 1$，$|\sin x| \leqslant 1$，所以函数 $y = \cos x$ 和 $y = \sin x$ 在区间 $(-\infty, +\infty)$ 内都是有界的．又如函数 $y = x^2$ 在区间 $[-1,1]$ 上有界，$|x^2| \leqslant 1$，但是函数 $y = x^2$ 在区间 $(-\infty, +\infty)$ 内是无界的．

3．函数的奇偶性

设函数 $y = f(x)$ 的定义域 D_f 关于原点对称，如果对于任意 $x \in D_f$，恒有 $f(-x) = -f(x)$（或 $f(-x) = f(x)$），则称 $f(x)$ 为奇（或偶）函数．

例如 $f(x) = x^3$ 是奇函数，这是因为 $f(-x) = -x^3 = -f(x)$；又如 $f(x) = x^2$ 是偶函数，这是因为 $f(-x) = x^2 = f(x)$；而 $y = x^3 + x^2$ 既不是奇函数也不是偶函数．

奇函数的图形关于原点对称，偶函数的图形关于 y 轴对称．

例 1.2.9　判断下列函数的奇偶性：

（1）$f(x) = \ln(x + \sqrt{x^2 + 1})$；　　　　　　　　（2）$h(t) = t \sin^2 t \cos 2t$；

（3）$g(x) = f(x)\left(\dfrac{1}{e^x + 1} - \dfrac{1}{2}\right)$，其中 $f(x)$ 是奇函数．

解　（1）利用函数奇偶性的定义判断．由于

$$f(-x) = \ln(-x + \sqrt{(-x)^2 + 1}) = \ln \frac{\left(\sqrt{x^2+1} - x\right)\left(\sqrt{x^2+1} + x\right)}{\sqrt{x^2+1} + x}$$

$$= \ln \frac{1}{\sqrt{x^2+1} + x} = -\ln(\sqrt{x^2+1} + x) = -f(x),$$

所以 $f(x)$ 是奇函数.

（2）利用函数奇偶性的运算性质判断. 因为 t 是奇函数， $\sin^2 t$ 与 $\cos 2t$ 都是偶函数，因此这三个函数的积是奇函数.

（3）利用函数奇偶性的定义判断. 由于 $f(x)$ 是奇函数，因此 $f(-x) = -f(x)$，于是

$$g(-x) = f(-x)\left(\frac{1}{e^{-x}+1} - \frac{1}{2}\right) = -f(x)\left(\frac{e^x}{e^x+1} - \frac{1}{2}\right)$$

$$= -f(x)\left(1 - \frac{1}{e^x+1} - \frac{1}{2}\right) = f(x)\left(\frac{1}{e^x+1} - \frac{1}{2}\right) = g(x).$$

所以 $g(x)$ 是偶函数.

4. 函数的周期性

设函数 $y = f(x)$ 的定义域为 D_f，如果存在一个常数 $T \neq 0$，使得对任意的 $x \in D_f$ 有 $x \pm T \in D_f$，且 $f(x \pm T) = f(x)$，则称函数 $f(x)$ 为周期函数，T 称为 $f(x)$ 的周期. 通常我们所说的周期是指函数 $f(x)$ 的最小正周期.

例如， $\sin x$ 和 $\cos x$ 的周期为 2π， $\tan x$ 和 $\cot x$ 的周期为 π.

1.2.7 建立函数关系举例

为了解决应用问题，先要给问题建立数学模型，即建立函数关系. 为此需明确问题中的因变量与自变量，再根据题意建立等式，从而得出函数关系. 然后确定函数定义域.

对于应用问题的定义域，除函数的解析式的限制外还要考虑自变量在实际问题中的含义.

例 1.2.10 有一工厂 A 与铁路的垂直距离为 a km，它的垂足 B 到火车站 C 的铁路长为 b km，工厂的产品必须经火车站 C 才能转销外地，如图 1.3 所示. 已知汽车运费是 m 元/吨公里，火车运费是 n 元/吨公里（ $m > n$ ），为使运费最省，想在铁路上另修一小站 M 作为转运站，那么运费的多少取决于 M 的地点. 试将运费表示为距离 $|BM|$ 的函数.

解 设 $|BM| = x$，运费为 y.

根据题意，有 $|AM| = \sqrt{a^2 + x^2}$， $|MC| = |b - x|$，

则 $y = m\sqrt{a^2 + x^2} + n(b - x)$，其定义域为 $[0, b]$.

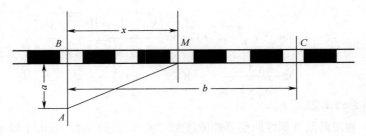

图 1.3

例 1.2.11 某工厂生产某型号车床，年产量为 a 台，分若干批进行生产，每批生产准备费为 b 元．设产品均匀投入市场，且上一批用完后立即生产下一批，即平均库存量为批量的一半．设每年每台库存费为 c 元．显然，生产批量大则库存费高；生产批量小则批次增多，因而生产准备费高．为了选择最优批量，试求出一年中库存费与生产准备费的和与批量的函数关系．

解 设批量为 x，库存费与生产准备费的和为 $P(x)$．

因为年产量为 a，所以每年生产的批次为 $\dfrac{a}{x}$（设其为整数），则生产准备费为 $b \cdot \dfrac{a}{x}$．

因库存量为 $\dfrac{x}{2}$，故库存费为 $c \cdot \dfrac{x}{2}$．因此可得　$P(x) = \dfrac{ab}{x} + \dfrac{c}{2}x$．

定义域为 $(0, a]$，因本题中 x 为车床的台数，批数 $\dfrac{a}{x}$ 为整数，所以 x 只能取 $(0, a]$ 中 a 的正整数因子．

例 1.2.12 某运输公司规定货物的吨公里运价为：在 $a\,\mathrm{km}$ 以内，每公里 k 元；超过 $a\,\mathrm{km}$，超过部分每公里为 $\dfrac{4}{5}k$ 元．求运价 m 和里程 s 之间的函数关系．

解 根据题意可列出函数关系如下

$$m = \begin{cases} ks, & 0 \leqslant s \leqslant a, \\ ka + \dfrac{4}{5}k(s-a), & s > a. \end{cases}$$

这里运价 m 和里程 s 的函数关系是用分段函数表示的，定义域为 $[0, +\infty)$．

*1.2.8　常见的经济函数

1. 总成本函数、总收入函数和总利润函数

人们从事生产和经营活动时，所关心的问题是产品的成本（记为 C）、销售收入（又称为收益，记为 R）和利润（记为 L）．总成本是企业生产一定数量的某种产品的总费用．总成本通常又分成固定成本（记为 C_0）和可变成本两部分，所谓

固定成本指厂房和设备的折旧费，管理人员的报酬，广告费等．当生产量在一定范围内变动时，企业的这部分费用基本上不变化，故称固定成本，亦称间接成本；可变成本是指随产量的变化而变化的成本．低成本、高收入以致高利润是每一个生产经营者的愿望．销售收入是指产品出售后所得的收入，而利润就是收入扣去成本后的余额．

我们通常把成本 C，收入 R 和利润 L 称为经济变量．在不考虑一些次要因素的情况下，这些经济变量都只与其相应产品的产量或者说销售量 x 有关．它们可以看成是 x 的函数．分别称为总成本函数，记为 $C(x)$；总收入函数，记为 $R(x)$；总利润函数，记为 $L(x)$．

一般地，固定成本与产量 x 无关．可变成本随产量增加而增加．显而易见，总成本 $C(x) = C_0 + C_1(x)$ 是产量 x 的单增函数；总收入 $R(x)$ 是销售量 x 与销售单价 P 的乘积，即 $R(x) = Px$；总利润 $L(x)$ 等于总收入减去总成本，即 $L(x) = R(x) - C(x)$．

在市场经济理论中，企业是以获得最大利润为追求目标的，所以，利润函数亦称为企业的目标函数．

由于总利润 $L(x) = R(x) - C(x)$，所以当企业刚好保本时，应满足

$$L(x) = R(x) - C(x) = 0,$$

由上式得出的 x_0 值，即为保本生产量，亦称盈亏临界生产量，因为当生产量 $x < x_0$ 时，企业经营的结果是亏损，只有当生产量 $x > x_0$ 时，企业方能盈利．盈亏临界点理论是 20 世纪 30 年代由美国经济学家 Woltey Rauthatrancn 首先提出的，该理论已经广泛地应用于经济决策和为企业制定生产计划，销售计划提供理论依据．

此外，还有生产函数、效用函数等等，这里限于篇幅不一一列述了．

例 1.2.13 某种产品每台售价 90 元，成本为 60 元，厂家为鼓励销售商大量采购，决定凡是订购量超过 100 台以上的，多出的产品实行降价，其中降价比例为每多出 100 台每台降价 1 元（例如某商场订购 300 台，订购量比 100 台多 200 台，于是多出的这 200 台每台就降价 $0.01 \times 200 = 2$ 元，商场可以按 88 元/台的价格购进这多出的 200 台），但最低价格为 75 元/台．

（1）试将每台的实际售价 P 表示为订购量 x 的函数；

（2）把利润 L 表示为订购量 x 的函数；

（3）当一商场订购 1000 台时，厂家可获利多少？

解 （1）由题设知，

当 $x \leqslant 100$ 时，实际售价 $P = 90$ 元/台；

当 $x > 100$ 时，由于产品最低价为 75 元/台，所以 $90 - (x-100) \cdot 0.01 \geqslant 75$，即 $x \leqslant 1600$，故当 $100 < x \leqslant 1600$ 时，实际售价 $P = 90 - (x-100) \cdot 0.01$（元/台）；

当 $x > 1600$ 时，实际售价 $P = 75$（元/台）．

综合上述，实际售价 P 与订购量 x 关系如下：

$$P = \begin{cases} 90, & x \leqslant 100, \\ 90 - (x-100) \cdot 0.01, & 100 < x \leqslant 1600, \\ 75, & x > 1600; \end{cases}$$

（2）由于销售 x 台总收入

$$R(x) = \begin{cases} 90x, & x \leqslant 100, \\ [90 - (x-100) \cdot 0.01](x-100) + 9000, & 100 < x \leqslant 1600, \\ 75(x-100) + 9000, & x > 1600; \end{cases}$$

x 台总成本 $C(x) = 60x$，因而销售 x 台的利润为

$$L(x) = R(x) - C(x) = \begin{cases} 30x, & x \leqslant 100, \\ 30x - (x-100)^2 \cdot 0.01, & 100 < x \leqslant 1600, \\ 15x + 1500, & x > 1600; \end{cases}$$

（3）由（2）可知，当商场订购 1000 台时，厂家可获利润

$$L = 30 \times 1000 - (1000-100)^2 \cdot 0.01 = 21900 \text{（元）}.$$

2. 需求函数和供给函数

需求函数和供给函数是经济理论中的两个重要概念．

需求量是指某种商品在一定价格条件下，消费者愿意购买并有付款能力购买的商品量．商品的需求量是受多种因素所制约的，但价格是影响需求量的主要因素．因此，我们只讨论需求量与价格的关系．

设 P 表示商品的价格、x_d 表示商品的需求量，则 $x_d = f(P)$ 称为需求函数．

一般地，当商品的价格提高时，需求量就减少；反之，当商品的价格降低时，需求量便增加．因此，需求函数是单调减少函数．

供给量是指某种商品在一定价格条件下，生产者愿意出售且可能出售的商品量．同需求量一样，供给量也是受多种因素所制约的，但价格是影响供给量的主要因素．因此，我们只讨论供给量与价格的关系．

设 P 表示商品的价格、x_s 表示商品的供给量，则 $x_s = \varphi(P)$ 称为供给函数．

一般地，当商品的价格降低时，供给量就减少；反之，当商品的价格提高时，供给量便增加．因此，供给函数是单调增加函数．

综上所述，同一种商品的供给量和需求量都是随该商品价格的变化而变化的．

在经济理论中，使得某商品的供给量和需求量相等时的价格称为均衡价格．

设某商品的需求函数、供给函数分别为

$$x_d = f(P) = a - bP, \quad x_s = \varphi(P) = -c + dP.$$

其中 a、b、c、d 均为正常数．

由 $x_d = x_s$，即 $a - bP = -c + dP$，可得均衡价格为 $\quad \overline{P} = \dfrac{a+c}{b+d}$．

若将 $\overline{P}$ 代入需求（或供给）函数，可得 $x_0 = \dfrac{ad - bc}{b+d}$，称为均衡商品量．

例 1.2.14 药材公司收购某种中药材，若收购价为每公斤 3.6 元，则每月能购进 3000 公斤，收购价格每提高 0.1 元，收购量就增加 100 公斤. 求线性供给函数. 药材公司若以每公斤 5 元的价格出售，可售出 4000 公斤，若以每公斤 4.6 元的价格出售，则可售出 4400 公斤，试求线性需求函数和市场均衡价格.

解 设供给函数为 $x_s = -c + dP$，其中 x_s 为供给量，P 为价格，$c, d > 0$ 为常数.

依题意有

$$\begin{cases} 3000 = -c + 3.6d, \\ 3100 = -c + (3.6 + 0.1)d, \end{cases}$$

解得

$$c = 600, \quad d = 1000.$$

所以供给函数为

$$x_s = 1000P - 600.$$

设需求函数为 $x_d = a - bp$，其中 x_d 为需求量，P 为价格，$a, b > 0$ 为常数.

依题意有

$$\begin{cases} 4000 = a - 5b, \\ 4400 = a - 4.6b, \end{cases}$$

解得

$$a = 9000, \quad b = 1000.$$

所以需求函数为

$$x_d = 9000 - 1000P.$$

当此种药材市场供需平衡时，即 $x_d = x_s$，有 $1000P - 600 = 9000 - 1000P$，解得 $\overline{P} = 4.8$（元）. 因此，市场均衡价格为每公斤 4.8 元.

习题 1.2

1. 下列各题中，$f(x)$ 与 $\varphi(x)$ 是否表示同一个函数？说明理由.

（1）$f(x) = \dfrac{x^2 - 1}{x - 1}$，$\varphi(x) = x + 1$；　　（2）$f(x) = \lg x$，$\varphi(x) = 2\lg x$；

（3）$f(x) = |x|$，$\varphi(x) = \sqrt{x^2}$；　　（4）$f(x) = \arccos x$，$\varphi(x) = \dfrac{\pi}{2} - \arcsin x$.

2. 求下列函数的定义域.

（1）$y = \sqrt{4 - x^2} + \dfrac{1}{x - 1}$；　　（2）$y = \ln(x - 1) + \sqrt{x + 2}$；

（3）$y = \arcsin \dfrac{x - 1}{2}$；　　（4）$y = \lg \sin x$.

3. 如果 $f(x) = \begin{cases} 2x + 3, & x > 0, \\ 1, & x = 0, \\ x^2, & x < 0, \end{cases}$ 求 $f(0)$，$f\left(-\dfrac{1}{2}\right)$，$f\left(\dfrac{1}{2}\right)$.

4. $f(x + 1) = x^2 + 3x + 5$，求 $f(x)$，$f(x - 1)$.

5. $f\left(x+\dfrac{1}{x}\right)=x^2+\dfrac{1}{x^2}$，求 $f(x)$，$f\left(x-\dfrac{1}{x}\right)$.

6. 已知 $f(\sin x)=2\ln\cos x+x$，求 $f(x)$.

7. 求下列函数的反函数：

（1）$y=x^2-2x,\ x\in[1,+\infty)$；　　　（2）$y=3x-5$.

8. 下列函数是由哪些简单函数复合而成的？

（1）$y=\ln(2x+1)^2$；　　　　　　　　（2）$y=\sin^2(3x+1)$；

（3）$y=\arctan(x^3-1)$；　　　　　　　（4）$y=\ln(\arcsin x)$.

9. 已知 $f(x^2-1)=\ln\dfrac{x^2+1}{x^2-3}$，且 $f[\varphi(x)]=x^2$，求 $\varphi(x)$ 及其定义域.

10. 设 $f(x)=\begin{cases}x^2, & x\geqslant 0,\\ 2x-1, & x<0;\end{cases}$ $g(x)=\begin{cases}-x^2, & x\leqslant 1,\\ \log_2(1+x), & x>1,\end{cases}$ 求 $f[g(x)]$ 与 $g[f(x)]$.

11. 下列各对函数 $f(u)$ 与 $u=g(x)$ 中，哪些可以复合成复合函数 $f[g(x)]$，哪些不可以复合？说明理由.

（1）$f(u)=\sqrt{u^2+1},\ u=\mathrm{e}^x$；　　　（2）$f(u)=\arccos(1+2u),\ u=1+x^2$；

（3）$f(u)=\sqrt{u+1},\ u=\sin x-3$；　　　（4）$f(u)=\ln^2 u,\ u=\arccos x$.

12. 判断下列函数的奇偶性.

（1）$y=\dfrac{x\sin x}{x^2+1}$；　　　　　　　　（2）$y=x\mathrm{e}^x$；

（3）$y=\lg\dfrac{1-x}{1+x},\ x\in(-1,1)$.

13. 某工厂生产积木玩具，每生产一套积木玩具的可变成本为 15 元，每天的固定成本为 2000 元，如果每套积木玩具的出厂价为 20 元，为了不亏本，该厂每天至少要生产多少套这种积木玩具？

14. 某商场以每件 a 元的价格出售某种商品，某顾客一次购买 50 件以上，则超出 50 件的商品以每件 $0.8a$ 元的优惠价出售，试将一次成交的销售收入 R 表示成销售量 x 的函数.

1.3　极限的概念

1.3.1　数列的极限

1.　数列概念

自变量为正整数的函数 $u_n=f(n)$（$n=1,2,\cdots$），将其函数值按自变量 n 由小到大排成的一列数 $u_1,u_2,u_3,\cdots,u_n,\cdots$ 称为数列，将其简记为 $\{u_n\}$，其中 u_n 称为数列的通项或一般项.

例如数列 $\left\{\dfrac{1}{2^n}\right\}$（$n=1,2,\cdots$），即　$\dfrac{1}{2},\dfrac{1}{4},\cdots,\dfrac{1}{2^n},\cdots$.

2. 数列的极限

研究一个数列，主要是研究当 n 无限增大时，数列的变化趋向，考察下面几个数列：

（1）$u_n = \dfrac{1}{n}$，　即　$1, \dfrac{1}{2}, \dfrac{1}{3}, \cdots, \dfrac{1}{n}, \cdots$；

（2）$u_n = \dfrac{n+1}{n}$，　即　$\dfrac{2}{1}, \dfrac{3}{2}, \cdots, \dfrac{n+1}{n}, \cdots$；

（3）$u_n = \dfrac{1+(-1)^{n+1}}{2}$，　即　$1, 0, 1, 0 \cdots, \dfrac{1+(-1)^{n+1}}{2}, \cdots$；

（4）$u_n = 2n+1$，　即　$3, 5, \cdots, 2n+1, \cdots$.

考察数列（1），当 n 无限增大时（即 $n \to \infty$），$u_n = \dfrac{1}{n}$ 无限趋近于 0，即 $\dfrac{1}{n} \to 0$；

考察数列（2），当 $n \to \infty$ 时，$u_n = \dfrac{n+1}{n} \to 1$；

考察数列（3），u_n 有时等于 1，有时等于 0，所以当 n 无限增大时，$u_n = \dfrac{1+(-1)^{n+1}}{2}$ 没有确定的变化趋向；

考察数列（4），当 $n \to \infty$ 时，u_n 也无限增大，即 $u_n \to \infty$.

通过以上四个例子可以看出，当 n 无限增大时，数列的变化趋向只有两种：要么无限趋近于某个确定的常数，要么不趋近于任何确定的常数．由此我们给出数列极限的定义．

定义 1.3.1　对于数列 $\{u_n\}$，如果当 n 无限增大时，通项 u_n 无限趋近于某个确定的常数 a，则称常数 a 为数列 $\{u_n\}$ 的极限，或称数列 $\{u_n\}$ 收敛于 a，记为

$$\lim_{n \to \infty} u_n = a \text{ 或 } u_n \to a \quad (n \to \infty).$$

若数列 $\{u_n\}$ 没有极限，则称数列是发散的．

由此可知，数列（1）的极限为 0，即 $\lim\limits_{n \to \infty} \dfrac{1}{n} = 0$；数列（2）的极限为 1，即

$\lim\limits_{n \to \infty} \dfrac{n+1}{n} = 1$；数列（3）与数列（4）没有极限，此时我们称这两个数列是发散的．

如果数列 $\{u_n\}$ 对于每一个正整数 n，都有 $u_n \leqslant u_{n+1}$，则称数列 $\{u_n\}$ 为单调递增的数列；类似地，如果数列 $\{u_n\}$ 对于每一个正整数 n 都有 $u_n \geqslant u_{n+1}$，则称数列 $\{u_n\}$ 为单调递减的数列．单调递增与单调递减的数列统称为单调数列．如果对于数列 $\{u_n\}$ 存在一个固定的常数 M，使得对于其每一项 u_n，都有 $|u_n| \leqslant M$，则称数列 $\{u_n\}$ 为有界数列．数列（1）、（2）都是单调递减数列，且有下界．

可以证明：**收敛数列一定有界；单调有界数列必有极限**．

例 1.3.1　考察下列数列的极限：

（1）$u_n = \dfrac{1}{2^n}$;   （2）$u_n = q^{n-1}$ （$|q| < 1$）.

解 通过观察可知，以上两个数列有如下变化趋向：

（1）$\lim\limits_{n \to \infty} u_n = \lim\limits_{n \to \infty} \dfrac{1}{2^n} = 0$;

（2）$\lim\limits_{n \to \infty} u_n = \lim\limits_{n \to \infty} q^{n-1} = 0$ （$|q| < 1$）.

1.3.2 函数的极限

数列是一种特殊的函数，下面研究一般函数的极限概念.

函数的变化与自变量的变化有关，只有指出自变量的变化趋势，才能确定相应的函数的变化趋势.

1. 当 $x \to \infty$ 时，函数 $f(x)$ 的极限

考察函数 $f(x) = \dfrac{x}{x+1}$. 从图 1.4 中可以看出，当 $x \to +\infty$ 时，函数 $f(x) = \dfrac{x}{x+1}$

无限趋近于常数 1，此时我们称 1 为 $f(x) = \dfrac{x}{x+1}$ 当 $x \to +\infty$ 时的极限.

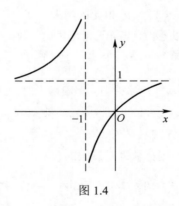

图 1.4

定义 1.3.2 若自变量 x 无限增大时，函数 $f(x)$ 无限趋近于某个确定的常数 A，则称常数 A 为函数 $f(x)$ 当 $x \to +\infty$ 时的极限，记为

$$\lim\limits_{x \to +\infty} f(x) = A \text{ 或 } f(x) \to A \quad （x \to +\infty）.$$

由定义 1.3.2 可知，1 为 $f(x) = \dfrac{x}{x+1}$ 当 $x \to +\infty$ 时的极限，记为 $\lim\limits_{x \to +\infty} \dfrac{x}{x+1} = 1$.

同样，从图 1.4 中可以看出，当 $x \to -\infty$ 时，函数 $f(x) = \dfrac{x}{x+1}$ 无限趋近于常数

1，此时我们称 1 为 $f(x) = \dfrac{x}{x+1}$ 当 $x \to -\infty$ 时的极限.

关于 $x \to -\infty$ 时函数极限的定义，可仿照上面定义给出.

如果当 $x \to +\infty$ 时函数 $f(x)$ 的极限为 A，且当 $x \to -\infty$ 时，函数 $f(x)$ 的极限也为 A，此时称当 $x \to \infty$ 时，函数 $f(x)$ 的极限为 A，记为

$$\lim_{x \to \infty} f(x) = A \text{ 或 } f(x) \to A \qquad (x \to \infty).$$

由上面讨论可知，函数 $f(x) = \dfrac{x}{x+1}$ 当 $x \to \infty$ 时的极限为 1，即 $\lim\limits_{x \to \infty} \dfrac{x}{x+1} = 1$.

定理 1.3.1 $\quad \lim\limits_{x \to \infty} f(x) = A \Leftrightarrow \lim\limits_{x \to -\infty} f(x) = \lim\limits_{x \to +\infty} f(x) = A$.

例 1.3.2 考察函数 $f(x) = \arctan x$ 当 x 趋于无穷时是否有极限.

因为 $\lim\limits_{x \to +\infty} \arctan x = \dfrac{\pi}{2}$，$\lim\limits_{x \to -\infty} \arctan x = -\dfrac{\pi}{2}$，所以由定理 1.3.1 可知 $\lim\limits_{x \to \infty} \arctan x$ 不存在.

例 1.3.3 考察函数 $f(x) = \sin x$ 当 x 趋于无穷时是否有极限.

因为 $y = \sin x$ 是以 2π 为周期的函数，所以无论 x 趋于正无穷还是趋于负无穷，$y = \sin x$ 都不会趋于某一个常数，所以 $\lim\limits_{x \to +\infty} \sin x$，$\lim\limits_{x \to -\infty} \sin x$，$\lim\limits_{x \to \infty} \sin x$ 都不存在.

同理，$\lim\limits_{x \to +\infty} \cos x$，$\lim\limits_{x \to -\infty} \cos x$，$\lim\limits_{x \to \infty} \cos x$ 也都不存在.

例 1.3.4 考察函数 $f(x) = \mathrm{e}^x$ 当 x 趋于无穷时是否有极限.

因为 $\lim\limits_{x \to -\infty} \mathrm{e}^x = 0$，$\lim\limits_{x \to +\infty} \mathrm{e}^x = \infty$，所以由定理 1.3.1 可知 $\lim\limits_{x \to \infty} \mathrm{e}^x$ 不存在.

例 1.3.5 考察函数 $f(x) = \begin{cases} 2^x, & x > 0, \\ 0, & x = 0, \\ 1, & x < 0 \end{cases}$ 当 x 趋于无穷时是否有极限.

因为 $\lim\limits_{x \to -\infty} f(x) = 1$，$\lim\limits_{x \to +\infty} f(x) = \infty$，所以由定理 1.3.1 可知 $\lim\limits_{x \to \infty} f(x)$ 不存在.

2. 当 $x \to x_0$ 时，函数 $f(x)$ 的极限

考察函数 $f(x) = \dfrac{x^2 - 1}{x - 1}$. 从图 1.5 中可以看出当 $x \to 1$ 时，函数 $f(x)$ 的值无限趋近于常数 2，此时我们称当 x 趋近于 1 时，函数 $f(x) = \dfrac{x^2 - 1}{x - 1}$ 极限为 2.

一般地，有如下定义：

定义 1.3.3 设函数 $f(x)$ 在 x_0 的某邻域内有定义（x_0 可以除外），如果当自变量 x 趋近于 x_0（$x \neq x_0$）时，函数 $f(x)$ 的函数值无限趋近于某个确定的常数 A，则称 A 为函数 $f(x)$ 当 $x \to x_0$ 时的极限，记为

$$\lim_{x \to x_0} f(x) = A \text{ 或 } f(x) \to A \ (x \to x_0).$$

说明：$f(x)$ 在 $x \to x_0$ 时的极限是否存在，与 $f(x)$ 在点 x_0 处有无定义以及在点 x_0 处函数值的大小无关.

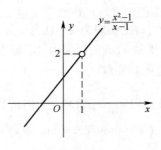

图 1.5

由此可知，$\lim\limits_{x \to 1} \dfrac{x^2 - 1}{x - 1} = 2$.

在定义 1.3.3 中，x 是以任意方式趋近于 x_0 的，但在有些问题中，往往只需要考虑点 x 从 x_0 的一侧趋近于 x_0 时，函数 $f(x)$ 的变化趋势.

如果当 x 从 x_0 的左侧（$x < x_0$）趋近于 x_0（记为 $x \to x_0^-$）时，$f(x)$ 以 A 为极限，则称 A 为函数 $f(x)$ 当 $x \to x_0$ 时的左极限，记为

$$\lim_{x \to x_0^-} f(x) = A \text{ 或 } f(x) \to A \ (x \to x_0^-).$$

如果当 x 从 x_0 的右侧（$x > x_0$）趋近于 x_0（记为 $x \to x_0^+$）时，$f(x)$ 以 A 为极限，则称 A 为 $f(x)$ 当 $x \to x_0$ 时的右极限，记为

$$\lim_{x \to x_0^+} f(x) = A \text{ 或 } f(x) \to A \ (x \to x_0^+).$$

类似地，函数的极限与左、右极限有如下关系：

定理 1.3.2 $\lim\limits_{x \to x_0} f(x) = A \Leftrightarrow \lim\limits_{x \to x_0^-} f(x) = \lim\limits_{x \to x_0^+} f(x) = A$.

这个定理常用来判断分段函数在分段点处的极限是否存在.

例 1.3.6 判断函数 $f(x) = \begin{cases} 1 + x, & x \leqslant 0, \\ x^2 + 1, & x > 0 \end{cases}$ 在 $x = 0$ 点处是否有极限.

解 计算函数 $f(x)$ 在 $x = 0$ 处的左、右极限.

$$\lim_{x \to 0^-} f(x) = \lim_{x \to 0^-} (1 + x) = 1,$$

$$\lim_{x \to 0^+} f(x) = \lim_{x \to 0^+} (x^2 + 1) = 1,$$

因为 $\lim\limits_{x \to 0^-} f(x) = \lim\limits_{x \to 0^+} f(x)$，所以由定理 1.3.2 可知 $\lim\limits_{x \to 0} f(x) = 1$ 存在.

以上数列的极限、函数的极限描述的都是在自变量某一变化过程中函数的变化趋向，因此，在 $n \to \infty$，$x \to +\infty$，$x \to -\infty$，$x \to \infty$，$x \to x_0$，$x \to x_0^-$，$x \to x_0^+$ 等自变量的变化过程中，其函数极限的定义可以统一于如下定义.

定义 1.3.4 如果变量 Y 在自变量的某一变化过程中无限趋近于某一常数 A，则称 A 为变量 Y 的极限，简记为 $\lim Y = A$ 或 $Y \to A$.

1.3.3　极限的性质

定理 1.3.3　（唯一性定理）　如果函数 $f(x)$ 在某一变化过程中有极限，则其极限是唯一的.

定理 1.3.4　（有界性定理）　若函数 $f(x)$ 当 $x \to x_0$ 时极限存在，则必存在 x_0 的某一邻域，使得函数 $f(x)$ 在该邻域内有界.

定理 1.3.5　（两边夹定理）　如果对于 x_0 的某邻域内的一切 x（x_0 可以除外），有

$$h(x) \leqslant f(x) \leqslant g(x)，且 \lim_{x \to x_0} h(x) = \lim_{x \to x_0} g(x) = A，则 \lim_{x \to x_0} f(x) = A.$$

定理 1.3.6　（数列极限存在准则）　单调有界数列必有极限.

1.3.4　无穷小量与无穷大量

1. 无穷小量

定义 1.3.5　极限为零的变量称为无穷小量，简称无穷小.

例如当 $x \to 0$ 时，函数 $f(x) = x^2$ 的极限为零，所以称当 $x \to 0$ 时，函数 x^2 为无穷小，记为 $\lim_{x \to 0} x^2 = 0$ 或记为 $x^2 \to 0$（$x \to 0$）.

但当 $x \to 1$ 时，$f(x) = x^2$ 的极限不为零，所以称当 $x \to 1$ 时，函数 x^2 不是无穷小.

说明：无穷小是以零为极限的变量，不能将其与很小的常数相混淆；在所有常数中，零是唯一可以看作无穷小的数，这是因为如果 $f(x) \equiv 0$，则 $\lim f(x) = 0$. 同时也要注意无穷小与自变量的变化过程有关，当 $x \to x_0$ 时，$f(x)$ 是无穷小，但当 $x \to x_1$（$x_1 \neq x_0$）时，$f(x)$ 不一定还是无穷小.

2. 无穷小的性质

定理 1.3.7　在自变量的同一变化过程中：

（1）有限个无穷小的代数和仍是无穷小；

（2）有限个无穷小的乘积仍是无穷小；

（3）有界函数与无穷小的乘积仍是无穷小，特别地，常数与无穷小的乘积仍是无穷小.

例 1.3.7　求 $\lim_{x \to 0} \left(x \cdot \sin \dfrac{1}{x} \right)$.

解　因为当 $x \to 0$ 时，x 为无穷小，又因为 $\left| \sin \dfrac{1}{x} \right| \leqslant 1$ 为有界量，因此当 $x \to 0$ 时，$x \cdot \sin \dfrac{1}{x}$ 为无穷小量.

所以 $$\lim_{x \to 0}\left(x \cdot \sin\frac{1}{x}\right) = 0 .$$

3. 无穷大量

定义 1.3.6 在自变量 x 的某个变化过程中，若函数值的绝对值 $|f(x)|$ 无限增大，则称 $f(x)$ 为在此变化过程中的无穷大量，简称无穷大.

例如，当 $x \to 2$ 时，函数 $f(x) = \dfrac{x}{x-2}$ 为无穷大量.

无穷大是指绝对值无限增大的变量，不能将其与很大的常数相混淆，任何常数都不是无穷大.

4. 无穷小与无穷大的关系

定理 1.3.8 在自变量的同一变化过程中，若 $f(x)$ 为无穷大，则 $\dfrac{1}{f(x)}$ 为无穷小；反之，若 $f(x)$ 为无穷小且 $f(x) \neq 0$，则 $\dfrac{1}{f(x)}$ 为无穷大.

例 1.3.8 考察 $f(x) = \dfrac{x+1}{x-1}$ 当 $x \to 1$ 时的变化趋势.

当 $x \to 1$ 时，$\dfrac{x+1}{x-1} \to \infty$，即当 $x \to 1$ 时，$f(x) = \dfrac{x+1}{x-1}$ 为无穷大量；

而当 $x \to 1$ 时，$\dfrac{x-1}{x+1} \to 0$，即当 $x \to 1$ 时，$\dfrac{1}{f(x)} = \dfrac{x-1}{x+1}$ 为无穷小量.

5. 无穷小量与极限的关系

定理 1.3.9 在自变量的某一变化过程中，函数 $f(x)$ 以 A 为极限的充分必要条件是 $f(x)$ 可以表示成常数 A 与某一无穷小量之和，即 $f(x) = A + \alpha(x)$，其中 $\alpha(x)$ 为同一过程下的无穷小量.

习题 1.3

1. 观察下列数列，哪些数列收敛？其极限是多少？哪些数列发散？

（1）$u_n = \dfrac{(-1)^n}{n}$；　　　　（2）$u_n = 1 + \left(\dfrac{3}{4}\right)^n$；　　　　（3）$u_n = \dfrac{2n+3}{n^2}$；

（4）$u_n = \dfrac{1}{n}\sin\dfrac{n\pi}{2}$；　　　（5）$u_n = (-1)^n$；　　　　（6）$u_n = \dfrac{4n+3}{3n-1}$.

2. 设 $f(x) = \begin{cases} x^2 + 1, & x < 0, \\ x, & x \geqslant 0, \end{cases}$ 作出 $f(x)$ 的图形，求 $\lim\limits_{x \to 0^-} f(x)$ 及 $\lim\limits_{x \to 0^+} f(x)$，并判断 $\lim\limits_{x \to 0} f(x)$ 是否存在.

3. 观察下列函数，哪些是无穷小？哪些是无穷大？

（1）$\dfrac{x-2}{x}$，当 $x \to 0$ 时；　　　　　（2）$\lg x$，当 $x \to 0^+$ 时；

（3）$10^{\frac{1}{x}}$，当 $x \to 0^+$ 时；　　　　（4）$x^2 \cdot \sin\dfrac{1}{x}$，当 $x \to 0$ 时；

（5）$2^{-x}-1$，当 $x \to 0$ 时；　　　　　（6）e^{-x}，当 $x \to +\infty$ 时；

（7）$\dfrac{\sin x}{x}$，当 $x \to \infty$ 时；　　　　（8）$\dfrac{\cos x}{x}$，当 $x \to 0$ 时．

1.4　极限的运算

1.4.1　极限的运算法则

定理 1.4.1　若 $\lim\limits_{x \to x_0} f(x) = A$，$\lim\limits_{x \to x_0} g(x) = B$，则

（1）$\lim\limits_{x \to x_0} \left[f(x) \pm g(x) \right] = A \pm B$；

（2）$\lim\limits_{x \to x_0} \left[f(x) \cdot g(x) \right] = A \cdot B$；

（3）$\lim\limits_{x \to x_0} \dfrac{f(x)}{g(x)} = \dfrac{A}{B}$　（$B \neq 0$）．

注意：定理 1.4.1 中的（1）、（2）可推广到有限多个函数的情形，即若当 $x \to x_0$ 时，$f_1(x), f_2(x), \cdots, f_n(x)$ 的极限都存在，则有

$$\lim_{x \to x_0} \left[f_1(x) \pm f_2(x) \pm \cdots \pm f_n(x) \right] = \lim_{x \to x_0} f_1(x) \pm \lim_{x \to x_0} f_2(x) \pm \cdots \pm \lim_{x \to x_0} f_n(x),$$

$$\lim_{x \to x_0} \left[f_1(x) \cdot f_2(x) \cdots f_n(x) \right] = \lim_{x \to x_0} f_1(x) \cdot \lim_{x \to x_0} f_2(x) \cdots \lim_{x \to x_0} f_n(x).$$

特别地，在（2）中若 $g(x) \equiv C$，则有

$$\lim_{x \to x_0} (C \cdot f(x)) = C \cdot A.$$

注意：以上结论中的 $x \to x_0$ 换成其他变化过程同样成立，即将 $x \to x_0$ 换成 $x \to x_0^-$，$x \to x_0^+$，$x \to +\infty$，$x \to -\infty$，$x \to \infty$，$n \to \infty$，上述法则均成立．

例 1.4.1　求下列极限．

（1）$\lim\limits_{x \to 2} \dfrac{x^2 + x - 2}{3x^2 + 1}$；　　　（2）$\lim\limits_{x \to 3} \dfrac{x-3}{x^2-9}$；　　　（3）$\lim\limits_{x \to 2} \dfrac{x+3}{x^2-4}$．

解　（1）$\lim\limits_{x \to 2} \dfrac{x^2 + x - 2}{3x^2 + 1} = \dfrac{\lim\limits_{x \to 2}(2^2 + 2 - 2)}{\lim\limits_{x \to 2}(3 \times 2^2 + 1)} = \dfrac{4}{13}$．

（2）因为 $\lim\limits_{x \to 3}(x^2 - 9) = 0$，不能直接用定理 1.4.1 中商的极限运算法则．注意到分子的极限也为零，此时可首先找出分子分母中的零因子 $x-3$，当 $x \to 3$ 时，由函数的极限定义知 $x \neq 3$，这样可先约去零因子，再计算极限．

$$\lim_{x \to 3} \frac{x-3}{x^2-9} = \lim_{x \to 3} \frac{(x-3)}{(x-3)(x+3)} = \lim_{x \to 3} \frac{1}{x+3} = \frac{1}{6}.$$

（3）因为 $\lim\limits_{x \to 2}(x^2-4)=0$，不能直接用定理 1.4.1 中商的极限运算法则. 注意到分子的极限不为零，此时可考虑函数的倒数.

$\lim\limits_{x \to 2} \dfrac{x^2-4}{x+3} = 0$，即当 $x \to 2$ 时，函数 $\dfrac{x^2-4}{x+3}$ 是无穷小量，所以

$$\lim_{x \to 2} \frac{x+3}{x^2-4} = \infty.$$

例 1.4.2 求下列极限.

（1） $\lim\limits_{x \to \infty} \dfrac{x+\sin x}{x-\cos x}$；　　　　　　（2） $\lim\limits_{x \to +\infty} \left(\sqrt{x+1}-\sqrt{x}\right)$.

解 （1）当 $x \to \infty$ 时，分子、分母都是无穷大，不能直接利用商的极限运算法则，此时可先将分子、分母同除以 x.

当 $x \to \infty$ 时，$\dfrac{1}{x}$ 是无穷小量，$|\sin x| \leqslant 1$，$|\cos x| \leqslant 1$，

故

$$\lim_{x \to \infty} \frac{\sin x}{x} = 0, \quad \lim_{x \to \infty} \frac{\cos x}{x} = 0.$$

所以

$$\lim_{x \to \infty} \frac{x+\sin x}{x-\cos x} = \lim_{x \to \infty} \frac{1+\dfrac{\sin x}{x}}{1-\dfrac{\cos x}{x}} = 1.$$

（2）当 $x \to +\infty$ 时，$\sqrt{x+1}$、$\sqrt{x}$ 都是无穷大，不能直接利用差的极限运算法则，此时可先将分子有理化.

$$\lim_{x \to +\infty} \left(\sqrt{x+1}-\sqrt{x}\right) = \lim_{x \to +\infty} \frac{\left(\sqrt{x+1}-\sqrt{x}\right)\left(\sqrt{x+1}+\sqrt{x}\right)}{\sqrt{x+1}+\sqrt{x}} = \lim_{x \to +\infty} \frac{1}{\sqrt{x+1}+\sqrt{x}} = 0.$$

例 1.4.3 求下列极限.

（1） $\lim\limits_{x \to \infty} \dfrac{x^4+2x^3-1}{5x^4+x+1}$；　　（2） $\lim\limits_{x \to \infty} \dfrac{2x^3-1}{3x^4+5x+1}$；　　（3） $\lim\limits_{x \to \infty} \dfrac{3x^4+5x+1}{2x^3-1}$.

解 （1）当 $x \to \infty$ 时，分子、分母都是无穷大，不能直接利用商的极限运算法则，此时可先将分子、分母同除以 x 最高次幂 x^4，易知

$$\lim_{x \to \infty} \frac{x^4+2x^3-1}{5x^4+x+1} = \lim_{x \to \infty} \frac{1+2\left(\dfrac{1}{x}\right)-\left(\dfrac{1}{x}\right)^4}{5+\left(\dfrac{1}{x}\right)^3+\left(\dfrac{1}{x}\right)^4} = \frac{1}{5}.$$

（2）当 $x \to \infty$ 时，分子、分母都是无穷大，不能直接利用商的极限运算法则，此时可先将分子、分母同除以 x 最高次幂 x^4，易知

$$\lim_{x\to\infty}\frac{2x^3-1}{3x^4+5x+1}=\lim_{x\to\infty}\frac{\dfrac{2}{x}-\dfrac{1}{x^4}}{3+\dfrac{5}{x^3}+\dfrac{1}{x^4}}=0.$$

（3）由（2）知 $\lim_{x\to\infty}\dfrac{2x^3-1}{3x^4+5x+1}=0$，故 $\lim_{x\to\infty}\dfrac{3x^4+5x+1}{2x^3-1}=\infty$.

一般地，对于有理函数（即两个多项式函数的商）的极限，有下面结论：

$$\lim_{x\to\infty}\frac{a_0x^n+a_1x^{n-1}+\cdots+a_{n-1}x+a_n}{b_0x^m+b_1x^{m-1}+\cdots+b_{m-1}x+b_m}=\begin{cases}\infty, & \text{当} m<n,\\[2mm]\dfrac{a_0}{b_0}, & \text{当} m=n,\\[2mm]0, & \text{当} m>n,\end{cases}$$

其中 $a_0\neq0$，$b_0\neq0$.

例 1.4.4 求 $\lim_{x\to\infty}\dfrac{(2x^3-1)(3\cos x+5)}{3x^4+5x+1}$.

解 由例 1.4.3（2）知 $\lim_{x\to\infty}\dfrac{2x^3-1}{3x^4+5x+1}=0$，又因为 $|3\cos x+5|\leqslant8$，

所以 $\lim_{x\to\infty}\dfrac{(2x^3-1)(3\cos x+5)}{3x^4+5x+1}=0$（有界函数与无穷小的乘积仍是无穷小量）.

1.4.2 两个重要极限

1. $\lim_{x\to0}\dfrac{\sin x}{x}=1$

证明 当 $x\to0$ 时，$f(x)=\dfrac{\sin x}{x}$ 的极限不能用商的运算法则来计算. 为证明

这个极限，先设 $0<x<\dfrac{\pi}{2}$，作一单位圆（如图 1.6 所示），令 $\angle AOB=x$，过点 A

作切线 AC，那么 $\triangle AOC$ 的面积为 $\dfrac{1}{2}\tan x$，扇形 AOB 的面积为 $\dfrac{1}{2}x$，$\triangle AOB$ 的面

积为 $\dfrac{1}{2}\sin x$，因为扇形面积介于两个三角形面积之间，所以

$$\frac{1}{2}\sin x<\frac{1}{2}x<\frac{1}{2}\tan x,$$

即

$$\sin x<x<\tan x.$$

因为 $\sin x>0$，用 $\sin x$ 除以上式得

$$1<\frac{x}{\sin x}<\frac{1}{\cos x} \text{ 或 } \cos x<\frac{\sin x}{x}<1.$$

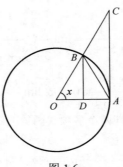

图 1.6

因为 $\dfrac{\sin x}{x}$ 与 $\cos x$ 都是偶函数，所以当 x 取负值时上式也成立，因而当 $0<|x|<\dfrac{\pi}{2}$ 时，有

$$\cos x<\frac{\sin x}{x}<1 .$$

由图 1.6 不难看出，当 $x\to 0$ 时，$\cos x = OD\to OA=1$，于是由极限的两边夹定理有

$$\lim_{x\to 0}\frac{\sin x}{x}=1 .$$

此极限也可记为：

$$\lim_{W\to 0}\frac{\sin W}{W}=1 \qquad （式中 W 代表同一个变量）.$$

例 1.4.5 求下列极限

（1）$\displaystyle\lim_{x\to 0}\frac{\sin 4x}{5x}$; （2）$\displaystyle\lim_{x\to 0}\frac{\tan x}{x}$; （3）$\displaystyle\lim_{x\to 0}\frac{1-\cos x}{x^2}$.

解 （1）$\displaystyle\lim_{x\to 0}\frac{\sin 4x}{5x}=\lim_{x\to 0}\frac{4}{5}\cdot\frac{\sin 4x}{4x}=\frac{4}{5}\lim_{y\to 0}\frac{\sin y}{y}=\frac{4}{5}$ （令 $4x=y$，当 $x\to 0$ 时，$y\to 0$）.

（2）$\displaystyle\lim_{x\to 0}\frac{\tan x}{x}=\lim_{x\to 0}\frac{1}{x}\cdot\frac{\sin x}{\cos x}=\lim_{x\to 0}\frac{1}{\cos x}\lim_{x\to 0}\frac{\sin x}{x}=1 .$

（3）$\displaystyle\lim_{x\to 0}\frac{1-\cos x}{x^2}=\lim_{x\to 0}\frac{2\sin^2\dfrac{x}{2}}{x^2}=\frac{1}{2}\lim_{x\to 0}\left(\frac{\sin\dfrac{x}{2}}{\dfrac{x}{2}}\right)^2=\frac{1}{2} .$

例 1.4.6 求 $\displaystyle\lim_{x\to\infty}\left(x\cdot\sin\frac{1}{x}\right)$.

解　$\lim\limits_{x \to \infty}\left(x \cdot \sin\dfrac{1}{x}\right) = \lim\limits_{x \to \infty}\dfrac{\sin\dfrac{1}{x}}{\dfrac{1}{x}} = 1$.

例 1.4.7　求 $\lim\limits_{x \to 0}\left(\dfrac{\arcsin x}{x}\right)$.

解　令 $y = \arcsin x$，则 $x = \sin y$ 且 $x \to 0$ 时，$y \to 0$.

$$\lim\limits_{x \to 0}\left(\dfrac{\arcsin x}{x}\right) = \lim\limits_{y \to 0}\left(\dfrac{y}{\sin y}\right) = 1.$$

2．$\lim\limits_{x \to \infty}\left(1 + \dfrac{1}{x}\right)^x = \mathrm{e}$.

这里的 e 是一个无理数 $2.71828182845904\cdots$，此极限也可记为

$$\lim\limits_{V \to \infty}\left(1 + \dfrac{1}{V}\right)^V = \mathrm{e} \qquad （式中 V 代表同一个变量）.$$

如果令 $\dfrac{1}{x} = t$，则当 $x \to \infty$ 时，$t \to 0$，从而

$$\lim\limits_{t \to 0}\left(1 + t\right)^{\frac{1}{t}} = \mathrm{e}.$$

例 1.4.8　求下列极限.

（1）$\lim\limits_{x \to \infty}\left(1 + \dfrac{3}{x}\right)^x$；　　　（2）$\lim\limits_{x \to \infty}\left(1 - \dfrac{2}{x}\right)^{4x}$；　　　（3）$\lim\limits_{x \to 0}\left(1 + 3x\right)^{\frac{-2}{x}}$.

解　（1）$\lim\limits_{x \to \infty}\left(1 + \dfrac{3}{x}\right)^x = \lim\limits_{x \to \infty}\left[\left(1 + \dfrac{3}{x}\right)^{\frac{x}{3}}\right]^3 = \mathrm{e}^3$.

（2）$\lim\limits_{x \to \infty}\left(1 - \dfrac{2}{x}\right)^{4x} = \lim\limits_{x \to \infty}\left[\left(1 - \dfrac{2}{x}\right)^{-\frac{x}{2}}\right]^{-8} = \mathrm{e}^{-8}$.

（3）$\lim\limits_{x \to 0}\left(1 + 3x\right)^{\frac{-2}{x}} = \lim\limits_{x \to 0}\left[\left(1 + 3x\right)^{\frac{1}{3x}}\right]^{-6} = \mathrm{e}^{-6}$.

例 1.4.9　求下列极限.

（1）$\lim\limits_{x \to \infty}\left(\dfrac{x^2 + 1}{x^2}\right)^{x^2 + 3}$；　　　　　　　（2）$\lim\limits_{x \to +\infty}\left(1 - \dfrac{1}{x}\right)^{\sqrt{x}}$.

解　（1）$\lim\limits_{x \to \infty}\left(\dfrac{x^2 + 1}{x^2}\right)^{x^2 + 3} = \lim\limits_{x \to \infty}\left[\left(1 + \dfrac{1}{x^2}\right)^{x^2}\left(1 + \dfrac{1}{x^2}\right)^3\right] = \mathrm{e}$.

（2）$\lim\limits_{x\to +\infty}\left(1-\dfrac{1}{x}\right)^{\sqrt{x}}=\lim\limits_{x\to +\infty}\left(1-\dfrac{1}{\sqrt{x}}\right)^{\sqrt{x}}\left(1+\dfrac{1}{\sqrt{x}}\right)^{\sqrt{x}}=\mathrm{e}^{-1}\cdot \mathrm{e}=1$.

1.4.3 无穷小的比较

在前面有关无穷小的讨论中，没有涉及到两个无穷小之比，这是因为两个无穷小的比会出现不同的情况．例如，当 $x\to 0$ 时，x、x^2、$\sin x$、$x\sin\dfrac{1}{x}$ 等都是无穷小，但它们的比在 $x\to 0$ 时却有不同的变化情况，如 $\dfrac{x^2}{x}\to 0$，$\dfrac{\sin x}{x}\to 1$，$\dfrac{x}{x^2}\to \infty$，而 $\dfrac{x\sin\dfrac{1}{x}}{x}$ 没有极限．

这一事实反映了同一过程中（如 $x\to 0$ 时）各个无穷小趋于 0 的快慢程度，因此有必要进一步讨论两个无穷小之比．

定义 1.4.1 设 α 与 β 是自变量的同一变化过程中的两个无穷小，则在所讨论过程中：

（1）若 $\dfrac{\alpha}{\beta}\to 0$，则称 α 为比 β 高阶的无穷小，记作 $\alpha=o(\beta)$.

（2）若 $\dfrac{\alpha}{\beta}\to c\ne 0$，$c$ 为常数，则称 α 与 β 为同阶无穷小．

（3）若 $\dfrac{\alpha}{\beta}\to 1$，则称 α 与 β 为等价无穷小，记作 $\alpha\sim\beta$.

例 1.4.10 证明当 $x\to 0$ 时，$\arctan x$ 与 x 是等价无穷小．

证明 令 $\arctan x=t$，则 $x=\tan t$，当 $x\to 0$ 时，$t\to 0$，于是

$$\lim\limits_{x\to 0}\frac{\arctan x}{x}=\lim\limits_{t\to 0}\frac{t}{\tan t}=\lim\limits_{t\to 0}\frac{t\cos t}{\sin t}=1 .$$

故当 $x\to 0$ 时，$\arctan x\sim x$.

在极限计算中，经常使用下述等价无穷小的代换定理，从而使两个无穷小之比的极限问题简化．

定理 1.4.2 设在自变量的同一变化过程中 $\alpha\sim\alpha'$，$\beta\sim\beta'$，且 $\lim\dfrac{\beta'}{\alpha'}$ 存在，则

$$\lim\frac{\beta}{\alpha}=\lim\frac{\beta'}{\alpha'} .$$

证明 $\lim\dfrac{\beta}{\alpha}=\lim\left(\dfrac{\beta}{\beta'}\cdot\dfrac{\beta'}{\alpha'}\cdot\dfrac{\alpha'}{\alpha}\right)=\lim\dfrac{\beta}{\beta'}\cdot\lim\dfrac{\beta'}{\alpha'}\cdot\lim\dfrac{\alpha'}{\alpha}=\lim\dfrac{\beta'}{\alpha'}$.

例 1.4.11 求下列极限．

（1）$\lim\limits_{x\to 0}\dfrac{\tan mx}{\sin nx}$；   （2）$\lim\limits_{x\to 0}\dfrac{1-\cos x}{x\cdot\tan x}$．

解 （1）当 $x\to 0$ 时，$\tan mx\sim mx$，$\sin nx\sim nx$，
因此

$$\lim\limits_{x\to 0}\frac{\tan mx}{\sin nx}=\lim\limits_{x\to 0}\frac{mx}{nx}=\frac{m}{n}．$$

（2）当 $x\to 0$ 时，$1-\cos x=2\sin^2\dfrac{x}{2}\sim\dfrac{1}{2}x^2$，$\tan x\sim x$，
因此

$$\lim\limits_{x\to 0}\frac{1-\cos x}{x\cdot\tan x}=\lim\limits_{x\to 0}\frac{\dfrac{1}{2}x^2}{x\cdot x}=\frac{1}{2}．$$

例 1.4.12 求 $\lim\limits_{x\to 0}\dfrac{\tan x-\sin x}{x^3}$．

解 $\lim\limits_{x\to 0}\dfrac{\tan x-\sin x}{x^3}=\lim\limits_{x\to 0}\dfrac{\sin x(1-\cos x)}{x^3\cos x}=\lim\limits_{x\to 0}\dfrac{\sin x}{x}\cdot\dfrac{1-\cos x}{x^2}\cdot\dfrac{1}{\cos x}$

$$=\lim\limits_{x\to 0}\frac{\sin x}{x}\cdot\lim\limits_{x\to 0}\frac{1-\cos x}{x^2}\cdot\lim\limits_{x\to 0}\frac{1}{\cos x}=\frac{1}{2}．$$

或者，因为当 $x\to 0$ 时，$\sin x\sim x$，$1-\cos x\sim\dfrac{1}{2}x^2$，所以

$$\lim\limits_{x\to 0}\frac{\tan x-\sin x}{x^3}=\lim\limits_{x\to 0}\frac{\sin x(1-\cos x)}{x^3\cos x}=\lim\limits_{x\to 0}\frac{x\cdot\dfrac{1}{2}x^2}{x^3\cos x}=\frac{1}{2}．$$

但下面的解法是错误的：

因为当 $x\to 0$ 时，$\sin x\sim x$，$\tan x\sim x$，所以

$$\lim\limits_{x\to 0}\frac{\tan x-\sin x}{x^3}=\lim\limits_{x\to 0}\frac{x-x}{x^3}=0．$$

就是说无穷小的等价代换只能代换乘积因子.

例 1.4.13 连续复利问题.

设 A_0 是本金，年利率为 r，则一年后的本息之和为 $A_0(1+r)$. 连续复利就是指记息的时间间隔任意小，前期的利息归入本期的本金进行复利计息. 假设一年记息 n 次，则每次利率为 $\dfrac{r}{n}$，一年后的本息之和为 $A_0\left(1+\dfrac{r}{n}\right)^n$，当 n 无限增大时就得到连续复利下一年后的本息之和 $A(r)$，因此 $A(r)=\lim\limits_{n\to\infty}A_0\left(1+\dfrac{r}{n}\right)^n=A_0\mathrm{e}^r$.

由此我们得到：连续复利中，本金为 A_0，年利率为 r，则一年后的本息之和为 $A(r)=A_0\mathrm{e}^r$. t 年后的本息之和为 $A_t(r)=A_0\mathrm{e}^{rt}$（其中 A_0 又称为 $A_0\mathrm{e}^{rt}$ 的现值）.

习题 1.4

1．求下列极限：

（1）$\lim\limits_{x \to 2} \dfrac{x^2+5}{x^2-3}$；

（2）$\lim\limits_{x \to 3} \dfrac{x+1}{x-3}$；

（3）$\lim\limits_{x \to 1} \dfrac{x^2-2x+1}{x^3-x}$；

（4）$\lim\limits_{x \to \infty} \dfrac{x^2+2x-3}{3x^2-5x+2}$；

（5）$\lim\limits_{x \to 2} \left(\dfrac{1}{x-2} - \dfrac{2}{x^2-4} \right)$；

（6）$\lim\limits_{x \to \infty} \dfrac{\sin x}{x}$；

（7）$\lim\limits_{x \to 0} x^2 \cos \dfrac{1}{x^2}$；

（8）$\lim\limits_{n \to \infty} \left(\dfrac{1}{n^2} + \dfrac{2}{n^2} + \dfrac{3}{n^2} + \cdots + \dfrac{n}{n^2} \right)$；

（9）$\lim\limits_{x \to 0} (x^2+x) \sin \dfrac{1}{x}$；

（10）$\lim\limits_{x \to \infty} \dfrac{x^3-4x+1}{2x^2+x-1}$；

（11）$\lim\limits_{x \to 1} \dfrac{1-\sqrt{x}}{1-\sqrt[3]{x}}$；

（12）$\lim\limits_{x \to \infty} \dfrac{x^3+x}{x^4-3x^2+1}$．

2．求下列极限：

（1）$\lim\limits_{x \to 0} \dfrac{\sin 3x}{4x}$；

（2）$\lim\limits_{x \to \infty} x \cdot \sin \dfrac{1}{x}$；

（3）$\lim\limits_{x \to 0} \dfrac{\sin 5x}{\tan 2x}$；

（4）$\lim\limits_{x \to 0} (1 + \tan x)^{\cot x}$；

（5）$\lim\limits_{x \to \infty} \left(1 + \dfrac{2}{x} \right)^{x+3}$；

（6）$\lim\limits_{x \to 0} (1-4x)^{\frac{1}{x}}$；

（7）$\lim\limits_{x \to 1} \dfrac{\sin^2(x-1)}{x^2-1}$；

（8）$\lim\limits_{x \to \infty} \left(\dfrac{x+1}{x-2} \right)^x$；

（9）$\lim\limits_{x \to 0} \dfrac{1-\cos 4x}{x \sin x}$；

（10）$\lim\limits_{x \to \infty} \left(\dfrac{2x-1}{2x+1} \right)^x$．

3．证明 $x \to 0$ 时 $\sqrt[n]{1+x} - 1 \sim \dfrac{x}{n}$．

4．利用等价无穷小代换计算下列极限：

（1）$\lim\limits_{x \to 0} \dfrac{\arctan 2x}{\sin 5x}$；

（2）$\lim\limits_{x \to 0} \dfrac{1-\sqrt[3]{\cos x}}{x \arctan x}$；

（3）$\lim\limits_{x \to 0} \dfrac{\sin x}{x^3+3x}$；

（4）$\lim\limits_{x \to 0} \dfrac{\arcsin 4x}{3x}$；

（5）$\lim\limits_{x \to \infty} x \sin \dfrac{\pi}{x}$．

5．根据已知条件确定未知常数 a、b．

（1）$\lim\limits_{x \to \infty} \left(ax + b - \dfrac{2x^2-1}{x-1} \right) = 1$；

（2）$\lim\limits_{x \to \infty} \left(2x - b - \sqrt{ax^2+1} \right) = -1$；

(3) $\lim\limits_{x \to 2} \dfrac{x^2 + ax + b}{x^2 - 3x + 2} = 0$；　　　　　　　(4) $\lim\limits_{x \to 1} \dfrac{x^2 + ax + b}{1 - x} = 5$．

6．某保险公司开展养老保险业务，当存入 R_0（单位：元）时，t 年后可得养老金 $R(t) = R_0 \mathrm{e}^{at}$（单位：元）（$a > 0$），另外，银行存款的年利率为 r，按连续复利记息，则 t 年后的养老金现在价值是多少（即养老金的现值是多少）？

1.5 函数的连续性

1.5.1 函数的连续性概念

自然界中的许多现象，如气温变化、物体运动的路程、金属丝加热时长度的变化等都是连续变化的，这些现象反映到数学上，就是所谓的函数的连续性．

1．函数的改变量（或称函数增量）

设函数 $y = f(x)$ 在点 x_0 的某邻域内有定义，当自变量 x 由 x_0（称为初值）变化到 x_1（称为终值）时，终值与初值之差 $x_1 - x_0$ 称为自变量的改变量（或增量），记为 $\Delta x = x_1 - x_0$．相应地，函数的终值 $f(x_1)$ 与初值 $f(x_0)$ 之差 $f(x_1) - f(x_0) = f(x_0 + \Delta x) - f(x_0)$ 称为函数的改变量（或增量），记为 $\Delta y = f(x_0 + \Delta x) - f(x_0)$．

几何上，函数的改变量表示当自变量从 x_0 改变到 $x_0 + \Delta x$ 时，曲线上对应点的纵坐标的改变量（如图 1.7 所示）．

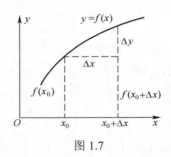

图 1.7

2．函数的连续性

函数在某点 x_0 处连续，在几何上表示为函数图形在 x_0 处附近为一条连续不断的曲线；从图 1.7 可以看出，其特点是当自变量的改变量 Δx 趋于零时，函数的改变量 Δy 也趋于零，即有下述定义：

定义 1.5.1　设函数 $y = f(x)$ 在 x_0 的某邻域内有定义，当自变量 x 在点 x_0 处有改变量 Δx 时，相应地函数有改变量 $\Delta y = f(x_0 + \Delta x) - f(x_0)$．如果当自变量的改变量 Δx 趋于零时，函数的改变量 Δy 也趋于零，即 $\lim\limits_{\Delta x \to 0} \Delta y = \lim\limits_{\Delta x \to 0} \left[f(x_0 + \Delta x) - f(x_0) \right] = 0$，则

称函数 $y=f(x)$ 在点 x_0 处连续，x_0 称为函数 $f(x)$ 的连续点.

定义 1.5.1 中，若记 $x=x_0+\Delta x$，则 $\Delta y=f(x)-f(x_0)$，且当 $\Delta x\to0$ 时，$x\to x_0$，故定义 1.5.1 又可叙述为：

定义 1.5.2 设函数 $y=f(x)$ 在 x_0 的某邻域内有定义，如果极限 $\lim\limits_{x\to x_0}f(x)$ 存在，且等于函数在 x_0 处的函数值，即 $f(x_0)$，即

$$\lim_{x\to x_0}f(x)=f(x_0),$$

则称函数 $y=f(x)$ 在点 x_0 处连续.

如果函数 $y=f(x)$ 在开区间 (a,b) 内每一点都连续，则称 $f(x)$ 在 (a,b) 内连续.

若函数 $f(x)$ 满足 $\lim\limits_{\substack{x\to x_0^-\\(x\to x_0^+)}}f(x)=f(x_0)$，则称函数 $f(x)$ 在点 x_0 处左（右）连续，

如果函数 $f(x)$ 在 (a,b) 内连续，且在左端点 a 处右连续，在右端点 b 处左连续，则称函数 $f(x)$ 在闭区间 $[a,b]$ 上连续.

例 1.5.1 证明 $y=\cos x$ 在 $(-\infty,+\infty)$ 内连续.

证明 对任意 $x_0\in(-\infty,+\infty)$，有

$$\Delta y=\cos(x_0+\Delta x)-\cos x_0=-2\sin\left(x_0+\frac{\Delta x}{2}\right)\cdot\sin\frac{\Delta x}{2},$$

因为 $\left|-2\sin\left(x_0+\dfrac{\Delta x}{2}\right)\right|\le2$，而当 $\Delta x\to0$ 时，$\sin\dfrac{\Delta x}{2}\to0$，由有界函数与无穷小的乘积仍为无穷小，得

$$\lim_{\Delta x\to0}\Delta y=0.$$

即 $\cos x$ 在点 x_0 处连续，由点 x_0 的任意性可知，$y=\cos x$ 在区间 $(-\infty,+\infty)$ 内连续.

同样可证 $y=\sin x$ 也在 $(-\infty,+\infty)$ 内连续.

1.5.2 函数的间断点及其分类

由定义 1.5.2 可知，函数 $f(x)$ 在点 x_0 处连续，必须同时满足以下三个条件：

（1）$f(x)$ 在 x_0 的某邻域内有定义；

（2）$\lim\limits_{x\to x_0}f(x)$ 存在；

（3）$\lim\limits_{x\to x_0}f(x)=f(x_0)$.

上述三个条件中只要有一条不满足，则称函数 $f(x)$ 在点 x_0 处间断，x_0 称为函数 $f(x)$ 的间断点.

如果 x_0 是函数 $f(x)$ 的间断点，并且函数 $f(x)$ 在点 x_0 处的左右极限存在，称点 x_0 是函数 $f(x)$ 的**第一类间断点**；若函数 $f(x)$ 在点 x_0 处的左右极限至少有一个不存在，则称点 x_0 为函数 $f(x)$ 的**第二类间断点**.

下面通过例子说明间断点的类型.

例 1.5.2 考察函数 $f(x) = \arctan \dfrac{1}{x}$，由于函数在 $x = 0$ 处没有定义，所以函数在 $x = 0$ 处间断. 由于

$$\lim_{x \to 0^-} \arctan \frac{1}{x} = -\frac{\pi}{2}, \quad \lim_{x \to 0^+} \arctan \frac{1}{x} = \frac{\pi}{2},$$

函数 $f(x)$ 在点 x_0 处的左右极限存在但不相等，点 $x = 0$ 是 $f(x)$ 的第一类间断点.

一般地，若函数 $f(x)$ 在点 x_0 处的左右极限都存在但不相等，称 x_0 是 $f(x)$ 的**跳跃间断点**. 跳跃间断点是第一类间断点.

例 1.5.3 考察函数 $f(x) = \begin{cases} \dfrac{x^2 - 4}{x - 2}, & x \neq 2; \\ 1, & x = 2. \end{cases}$

由于 $\lim\limits_{x \to 2} f(x) = \lim\limits_{x \to 2} \dfrac{x^2 - 4}{x - 2} = 4$，而 $f(2) = 1$，函数 $f(x)$ 在该点处的极限存在但不等于该点处的函数值，所以函数在 $x = 2$ 处间断，如果改变定义，令 $x = 2$ 时，$f(2) = 4$，则所构造的新的函数在 $x = 2$ 处成为连续函数.

一般地，如果函数 $f(x)$ 在 x_0 处极限存在，但不等于函数在该点的函数值，或者函数 $f(x)$ 在 x_0 处极限存在，但函数在该点处没有定义，设 $\lim\limits_{x \to x_0} f(x) = A$，可以通过改变或补充定义，使函数在点 x_0 处的函数值等于 A，即构造一个新的函数

$$\varphi(x) = \begin{cases} f(x), & x \neq x_0, \\ A, & x = x_0. \end{cases}$$

这时，$\varphi(x)$ 在点 x_0 处连续. x_0 称为 $f(x)$ 的**可去间断点**. 可去间断点是第一类间断点.

由上述知，第一类间断点包括可去间断点和跳跃间断点.

下面再举两个第二类间断点的例子.

例 1.5.4 考察函数 $f(x) = \sin \dfrac{1}{x}$，该函数在 $x = 0$ 处没有定义，所以函数在 $x = 0$ 处间断；又因为当 $x \to 0$ 时，函数值在 1 与 -1 之间无限次地振荡（如图 1.8 所示），极限不存在，所以 $x = 0$ 是 $f(x) = \sin \dfrac{1}{x}$ 的第二类间断点. 这样的间断点也称为**振荡间断点**.

例 1.5.5 考察函数 $f(x) = \dfrac{1}{x}$，该函数在点 $x = 0$ 处没有定义，所以函数在 $x = 0$ 处间断；又因为 $\lim\limits_{x \to 0} \dfrac{1}{x}$ 极限不存在，但趋于无穷，所以 $x = 0$ 是函数 $f(x) = \dfrac{1}{x}$ 的第二类间断点. 这样的间断点也称为无穷间断点.

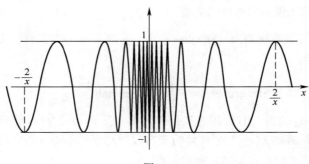

图 1.8

一般地，若 $x \to x_0$（x_0^-, x_0^+）时函数 $f(x) \to \infty$（$-\infty, +\infty$），称 x_0 是 $f(x)$ 的**无穷间断点**. 无穷间断点是第二类间断点.

第二类间断点包括振荡间断点、无穷间断点和其他间断点.

1.5.3 初等函数的连续性

由函数在某点连续的定义以及极限的四则运算法则，可得如下定理：

定理 1.5.1（连续函数的四则运算） 如果 $f(x)$、$g(x)$ 均在点 x_0 处连续，那么 $f(x) \pm g(x)$，$f(x) \cdot g(x)$，$\dfrac{f(x)}{g(x)}$（$g(x_0) \neq 0$）也在 x_0 处连续.

此定理表明，连续函数的和、差、积、商（分母不为零）仍是连续函数.

定理 1.5.2（反函数的连续性） 连续函数的反函数在其对应区间上也是连续函数.

由定理 1.5.1，定理 1.5.2 容易证明：**基本初等函数在其定义域内连续**.

定理 1.5.3（复合函数的连续性） 设函数 $u = \varphi(x)$ 在点 x_0 处连续，且 $u_0 = \varphi(x_0)$，函数 $y = f(u)$ 在 u_0 处连续，则复合函数 $y = f[\varphi(x)]$ 在点 x_0 处连续，即

$$\lim_{x \to x_0} f[\varphi(x)] = f[\varphi(x_0)].$$

此定理表明，由连续函数复合而成的复合函数仍是连续函数.

定理 1.5.3 也可以表述为：

如果 $\lim\limits_{x \to x_0} \varphi(x) = \varphi(x_0)$，$\lim\limits_{x \to x_0} f(u) = f(u_0)$，且 $u_0 = \varphi(x_0)$，$y = f(u)$ 在 u_0 处连续，则

$$\lim_{x \to x_0} f[\varphi(x)] = f[\lim_{x \to x_0} \varphi(x)].$$

可见，求复合函数的极限时，如果 $u = \varphi(x)$ 在点 x_0 处连续，且 $y = f(u)$ 在对应的 u_0（$u_0 = \varphi(x_0)$）处连续，则极限符号可以与函数符号交换. 此结论对于 $u = \varphi(x)$ 在点 x_0 处有极限，且 $y = f(u)$ 在对应的极限值处连续的情况也成立. 上述结论对

于 $x \to \infty$ （ $-\infty,+\infty$ ）也成立.

由以上三个定理可知：**一切初等函数在其有定义的区间内是连续的**.

根据函数的连续性定义以及上面结论，计算初等函数 $f(x)$ 在其定义区间内某点 x_0 处的极限，只要计算 $f(x)$ 在点 x_0 处的函数值 $f(x_0)$ 即可.

例 1.5.6 求下列极限.

（1） $\lim\limits_{x \to 1} \dfrac{x^2 + \ln(2-x)}{4\arctan x}$ ；   （2） $\lim\limits_{x \to a} \arcsin \log_a x$ （ $a > 0$ ， $a \neq 1$ ）.

解 （1）由于 $f(x) = \dfrac{x^2 + \ln(2-x)}{4\arctan x}$ 是初等函数， $x = 1$ 是其定义区间内的一点，所以

$$\lim_{x \to 1} \frac{x^2 + \ln(2-x)}{4\arctan x} = \left. \frac{x^2 + \ln(2-x)}{4\arctan x} \right|_{x=1} = \frac{1}{\pi}.$$

（2）由于 $y = \arcsin \log_a x$ （ $a > 0$ ， $a \neq 1$ ）是初等函数， $x = a$ 是其定义区间内的一点，所以

$$\lim_{x \to a} \arcsin \log_a x = \arcsin \log_a a = \frac{\pi}{2}.$$

例 1.5.7 求下列极限.

（1） $\lim\limits_{x \to 0} \dfrac{\ln(1+x)}{x}$ ；   （2） $\lim\limits_{x \to 0} \dfrac{\mathrm{e}^x - 1}{x}$.

解 （1） $\lim\limits_{x \to 0} \dfrac{\ln(1+x)}{x} = \lim\limits_{x \to 0} \ln(1+x)^{\frac{1}{x}} = \ln\left(\lim\limits_{x \to 0}(1+x)^{\frac{1}{x}} \right) = \ln \mathrm{e} = 1$.

（2）令 $y = \mathrm{e}^x - 1$ ，则有 $x = \ln(y+1)$. 且 $x \to 0$ 时 $y \to 0$ ，则

$$\lim_{x \to 0} \frac{\mathrm{e}^x - 1}{x} = \lim_{y \to 0} \frac{y}{\ln(y+1)} = 1.$$

由此可见，当 $x \to 0$ 时， $\ln(x+1) \sim x$ ， $\mathrm{e}^x - 1 \sim x$.

例 1.5.8 求下列极限.

（1） $\lim\limits_{x \to 0} \dfrac{(\mathrm{e}^{2x} - 1)\arcsin x}{x^2}$ ；   （2） $\lim\limits_{x \to 0} \dfrac{1 - \cos 3x}{x \cdot \ln(x+1)}$.

解 （1） $x \to 0$ 时， $\mathrm{e}^{2x} - 1 \sim 2x$ ， $\arcsin x \sim x$ ，则有

$$\lim_{x \to 0} \frac{(\mathrm{e}^{2x} - 1)\arcsin x}{x^2} = \lim_{x \to 0} \frac{2x \cdot x}{x^2} = 2.$$

（2） $x \to 0$ 时， $1 - \cos 3x \sim \dfrac{9x^2}{2}$ ， $\ln(1+x) \sim x$ ，则有

$$\lim_{x \to 0} \frac{1 - \cos 3x}{x \cdot \ln(x+1)} = \lim_{x \to 0} \frac{\dfrac{9x^2}{2}}{x \cdot x} = \frac{9}{2}.$$

1.5.4 闭区间上连续函数的性质

定理 1.5.4 （最值定理） 闭区间上的连续函数一定有最大值和最小值.

就是说，如果函数 $f(x)$ 在闭区间 $[a,b]$ 上连续，那么在 $[a,b]$ 上至少存在一点 x_1，对于任意 $x \in [a,b]$，有 $f(x_1) \leqslant f(x)$. 也至少存在一点 x_2，对于任意 $x \in [a,b]$，有 $f(x_2) \geqslant f(x)$（如图 1.9 所示）. $f(x_1)$ 与 $f(x_2)$ 分别称为在 $[a,b]$ 上的最小值和最大值.

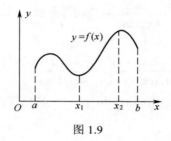

图 1.9

注意：对于在开区间连续的函数或在闭区间上有间断点的函数，结论不一定正确. 如函数 $y = x$ 在 (a,b) 内既没有最大值，也没有最小值；又如函数

$$f(x) = \begin{cases} x+1, & -1 \leqslant x < 0, \\ 0, & x = 0, \\ x-1, & 0 < x \leqslant 1. \end{cases}$$

在闭区间 $[-1,1]$ 上有间断点 $x = 0$，它在此区间上没有最大值和最小值.

定理 1.5.5 （介值定理） 设函数 $f(x)$ 在闭区间 $[a,b]$ 上连续，且 $f(a) \neq f(b)$，C 为介于 $f(a)$ 与 $f(b)$ 之间的任一实数，则至少存在一点 $\xi \in (a,b)$，使得 $f(\xi) = C$.

定理 1.5.5 的几何意义是：连续曲线 $y = f(x)$ 与水平直线 $y = C$ 至少有一个交点（如图 1.10 所示）.

在介值定理中，如果 $f(a)$ 与 $f(b)$ 异号，并取 $C = 0$，即可得出如下推论.

推论 如果 $f(x)$ 在 $[a,b]$ 上连续，且 $f(a) \cdot f(b) < 0$，则至少存在一点 $\xi \in (a,b)$，使得 $f(\xi) = 0$（如图 1.11 所示）.

推论表明，对于方程 $f(x) = 0$，若 $f(x)$ 满足推论中的条件，则方程在 (a,b) 内至少存在一个根 ξ，ξ 又称为函数 $f(x)$ 的零点，此时推论又称为零点定理或根的存在定理.

例 1.5.9 证明方程 $e^x - 3x = 0$ 在 $(0,1)$ 内至少有一个实根.

证明 设 $f(x) = e^x - 3x$，$f(x)$ 在 $[0,1]$ 上连续，且 $f(0) = 1 > 0$，$f(1) = e - 3 < 0$；由根的存在定理知，在 $(0,1)$ 内至少有点 ξ，使 $f(\xi) = e^\xi - 3\xi = 0$，即方程 $e^x - 3x = 0$ 在 $(0,1)$ 内至少有一个实根.

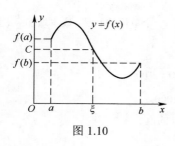

图 1.10

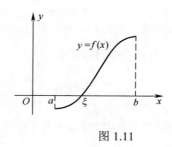

图 1.11

习题 1.5

1. 讨论下列函数在指定点处的连续性，若是间断点，说明间断点类型.

（1）$y = \dfrac{x^2 - 1}{x^2 - 3x + 2}$，$x = 1$，$x = 2$；

（2）$y = \dfrac{x}{\sin x}$，$x = 0$；

（3）$y = \cos\dfrac{1}{x}$，$x = 0$.

2. 设函数 $f(x) = \begin{cases} 1 - \mathrm{e}^{-x}, & x < 0, \\ a + x, & x \geqslant 0, \end{cases}$ 应当怎样选择 a，才能使 $f(x)$ 在其定义域内连续？

3. 讨论下列函数的连续性，如果有间断点，则说明其类型，如果是可去间断点，则补充或改变函数的定义，使它在该点连续.

（1）$y = \begin{cases} 0, & x < 0, \\ x, & 0 \leqslant x < 1, \\ 1, & x \geqslant 1; \end{cases}$

（2）$y = \begin{cases} \mathrm{e}^{\frac{1}{x}}, & x < 0, \\ 1, & x = 0, \\ \dfrac{x}{2}, & x > 0. \end{cases}$

4. 证明 $x \to 0$ 时 $2^x - 1 \sim x\ln 2$.

5. 求下列极限：

（1）$\displaystyle\lim_{x \to 3} \dfrac{2}{\sqrt{x+1}}$；

（2）$\displaystyle\lim_{x \to 0}(1 + \sin x)^{\frac{1}{2x}}$；

（3）$\displaystyle\lim_{x \to +\infty} \arccos(\sqrt{x^2 + 1} - x)$；

（4）$\displaystyle\lim_{x \to 0} \dfrac{\ln(1 + 3x)}{\sin 2x}$；

（5）$\displaystyle\lim_{x \to 0} \dfrac{\ln(x + \mathrm{e}^x)}{\sin x}$；

（6）$\displaystyle\lim_{x \to 0} \dfrac{\ln(1 + \sqrt[3]{x})}{\ln(1 + 2\sqrt[3]{x})}$；

（7）$\displaystyle\lim_{x \to 0} \dfrac{x\arcsin x}{\mathrm{e}^{-x^2} - 1}$；

（8）$\displaystyle\lim_{x \to 0}(x + \mathrm{e}^x)^{\frac{1}{x}}$.

6. 证明方程 $x^5 - 3x - 1 = 0$ 在 $(1,2)$ 内至少有一实根.

7. 设 $f(x)$ 在 $x = 0$ 与 $x = 1$ 两点连续，且 $f(0) = 1$，$f(1) = 0$，问极限 $\displaystyle\lim_{x \to 0} f\left(\dfrac{x}{\arcsin x}\right)$ 是否存在？若存在，求出其值.

8. 某公司生产某种产品，固定成本为 2 万元. 已知年产量 $Q \leqslant 1000$ 时，每生产一个

单位的产品，成本增加 a 元；年产量 $Q>1000$ 时，每生产一个单位的产品，成本增加 $\dfrac{1}{2}a$ 元；

另外，总收入 R 是年产量 Q 的函数：

$$R(Q)=\begin{cases}600Q-\dfrac{1}{2}Q^2, & 0\leqslant Q\leqslant1000,\\[2mm]85000+aQ, & Q>1000.\end{cases}$$

要使利润函数 $L=L(Q)$ 是 $[0,2000]$ 上的连续函数，求 a 的值.

本 章 小 结

1. 函数的两要素

函数的定义域和对应法则称为函数的两要素，要判断两个函数是否相同，就是要看这两要素是否相同.

2. 函数的定义域

函数的定义域是指使函数有意义的全体自变量构成的集合，求函数的定义域要考虑下列几个方面：

（1）分式的分母不能为零.

（2）偶次根式下不能为负值.

（3）负数和零没有对数.

（4）反三角函数要考虑主值区间.

（5）求代数和的情况下取各式定义域的交集.

3. 复合函数

（1）复合函数 $y=f\left[\varphi(x)\right]$ 要求外函数 $y=f(u)$ 的定义域与内函数 $u=\varphi(x)$ 的值域的交集非空，即 $D_f\cap Z_\varphi\neq\varnothing$.

（2）复合函数的复合过程有两层意义：一是将简单函数用"代入"的方法构成复合函数，二是将复合函数分解成基本初等函数或由其和、差、积、商构成的简单函数.

4. 分段函数

分段函数的定义域是各段函数定义域的并集，分段函数求函数值时，自变量属于哪一个定义区间，就用哪一个相对应的解析表达式来求函数值.

5. 五类基本初等函数及其性质

（1）幂函数 $y=x^\mu$（ μ 为实数）；

（2）指数函数 $y=a^x$（ $a>0$，$a\neq1$）；

（3）对数函数 $y=\log_a x$（ $a>0$，$a\neq1$）；

（4）三角函数 $y=\sin x$，$y=\cos x$，$y=\tan x$，$y=\cot x$，$y=\sec x$，$y=\csc x$；

（5）反三角函数 $y=\arcsin x$，$y=\arccos x$，$y=\arctan x$，$y=\operatorname{arc}\cot x$.

6. 极限

在了解数列极限的定义、函数极限的定义（六种形式）以及极限存在的充分必要条件的基础上，重点掌握下列求极限的几种方法：

（1）利用极限的四则运算法则求极限.

（2）利用无穷小与有界变量的乘积仍是无穷小求极限.

（3）利用两个重要极限求极限.

要理解下面这两个公式的真正含义：

$$\lim_{W \to 0} \frac{\sin W}{W} = 1 , \quad \lim_{V \to \infty} \left(1 + \frac{1}{V}\right)^V = \mathrm{e} .$$

式中的 W 和 V 分别代表某过程变量.

（4）利用无穷小与无穷大的倒数关系求极限.

（5）利用函数的连续性求极限.

（6）利用两个多项式商的极限公式求极限.

（7）利用有理式分解后消掉零因子求极限.

7. 函数的连续性

主要应掌握函数在点 x_0 连续的判别方法，掌握函数在点 x_0 连续和在点 x_0 极限存在的关系，会判别间断点的类型，理解初等函数的连续性.

复习题 1

1. 已知 $f(x) = ax + b$，且 $f(0) = 0$，$f(3) = 5$，求 a 和 b.

2. 已知 $f(x)$ 的定义域为 $[-1, 2)$，求 $y = f(x - 2)$ 的定义域.

3. 判断下列函数的奇偶性：

（1）$f(x) = \dfrac{3^x + 3^{-x}}{2}$；　　　（2）$f(x) = \lg\left(x + \sqrt{1 + x^2}\right)$；　　　（3）$f(x) = \dfrac{x \sin x}{\cos x}$.

4. 求下列函数的反函数：

（1）$y = \dfrac{x + 1}{x - 1}$；　　　　　（2）$y = 1 - \lg(x + 2)$.

5. 复合函数 $y = \sin^2(2x + 5)$ 是由哪些简单函数复合而成的？

6. 求下列极限：

（1）$\displaystyle\lim_{x \to 0} \frac{\sqrt{1 + \tan x} - \sqrt{1 - \tan x}}{\sin x}$；　　　　　（2）$\displaystyle\lim_{x \to \pi} \frac{\sin^2 x}{1 + \cos^3 x}$；

（3）$\displaystyle\lim_{x \to 0} \frac{\tan x}{1 - \sqrt{1 + \tan x}}$；　　　　　（4）$\displaystyle\lim_{x \to 4} \frac{\sqrt{1 + 2x} - 3}{\sqrt{x} - 2}$；

（5）$\displaystyle\lim_{n \to \infty} \left(\frac{1}{n^2} + \frac{2}{n^2} + \cdots + \frac{n - 1}{n^2}\right)$.

7．求下列极限：

（1）$\lim\limits_{x\to\infty}\left(\sqrt{x^2+x}-\sqrt{x^2-2x+2}\right)$；

（2）$\lim\limits_{x\to+\infty}\dfrac{\left|e^x-2^x\right|}{e^x+2^x}$，$\lim\limits_{x\to-\infty}\dfrac{\left|e^x-2^x\right|}{e^x+2^x}$，$\lim\limits_{x\to\infty}\dfrac{\left|e^x-2^x\right|}{e^x+2^x}$；

（3）$\lim\limits_{x\to\infty}\left[\ln\left(3x^2-x\right)-\ln\left(x^2+x\right)\right]$；　（4）$\lim\limits_{x\to-1}\left(\dfrac{2x^3}{1-x^2}+\dfrac{x^2}{1+x}\right)$；

（5）$\lim\limits_{x\to2}\dfrac{\sqrt{x+2}-2}{\sqrt[3]{3x-5}-1}$；　（6）$\lim\limits_{x\to1^-}\dfrac{\sqrt{x-x^2}-\sqrt{1-x}}{\sqrt{1-x^2}-\sqrt{2-2x}}$；

（7）$\lim\limits_{x\to a}\dfrac{x^n-a^n}{x^2-a^2}$（$a\neq0$，$n$ 为正整数）；　（8）$\lim\limits_{x\to\infty}\left(\dfrac{x^2+x-1}{x+1}-\dfrac{x^2}{x-1}\right)$．

8．求下列极限：

（1）$\lim\limits_{x\to1}x^{\frac{2}{1-x}}$；　（2）$\lim\limits_{x\to0}\left(\dfrac{1-3x}{1+x}\right)^{\frac{1}{x}}$；　（3）$\lim\limits_{x\to0}\left(\dfrac{1-3x}{1+x}\right)^{x}$；

（4）$\lim\limits_{x\to\infty}\left(\dfrac{1-3x}{4-3x}\right)^{x}$；　（5）$\lim\limits_{x\to\infty}\left(\dfrac{1-3x}{4-3x}\right)^{\frac{1}{x}}$；　（6）$\lim\limits_{x\to0}\left(\dfrac{2}{\pi}\operatorname{arc\,cot}x\right)^{\frac{1}{x}}$．

9．设 $\lim\limits_{x\to\infty}\left(\dfrac{2x-c}{2x+c}\right)^{x}=3$，求 c 的值．

10．证明当 $x\to0$ 时，$e^x-1\sim x$，并利用此结果求 $\lim\limits_{x\to0}\dfrac{\sqrt{1+\sin x}-1}{e^x-1}$．

11．设函数 $f(x)=\begin{cases}\dfrac{1}{x}\sin\pi x,&x\neq0,\\ a,&x=0\end{cases}$ 在 $x=0$ 处连续，求 a 值．

自测题 1

1．填空题．

（1）已知 $f\left(x+\dfrac{1}{x}\right)=x^2+\dfrac{1}{x^2}$，则 $f(x)=$＿＿＿＿．

（2）设函数 $f(x)$ 的定义域是 $[0,4]$，则 $f(x^2)$ 的定义域是＿＿＿＿．

（3）函数 $y=e^{\sin x^2}$ 是由＿＿＿＿＿＿＿＿＿＿复合而成的．

（4）已知 a，b 为常数，$\lim\limits_{x\to\infty}\dfrac{ax^2+bx-1}{2x+1}=2$，则 $a=$＿＿＿＿，$b=$＿＿＿＿．

（5）$x=0$ 是 $f(x)=\dfrac{\sin x}{x}$ 的＿＿＿＿间断点．

（6）若 $\lim\limits_{x\to0}\dfrac{\sqrt{x+1}-1}{\sin kx}=2$，则 $k=$＿＿＿＿．

2．单选题.

（1）函数 $y = 1 + \sin x$ 是（　　）.

    A．无界函数   B．单调减少函数

    C．单调增加函数   D．有界函数

（2）在下列各对函数中，（　　）是相同的函数.

    A．$y = \ln x^2$，$y = 2\ln x$ B．$y = \ln \sqrt{x}$，$y = \dfrac{1}{2}\ln x$

    C．$y = \cos x$，$y = \sqrt{1 - \sin^2 x}$ D．$y = \dfrac{1}{x+1}$，$y = \dfrac{x-1}{x^2-1}$

（3）下列函数中为奇函数的是（　　）.

    A．$y = 2^x$ B．$y = \ln(\sqrt{x^2 + 1} - x)$

    C．$y = \ln(1 - x)$ D．$y = \cos 2x$

（4）下列选项中极限存在的是（　　）.

    A．$\lim\limits_{x \to \infty} 3^{-x}$ B．$\lim\limits_{x \to \infty} \dfrac{2x^4 + x + 1}{3x^4 - x + 2}$

    C．$\lim\limits_{x \to \infty} \ln |x|$ D．$\lim\limits_{x \to \infty} \cos x$

（5）设 $f(x) = \mathrm{e}^{\frac{1}{x}}$，则 $f(x)$ 在 $x = 0$ 处（　　）.

    A．有定义   B．极限存在

    C．左极限存在   D．右极限存在

（6）当 $x \to 0$ 时，（　　）与 x 不是等价无穷小.

    A．$\ln(1 + x)$ B．$\sqrt{1 + x} + \sqrt{1 - x}$

    C．$\tan x$ D．$\sin x$

（7）设 $f(x) = \cos x$，$f[\varphi(x)] = 1 - x^2$，则 $\varphi(x)$ 的定义域是（　　）.

    A．$(-\infty, +\infty)$ B．$[-\sqrt{2}, +\sqrt{2}]$

    C．$[-1, 1]$ D．$[0, \pi]$

（8）下列函数中，（　　）是无界函数.

    A．$\dfrac{1}{x}\sin x$ B．$x \sin x$

    C．$\dfrac{\ln x}{1 + \ln^2 x}$ D．$\dfrac{1}{\mathrm{e}^x + \mathrm{e}^{-x}}$

（9）设 $f(x)$，$g(x)$ 都在 $(-\infty, +\infty)$ 内单调增加，则函数（　　）也在 $(-\infty, +\infty)$ 内单调增加（假设涉及的复合函数有意义）.

    A．$f(x) \cdot g(x)$ B．$f[g(x)]$

    C．$f[-g(x)]$ D．$f[g(-x)]$

（10）设 $f(x) = \begin{cases} \sin x - x^2, & -\pi \leqslant x < 0, \\ \sin x + x^2, & 0 \leqslant x \leqslant \pi, \end{cases}$ 在 $[-\pi, \pi]$ 上，$f(x)$ 为（　　）.

    A．奇函数   B．无界函数

C．单调函数   D．周期函数

3．计算下列各题：

（1）求函数 $f(x) = \ln\dfrac{3+x}{3-x} + \arcsin\dfrac{x+1}{2}$ 的定义域．

（2）设函数 $f(x) = x^3 + 2$，$g(x) = \sqrt{x+1} - 2$，求 $f[g(x)]$，$g[f(x)]$．

（3）求函数 $y = 1 - \ln(2x+1)$ 的反函数．

4．求下列极限：

（1）$\displaystyle\lim_{x\to\infty}\left(\dfrac{2x-3}{2x+1}\right)^{x+1}$；

（2）$\displaystyle\lim_{x\to+\infty} e^{-x}\cdot\sin x$；

（3）$\displaystyle\lim_{x\to2}\left(\dfrac{1}{x-2} - \dfrac{4}{x^2-4}\right)$；

（4）$\displaystyle\lim_{x\to0}\dfrac{1-\cos x}{\sin^2 x}$．

5．在半径为 R 的半圆中内接一个梯形，梯形的一边与半圆的直径重合，另一底边的端点在半圆周上，试建立梯形面积和梯形高之间的函数模型．

6．讨论 $f(x) = \dfrac{2^{\frac{1}{x}} - 1}{2^{\frac{1}{x}} + 1}$ 的间断点．

7．证明方程 $x^2 + 2x = 5$ 在区间 $(1,2)$ 内至少有一个根．

第 2 章　导数与微分

本章学习目标

- 理解导数和微分的概念及其几何意义
- 熟练掌握导数的四则运算法则和基本求导公式
- 熟练掌握复合函数、隐函数的求导方法
- 了解高阶导数的概念及二阶导数的求法
- 了解可导、可微、连续的关系

2.1　导数的概念

2.1.1　导数概念的引例

例 2.1.1　产品总成本的变化率.

设某产品的成本 C 是产量 Q 的函数, 即

$$C = C(Q) \quad (Q > 0).$$

如果产量由 Q_0 变到 $Q_0 + \Delta Q$, 总成本取得相应的改变量 ΔC, 则

$$\frac{\Delta C}{\Delta Q} = \frac{C(Q_0 + \Delta Q) - C(Q_0)}{\Delta Q}$$

表示该产品由 Q_0 变到 $Q_0 + \Delta Q$ 时, 总成本的平均变化率. 显然, ΔQ 越小, 总成本的平均变化率就越接近于总成本在产量为 Q_0 时的变化率, 当 $\Delta Q \to 0$ 时, 如果极限

$$\lim_{\Delta Q \to 0} \frac{\Delta C}{\Delta Q} = \lim_{\Delta Q \to 0} \frac{C(Q_0 + \Delta Q) - C(Q_0)}{\Delta Q}$$

存在, 则此极限值表示产量为 Q_0 时的总成本变化率, 经济学中称为边际成本.

例 2.1.2　平面曲线的切线斜率.

设一曲线方程为 $y = f(x)$, 求曲线上任一点处的切线斜率.

在曲线 $y = f(x)$ 上任取两点 M、N, 作割线 MN. 让 N 沿着曲线趋向 M, 割线 MN 的极限位置 MT 就称为曲线 $y = f(x)$ 在点 M 处的切线. 如图 2.1 所示, 下面求曲线 $y = f(x)$ 在点 M 处的切线的斜率.

记曲线 $y = f(x)$ 上的点 M, N 的坐标分别为

$$(x_0, y_0), \ (x_0 + \Delta x, \ y_0 + \Delta y),$$

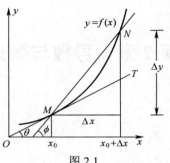

图 2.1

则割线 MN 的斜率为

$$k_{MN} = \tan\varphi = \frac{\Delta y}{\Delta x},$$

这里 φ 为割线 MN 的倾角，θ 是切线 MT 的倾角，当点 N 沿曲线趋于点 M 时，即 $\Delta x \to 0$ 时，若上式的极限存在，记为 k，即

$$\tan\theta = k = \lim_{\Delta x \to 0}\frac{\Delta y}{\Delta x},$$

则此极限值 k 就是所求的切线的斜率，即

$$k = \lim_{\Delta x \to 0}\frac{\Delta y}{\Delta x} = \lim_{\Delta x \to 0}\frac{f(x_0 + \Delta x) - f(x_0)}{\Delta x}.$$

2.1.2 导数的概念

1. 导数的概念

定义 2.1.1 设函数 $y = f(x)$ 在点 x_0 的某邻域内有定义，当自变量 x 在点 x_0 处取得增量 Δx（点 $x_0 + \Delta x$ 也在该邻域内）时，相应地函数 y 取得增量 $\Delta y = f(x_0 + \Delta x) - f(x_0)$，若极限

$$\lim_{\Delta x \to 0}\frac{\Delta y}{\Delta x} = \lim_{\Delta x \to 0}\frac{f(x_0 + \Delta x) - f(x_0)}{\Delta x} \tag{2.1.1}$$

存在，则称函数 $y = f(x)$ 在点 x_0 处可导，并称此极限值为函数 $y = f(x)$ 在点 x_0 处的导数，记作

$$f'(x_0), \quad y'\big|_{x=x_0}, \quad \frac{dy}{dx}\bigg|_{x=x_0} \text{或} \frac{df}{dx}\bigg|_{x=x_0}.$$

即

$$f'(x_0) = \lim_{\Delta x \to 0}\frac{f(x_0 + \Delta x) - f(x_0)}{\Delta x}.$$

如果极限（2.1.1）不存在，则称函数 $y = f(x)$ 在点 x_0 处不可导.

若记 $x = x_0 + \Delta x$，由于当 $\Delta x \to 0$ 时，有 $x \to x_0$，所以导数 $f'(x_0)$ 的定义也可表示为

$$f'(x_0) = \lim_{x \to x_0}\frac{f(x) - f(x_0)}{x - x_0}.$$

引入了导数的概念，前面讨论的两个实际问题就可简述如下：

（1）产品在产量为 Q_0 时总成本的变化率（边际成本）就是成本函数 $C(Q)$ 在点 Q_0 处的导数.

（2）曲线 $y = f(x)$ 在点 $(x_0, f(x_0))$ 处的切线斜率就是函数 $y = f(x)$ 在点 x_0 处的导数，即

$$k = \tan\theta = f'(x_0).$$

2. 左、右导数

既然导数是增量比 $\dfrac{\Delta y}{\Delta x}$ 在 $\Delta x \to 0$ 时的极限，那么下面两个极限

$$\lim_{\Delta x \to 0^-} \frac{\Delta y}{\Delta x} = \lim_{\Delta x \to 0^-} \frac{f(x_0 + \Delta x) - f(x_0)}{\Delta x},$$

$$\lim_{\Delta x \to 0^+} \frac{\Delta y}{\Delta x} = \lim_{\Delta x \to 0^+} \frac{f(x_0 + \Delta x) - f(x_0)}{\Delta x},$$

分别叫做函数 $y = f(x)$ 在点 x_0 处的左导数和右导数，分别记为 $f'_-(x_0)$ 和 $f'_+(x_0)$.

由上一章关于左、右极限的性质可知下面的定理.

定理 2.1.1 函数 $y = f(x)$ 在点 x_0 处可导的充分必要条件是 $f(x)$ 在点 x_0 处的左、右导数都存在且相等.

若函数 $y = f(x)$ 在开区间 (a, b) 内每一点都可导，则称 $f(x)$ 在区间 (a, b) 内可导. 此时，对于每一个 $x \in (a, b)$，都对应着 $f(x)$ 的一个确定的导数值 $f'(x)$，从而构成了一个新的函数，称为函数 $f(x)$ 的导函数，记作 y'，$f'(x)$，$\dfrac{\mathrm{d}y}{\mathrm{d}x}$ 或 $\dfrac{\mathrm{d}f}{\mathrm{d}x}$.

即

$$f'(x) = \lim_{\Delta x \to 0} \frac{f(x + \Delta x) - f(x)}{\Delta x}.$$

函数 $y = f(x)$ 在点 x_0 处的导数 $f'(x_0)$ 就是导函数 $f'(x)$ 在点 x_0 处的函数值，即

$$f'(x_0) = f'(x)\big|_{x = x_0}.$$

通常导函数简称为导数.

下面应用导数的定义计算一些简单函数的导数，根据定义求函数 $y = f(x)$ 的导数，一般分为以下三步：

（1）求增量 $\Delta y = f(x + \Delta x) - f(x)$；

（2）计算比值 $\dfrac{\Delta y}{\Delta x} = \dfrac{f(x + \Delta x) - f(x)}{\Delta x}$；

（3）求极限 $\lim\limits_{\Delta x \to 0} \dfrac{\Delta y}{\Delta x}$.

例 2.1.3 求函数 $y = C$ 的导数.

解 （1）求增量 $\Delta y = f(x + \Delta x) - f(x) = C - C = 0$；

（2）算比值 $\dfrac{0}{\Delta x} = 0$；

（3）求极限 $\lim\limits_{\Delta x \to 0} \dfrac{\Delta y}{\Delta x} = 0$．

即

$$(C)' = 0．$$

例 2.1.4　求函数 $y = x^2$ 的导数．

解　（1）求增量 $\Delta y = f(x + \Delta x) - f(x) = (x + \Delta x)^2 - x^2 = 2x\Delta x + (\Delta x)^2$；

（2）算比值 $\dfrac{\Delta y}{\Delta x} = 2x + \Delta x$；

（3）求极限 $\lim\limits_{\Delta x \to 0} \dfrac{\Delta y}{\Delta x} = \lim\limits_{\Delta x \to 0}(2x + \Delta x) = 2x$．

即

$$(x^2)' = 2x．$$

同理可得　　　　　　　$(x^n)' = nx^{n-1}$（ n 为正整数）．

特别地，当 $n = 1$ 时，$(x)' = 1$．

一般地，当指数为任意实数 μ 时，可以证明（在下一节给出证明）

$$(x^\mu)' = \mu x^{\mu - 1}．$$

例如，求函数 $y = \sqrt{x}$ 的导数．

$$y' = (\sqrt{x})' = (x^{\frac{1}{2}})' = \frac{1}{2}x^{\frac{1}{2} - 1} = \frac{1}{2\sqrt{x}}．$$

又如，求函数 $y = \dfrac{1}{x}$ 的导数．

$$y' = \left(\frac{1}{x}\right)' = (x^{-1})' = (-1)x^{-1-1} = -\frac{1}{x^2}．$$

以上两个幂函数的导数用得较多，可作为基本公式使用．

例 2.1.5　求指数函数 $y = a^x$ 的导数（ $a > 0$，$a \neq 1$ ）．

解　（1）求增量 $\Delta y = a^{x + \Delta x} - a^x$；

（2）求比值 $\dfrac{\Delta y}{\Delta x} = \dfrac{a^{x + \Delta x} - a^x}{\Delta x}$；

（3）求极限

$$\lim\limits_{\Delta x \to 0} \frac{\Delta y}{\Delta x} = \lim\limits_{\Delta x \to 0} \frac{a^{x + \Delta x} - a^x}{\Delta x} = a^x \lim\limits_{\Delta x \to 0} \frac{a^{\Delta x} - 1}{\Delta x} = a^x \lim\limits_{\Delta x \to 0} \frac{\Delta x \ln a}{\Delta x} = a^x \ln a．$$

即

$$(a^x)' = a^x \ln a．$$

特别地，上式中令 $a = \mathrm{e}$，可得自然对数函数 $y = \mathrm{e}^x$ 的导数

$$(\mathrm{e}^x)' = \mathrm{e}^x．$$

例 2.1.6 求对数函数 $y = \log_a x$ 的导数（$a > 0$，$a \neq 1$，$x > 0$）.

解 （1）求增量 $\Delta y = \log_a(x + \Delta x) - \log_a x = \log_a \dfrac{x + \Delta x}{x} = \log_a\left(1 + \dfrac{\Delta x}{x}\right)$；

（2）算比值 $\dfrac{\Delta y}{\Delta x} = \dfrac{1}{\Delta x}\log_a\left(1 + \dfrac{\Delta x}{x}\right) = \dfrac{1}{x}\log_a\left(1 + \dfrac{\Delta x}{x}\right)^{\frac{x}{\Delta x}}$；

（3）求极限 $\lim\limits_{\Delta x \to 0} \dfrac{\Delta y}{\Delta x} = \dfrac{1}{x}\lim\limits_{\Delta x \to 0}\log_a\left(1 + \dfrac{\Delta x}{x}\right)^{\frac{x}{\Delta x}} = \dfrac{1}{x}\log_a e = \dfrac{1}{x\ln a}$.

即

$$(\log_a x)' = \frac{1}{x\ln a}.$$

特别地，上式中令 $a = e$，可得自然对数函数 $y = \ln x$ 的导数

$$(\ln x)' = \frac{1}{x}.$$

例 2.1.7 求函数 $y = \sin x$ 的导数.

解 （1）求增量 $\Delta y = \sin(x + \Delta x) - \sin x = 2\cos(x + \dfrac{\Delta x}{2})\sin\dfrac{\Delta x}{2}$；

（2）算比值 $\dfrac{\Delta y}{\Delta x} = \dfrac{2\cos(x + \dfrac{\Delta x}{2})\sin\dfrac{\Delta x}{2}}{\Delta x}$；

（3）求极限

$$\lim_{\Delta x \to 0}\frac{\Delta y}{\Delta x} = \lim_{\Delta x \to 0}\frac{2\cos(x + \dfrac{\Delta x}{2})\sin\dfrac{\Delta x}{2}}{\Delta x} = \lim_{\Delta x \to 0}\frac{2\cos(x + \dfrac{\Delta x}{2})\dfrac{\Delta x}{2}}{\Delta x} = \cos x.$$

即

$$(\sin x)' = \cos x.$$

类似的方法可得 $(\cos x)' = -\sin x$.

2.1.3 导数的几何意义

函数 $f(x)$ 在点 x_0 处的导数 $f'(x_0)$ 在几何上表示曲线 $y = f(x)$ 在点 $(x_0, f(x_0))$ 处的切线的斜率（如图 2.1 所示），即

$$f'(x_0) = \lim_{\Delta x \to 0}\frac{\Delta y}{\Delta x} = \lim_{\varphi \to \theta}\tan\varphi = \tan\theta = k.$$

过曲线上一点且垂直于该点处切线的直线，称为曲线在该点处的法线.

根据导数的几何意义，如果函数 $y = f(x)$ 在点 x_0 处可导，则曲线 $y = f(x)$ 在点 $(x_0, f(x_0))$ 处的切线方程为

$$y - y_0 = f'(x_0)(x - x_0),$$

法线方程为

$$y - y_0 = -\frac{1}{f'(x_0)}(x - x_0) \quad (f'(x_0) \neq 0).$$

若 $f'(x_0) = \infty$ ，则切线垂直于 x 轴，切线的方程就是 x 轴的垂线 $x = x_0$ ．

例 2.1.8 求曲线 $y = x^2$ 在点 $(2,4)$ 处的切线和法线方程．

解 因 $y' = 2x$ ，由导数几何意义，曲线 $y = x^2$ 在点 $(2,4)$ 的切线与法线的斜率分别为

$$k_1 = y'|_{x=2} = 4, \ k_2 = -\frac{1}{k_1} = -\frac{1}{4} ,$$

于是所求的切线方程为

$$y - 4 = 4(x - 2) ,$$

即

$$4x - y - 4 = 0 .$$

法线方程为

$$y - 4 = -\frac{1}{4}(x - 2) ,$$

即

$$x + 4y - 18 = 0 .$$

2.1.4 可导与连续的关系

定理 2 如果函数 $y = f(x)$ 在点 x_0 处可导，则 $f(x)$ 在点 x_0 处连续．

证明 因 $f(x)$ 在点 x_0 处可导，故有

$$f'(x_0) = \lim_{\Delta x \to 0} \frac{\Delta y}{\Delta x}.$$

根据函数极限与无穷小间的关系，可得

$$\frac{\Delta y}{\Delta x} = f'(x_0) + \alpha ,$$

其中 α 是当 $\Delta x \to 0$ 时的无穷小．两端乘以 Δx ，得

$$\Delta y = f'(x_0)\Delta x + \alpha \cdot \Delta x ,$$

由此可见

$$\lim_{\Delta x \to 0} \Delta y = \lim_{\Delta x \to 0} \left[f'(x_0)\Delta x + \alpha \cdot \Delta x \right] = 0 ,$$

即函数 $y = f(x)$ 在点 x_0 处连续．

上述定理的逆命题不一定成立，即在某点连续的函数，在该点未必可导．

例 2.1.9 证明函数 $y = |x|$ 在 $x = 0$ 处连续但不可导（如图 2.2 所示）．

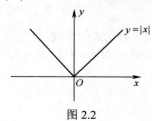

图 2.2

证明 因为

$$\Delta y = f(0 + \Delta x) - f(0) = |0 + \Delta x| - |0| = |\Delta x|,$$

则

$$\lim_{\Delta x \to 0} \Delta y = \lim_{\Delta x \to 0} |\Delta x| = 0.$$

由连续定义，$y = |x|$ 在 $x = 0$ 处连续．又因为

$$\lim_{\Delta x \to 0} \frac{\Delta y}{\Delta x} = \lim_{\Delta x \to 0} \frac{|\Delta x|}{\Delta x},$$

当 $\Delta x > 0$ 时，$y = f(x)$ 在 $x = 0$ 的右导数为

$$f'_+(0) = \lim_{\Delta x \to 0^+} \frac{\Delta y}{\Delta x} = \lim_{\Delta x \to 0^+} \frac{\Delta x}{\Delta x} = 1;$$

当 $\Delta x < 0$ 时，$y = f(x)$ 在 $x = 0$ 的左导数为

$$f'_-(0) = \lim_{\Delta x \to 0^-} \frac{\Delta y}{\Delta x} = \lim_{\Delta x \to 0^-} \frac{-\Delta x}{\Delta x} = -1.$$

即函数 $y = |x|$ 在 $x = 0$ 处的左、右导数不相等，从而在 $x = 0$ 点处不可导．由此可见，函数在某点连续是函数在该点可导的必要条件，但不是充分条件．

习题 2.1

1．一质点以初速度 v_0 向上作抛物运动，其运动方程为

$$s = s(t) = v_0 t - \frac{1}{2} g t^2 \quad (v_0 > 2，且为常数).$$

（1）求质点在 t 时刻的瞬时速度；

（2）何时质点的速度为 0；

（3）求质点回到出发点时的速度．

2．求解下列问题．

（1）求圆的面积 S 相对于半径变量 r 的变化率；

（2）求圆的面积为 1 时，周长变量 l 相对于半径变量 r 的变化率；

（3）求圆的面积为 1 时，面积变量 S 相对于周长变量 l 的变化率．

3．求下列函数在指定点的导数．

（1）$y = \cos x,\ x = \dfrac{\pi}{2}$；　　　　　　　（2）$y = \ln x,\ x = 5$．

4．求下列函数的导数．

（1）$y = \log_3 x$；　　　　　　　　　（2）$y = \dfrac{x^2 \cdot \sqrt[3]{x^2}}{\sqrt{x^5}}$；

（3）$y = \sqrt[3]{x^2}$；　　　　　　　　　（4）$y = \cos x$．

5．判断下列命题是否正确？为什么？

（1）若 $f(x)$ 在 x_0 处可导，则 $f(x)$ 在 x_0 处必连续；

（2）若 $f(x)$ 在 x_0 处连续，则 $f(x)$ 在 x_0 处必可导；

（3）若 $f(x)$ 在 x_0 处不连续，则 $f(x)$ 在 x_0 处必不可导；

（4）若 $f(x)$ 在 x_0 处不可导，则 $f(x)$ 在 x_0 处必不连续.

6．下列各题中均假定 $f'(x_0)$ 存在，按导数定义观察下列极限.

（1）$\lim\limits_{\Delta x \to 0} \dfrac{f(x_0 - \Delta x) - f(x_0)}{\Delta x}$ ；　　　（2）$\lim\limits_{h \to 0} \dfrac{f(x_0 + h) - f(x_0 - h)}{h}$.

7．求曲线 $y = \dfrac{1}{x}$ 在点 $(1,1)$ 处的切线方程与法线方程.

8．求曲线 $y = \mathrm{e}^x$ 在点 $(0,1)$ 处的切线方程与法线方程.

9．问 a、b 取何值时，才能使函数 $f(x) = \begin{cases} x^2, & x \leqslant x_0, \\ ax + b, & x > x_0 \end{cases}$ 在 $x = x_0$ 处连续且可导？

10．讨论下列函数在 $x = 0$ 处是否连续、是否可导？

（1）$y = x|x|$ ；　　　　　　　　　　　（2）$y = |\sin x|$ ；

（3）$y = \begin{cases} x^2 \sin \dfrac{1}{x}, & x \neq 0, \\ 0, & x = 0; \end{cases}$ 　　　　　（4）$y = \begin{cases} x \sin \dfrac{1}{x}, & x \neq 0, \\ 0, & x = 0. \end{cases}$

11．设 $f(x) = \begin{cases} \mathrm{e}^x - 1, & x < 0, \\ x + a, & 0 \leqslant x \leqslant 1, \\ b\sin(x - 1) + 1, & x \geqslant 1, \end{cases}$ 求 a，b，使得 $f(x)$ 在 $x = 0$ 和 $x = 1$ 处可导.

12．设 $f(x)$ 在 $x = 0$ 连续，且 $\lim\limits_{x \to 0} \dfrac{f(x) - 1}{x} = -1$.（1）求 $f(0)$ ；（2）$f(x)$ 在 $x = 0$ 处是否可导？

13．设 $g(x)$ 在 $x = 0$ 处连续，求 $f(x) = g(x)\sin 2x$ 在 $x = 0$ 处的导数.

14．设 $f(0) = 1$，$g(1) = 2$，$f'(0) = -1$，$g'(1) = -2$，求：

（1）$\lim\limits_{x \to 0} \dfrac{\cos x - f(x)}{x}$ ；　　　　（2）$\lim\limits_{x \to 0} \dfrac{2^x f(x) - 1}{x}$ ；

（3）$\lim\limits_{x \to 1} \dfrac{\sqrt{x} g(x) - 2}{x - 1}$.

15．设 $f(0) = 1$，$f'(0) = -1$，求极限 $\lim\limits_{x \to 1} \dfrac{f(\ln x) - 1}{1 - x}$.

2.2　导数的运算

2.2.1　函数的和、差、积、商的求导法则

定理 2.2.1　设函数 $u = u(x)$ 与 $v = v(x)$ 在点 x 处均可导，则它们的和、差、积、商（当分母不为零时）在点 x 处也可导，且有以下法则：

（1）$(u \pm v)' = u' \pm v'$ ；

（2） $(uv)' = u'v + uv'$ ；

若 $v = C$ （C 为常数），则 $(Cu)' = Cu'$ ；

（3） $\left(\dfrac{u}{v}\right)' = \dfrac{u'v - uv'}{v^2}$ ．

下面我们给出法则（3）的证明，其余的留给读者自证.

证明 令 $y = \dfrac{u(x)}{v(x)}$ ．

（1）求函数的增量. 给自变量 x 一个增量 Δx ，则

$$\Delta y = \frac{u(x+\Delta x)}{v(x+\Delta x)} - \frac{u(x)}{v(x)} = \frac{u(x)+\Delta u}{v(x)+\Delta v} - \frac{u(x)}{v(x)}$$

$$= \frac{v(x)\Delta u - u(x)\Delta v}{[v(x)+\Delta v]v(x)}.$$

（2）算比值

$$\frac{\Delta y}{\Delta x} = \frac{1}{[v(x)+\Delta v]v(x)}\left[\frac{\Delta u}{\Delta x}v(x) - \frac{\Delta v}{\Delta x}u(x)\right].$$

（3）求极限. 因 $u(x)$, $v(x)$ 在点 x 处可导，则在该点处必连续，故当 $\Delta x \to 0$ 时， $\Delta u \to 0$ ， $\Delta v \to 0$ ；又当 $\Delta x \to 0$ 时， $\dfrac{\Delta u}{\Delta x} \to u'(x)$ ， $\dfrac{\Delta v}{\Delta x} \to v'(x)$ ，

所以

$$\lim_{\Delta x \to 0} \frac{\Delta y}{\Delta x} = \left(\frac{u}{v}\right)' = \frac{u'v - uv'}{v^2}.$$

特别地，若 $u(x) = 1$ ，则可得公式

$$\left(\frac{1}{v}\right)' = \frac{-v'}{v^2} \quad （v \neq 0）.$$

法则（1），（2）均可推广到有限多个可导函数的情形.

设 $u = u(x)$, $v = v(x)$, $w = w(x)$ 在点 x 处均可导，则

$$(u \pm v \pm w)' = u' \pm v' \pm w' ,$$

$$(uvw)' = [(uv)w]' = (uv)'w + (uv)w' = (u'v + uv')w + uvw'$$

$$= u'vw + uv'w + uvw' .$$

例 2.2.1 设 $y = x^{\frac{1}{2}} - \cos x + \ln x + \ln 2$ ，求 y' ．

解 $y' = (x^{\frac{1}{2}} - \cos x + \ln x + \ln 2)' = (x^{\frac{1}{2}})' - (\cos x)' + (\ln x)' + (\ln 2)'$

$$= \frac{1}{2\sqrt{x}} + \sin x + \frac{1}{x} .$$

例 2.2.2 设 $y = 5x^3 3^x$ ，求 y' ．

解　$y' = (5x^3 3^x)' = 5(x^3)' 3^x + 5x^3 (3^x)' = 15x^2 3^x + 5x^3 3^x \ln 3$.

例 2.2.3　求 $y = \tan x$ 的导数.

解　$y' = (\tan x)' = \left(\dfrac{\sin x}{\cos x} \right)' = \dfrac{(\sin x)' \cos x - \sin x (\cos x)'}{\cos^2 x}$

$$= \frac{\cos^2 x + \sin^2 x}{\cos^2 x} = \frac{1}{\cos^2 x} = \sec^2 x .$$

即　　　　　　　　　　　　　　　$(\tan x)' = \sec^2 x$.

用类似的方法，可得　　　　$(\cot x)' = -\csc^2 x$.

例 2.2.4　求 $y = \sec x$ 的导数.

解　$y' = (\sec x)' = \left(\dfrac{1}{\cos x} \right)' = \dfrac{\sin x}{\cos^2 x} = \dfrac{1}{\cos x} \cdot \tan x = \sec x \cdot \tan x$

即　　　　　　　　　　　　　　　$(\sec x)' = \sec x \cdot \tan x$.

用类似的方法，可得　　　　$(\csc x)' = -\csc x \cdot \cot x$.

2.2.2　复合函数的导数

定理 2.2.2　如果函数 $u = \varphi(x)$ 在 x 处可导，而函数 $y = f(u)$ 在对应的 u 处可导，那么复合函数 $y = f[\varphi(x)]$ 在 x 处可导，且有

$$\frac{\mathrm{d}y}{\mathrm{d}x} = \frac{\mathrm{d}y}{\mathrm{d}u} \cdot \frac{\mathrm{d}u}{\mathrm{d}x} \quad \text{或} \quad y'_x = y'_u \cdot u'_x .$$

证明　给自变量 x 一个增量 Δx ，相应地函数 $u = \varphi(x)$ 与 $y = f(u)$ 的改变量为 Δu 和 Δy . 根据函数极限与无穷小的关系定理，由 $y = f(u)$ 可导，有

$$\frac{\Delta y}{\Delta u} = \frac{\mathrm{d}y}{\mathrm{d}u} + \alpha ,$$

其中 α 是当 $\Delta u \to 0$ 时的无穷小. 上式两边同乘 Δu 得

$$\Delta y = \frac{\mathrm{d}y}{\mathrm{d}u} \cdot \Delta u + \alpha \cdot \Delta u ,$$

于是　　　　　　　　$\dfrac{\Delta y}{\Delta x} = \dfrac{\mathrm{d}y}{\mathrm{d}u} \cdot \dfrac{\Delta u}{\Delta x} + \alpha \cdot \dfrac{\Delta u}{\Delta x} ,$

因为函数 $u = \varphi(x)$ 在 x 处可导，所以 $u = \varphi(x)$ 在 x 处连续，当 $\Delta x \to 0$ 时，$\Delta u \to 0$ ，因此 $\lim\limits_{\Delta x \to 0} \alpha = \lim\limits_{\Delta u \to 0} \alpha = 0$ ，从而有

$$\frac{\mathrm{d}y}{\mathrm{d}x} = \lim_{\Delta x \to 0} \frac{\Delta y}{\Delta x} = \lim_{\Delta x \to 0} \left[\frac{\mathrm{d}y}{\mathrm{d}u} \cdot \frac{\Delta u}{\Delta x} + \alpha \cdot \frac{\Delta u}{\Delta x} \right] = \frac{\mathrm{d}y}{\mathrm{d}u} \cdot \frac{\mathrm{d}u}{\mathrm{d}x} .$$

上式表明，求复合函数 $y = f[\varphi(x)]$ 对 x 的导数时，可先分别求出 $y = f(u)$ 对 u 的导数和 $u = \varphi(x)$ 对 x 的导数，然后相乘即可.

以上法则还可记为 $y'_x = y'_u \cdot u'_x$ 或 $\left\{ f[\varphi(x)] \right\}' = f'(u) \cdot \varphi'(x)$.

对于多次复合的函数，其求导公式类似，这种复合函数的求导法则也称为链导法.

例 2.2.5 设 $y = \ln(1+x^2)$，求 y'.

解 $y = \ln(1+x^2)$ 可看作是由 $y = \ln u$，$u = 1+x^2$ 复合而成的，因此

$$y' = (\ln u)'_u \cdot (1+x^2)'_x = \frac{1}{u} \cdot 2x = \frac{2x}{1+x^2}.$$

例 2.2.6 设 $y = \sin 3x$，求 y'.

解 $y = \sin 3x$ 可看作是由 $y = \sin u$，$u = 3x$ 复合而成的，因此

$$y' = (\sin u)'_u \cdot (3x)'_x = \cos u \cdot 3 = 3\cos 3x.$$

对复合函数的复合过程熟悉后，就不必再写中间变量，可直接按复合步骤求导.

例 2.2.7 $y = \sin\sqrt{x^2+2}$，求 y'.

解 $$y' = \cos\sqrt{x^2+2} \cdot \frac{1}{2\sqrt{x^2+2}} \cdot 2x = \frac{x\cos\sqrt{x^2+2}}{\sqrt{x^2+2}}.$$

例 2.2.8 $y = \ln\cos e^x$，求 y'.

解 $$y' = \frac{1}{\cos e^x} \cdot (-\sin e^x) \cdot e^x = -e^x\tan e^x.$$

例 2.2.9 $y = (5x^2+2)^{10}$，求 y'.

解 $y' = 10(5x^2+2)^9(5x^2+2)' = 100x(5x^2+2)^9.$

例 2.2.10 证明 $(x^\mu)' = \mu x^{\mu-1}$.

证明 $$(x^\mu)' = (e^{\mu\ln x})' = e^{\mu\ln x} \cdot \mu \cdot \frac{1}{x} = x^\mu \cdot \mu \cdot \frac{1}{x} = \mu x^{\mu-1}.$$

2.2.3 反函数的求导法则

定理 2.2.3 如果单调连续函数 $x = \varphi(y)$ 在某区间内可导，且 $\varphi'(y) \neq 0$，则它的反函数 $y = f(x)$ 在对应的区间内可导，且有

$$f'(x) = \frac{1}{\varphi'(y)} \quad \text{或} \quad \frac{dy}{dx} = \frac{1}{\dfrac{dx}{dy}}.$$

证明 因 $y = f(x)$ 是 $x = \varphi(y)$ 的反函数，故可将函数 $x = \varphi(y)$ 中的 y 看作中间变量，从而组成复合函数 $x = \varphi(y) = \varphi[f(x)]$. 上式两边对 x 求导，应用复合函数的链导法，得

$$1 = \varphi'_y \cdot f'_x \quad \text{或} \quad 1 = \frac{dx}{dy} \cdot \frac{dy}{dx}.$$

因此

$$f'(x) = \frac{1}{\varphi(y)} \quad \text{或} \quad \frac{dy}{dx} = \frac{1}{\frac{dx}{dy}} \qquad \left(\frac{dx}{dy} = \varphi(y) \neq 0 \right).$$

例 2.2.11 求函数 $y = \arcsin x$ 的导数.

解 $y = \arcsin x$ 是 $x = \sin y$ 的反函数，而 $x = \sin y$ 在区间 $\left(-\frac{\pi}{2}, \frac{\pi}{2} \right)$ 内单调且可导，且 $(\sin y)'_y = \cos y \neq 0$，因此在对应的区间 $(-1,1)$ 内，有

$$(\arcsin x)'_x = \frac{1}{(\sin y)'} = \frac{1}{\cos y} = \frac{1}{\sqrt{1 - \sin^2 y}} = \frac{1}{\sqrt{1 - x^2}}.$$

即

$$(\arcsin x)'_x = \frac{1}{\sqrt{1 - x^2}}.$$

同理可得

$$(\arccos x)'_x = -\frac{1}{\sqrt{1 - x^2}}.$$

例 2.2.12 求函数 $y = \arctan x$ 的导数.

解 $y = \arctan x$ 是 $x = \tan y$ 的反函数，而 $x = \tan y$ 在区间 $\left(-\frac{\pi}{2}, \frac{\pi}{2} \right)$ 内单调且可导，且 $(\tan y)'_y = \sec^2 y \neq 0$，因此在对应的区间 $(-\infty, +\infty)$ 上，有

$$(\arctan x)'_x = \frac{1}{(\tan y)'_y} = \frac{1}{\sec^2 y} = \frac{1}{1 + \tan^2 y} = \frac{1}{1 + x^2}.$$

即

$$(\arctan x)' = \frac{1}{1 + x^2}.$$

同理可得

$$(\text{arc}\cot x)' = -\frac{1}{1 + x^2}.$$

2.2.4 初等函数的导数

前面我们已经给出了几个基本初等函数的导数，建立了函数的四则运算求导法则、复合函数的求导法则以及反函数的求导法则，这就解决了初等函数的求导问题. 现将基本导数公式汇成表 2-1.

表 2-1 基本导数公式表

1. $(C)' = 0$ （ C 为常数）；	2. $(x^\mu)' = \mu x^{\mu-1}$ （ μ 为常数）；
3. $(\log_a x)' = \dfrac{1}{x \ln a}$ ；	4. $(\ln x)' = \dfrac{1}{x}$ ；
5. $(a^x)' = a^x \ln a$ ；	6. $(\mathrm{e}^x)' = \mathrm{e}^x$ ；
7. $(\sin x)' = \cos x$ ；	8. $(\cos x)' = -\sin x$ ；

9. $(\tan x)' = \sec^2 x = \dfrac{1}{\cos^2 x}$;	10. $(\cot x)' = -\csc^2 x = -\dfrac{1}{\sin^2 x}$;
11. $(\sec x)' = \sec x \tan x$;	12. $(\csc x)' = -\csc x \cot x$;
13. $(\arcsin x)' = \dfrac{1}{\sqrt{1-x^2}}$;	14. $(\arccos x)' = -\dfrac{1}{\sqrt{1-x^2}}$;
15. $(\arctan x)' = \dfrac{1}{1+x^2}$;	16. $(\text{arc}\cot x)' = -\dfrac{1}{1+x^2}$;
17. $(\sinh x)' = \cosh x$;	18. $(\cosh x)' = \sinh x$.

以上基本导数公式十分重要，要熟练掌握，同时还要熟练运用函数的四则运算求导法则与复合函数的求导法则，以此求初等函数的导数.

例 2.2.13 设 $y = (x^2 + \cos x)^5$，求 $y'|_{x=\frac{\pi}{2}}$.

解 $y' = [(x^2 + \cos x)^5]' = 5(x^2 + \cos x)^4 (x^2 + \cos x)'$
$= 5(x^2 + \cos x)^4 (2x - \sin x)$，

所以 $\qquad y'\big|_{x=\frac{\pi}{2}} = \left[5(x^2 + \cos x)^4 (2x - \sin x) \right]\Big|_{x=\frac{\pi}{2}} = \dfrac{5\pi^8(\pi-1)}{2^8}$.

例 2.2.14 设 $y = e^{x^2} + e^{-\frac{1}{x}}$，求 y'.

解 $y' = (e^{x^2})' + \left(e^{-\frac{1}{x}} \right)' = 2x e^{x^2} + \dfrac{1}{x^2} e^{-\frac{1}{x}}$.

例 2.2.15 设 $y = 2^{-x} \arcsin \dfrac{x^2}{2}$，求 y'.

解 $y' = (2^{-x})' \arcsin \dfrac{x^2}{2} + \left(\arcsin \dfrac{x^2}{2} \right)' 2^{-x} = (-2^{-x} \ln 2) \arcsin \dfrac{x^2}{2} + \dfrac{x}{\sqrt{1 - \dfrac{x^4}{4}}} 2^{-x}$

$= 2^{-x} \left(\dfrac{2x}{\sqrt{4 - x^4}} - \ln 2 \cdot \arcsin \dfrac{x^2}{2} \right)$.

例 2.2.16 设 $y = \dfrac{\ln^2 x}{x} + \sin^3 x$，求 y'.

解 $y' = \left(\dfrac{\ln^2 x}{x} \right)' + \left(\sin^3 x \right)' = \dfrac{2\ln x \cdot \dfrac{1}{x} \cdot x - 1 \cdot \ln^2 x}{x^2} + 3\sin^2 x \cos x$

$= \dfrac{2\ln x - \ln^2 x}{x^2} + 3\sin^2 x \cos x$.

例 2.2.17 求函数 $y = \ln(x + \sqrt{x^2 + 1})$ 的导数.

解 $y' = \dfrac{1}{x + \sqrt{x^2 + 1}} \cdot \left(1 + \dfrac{2x}{2\sqrt{x^2 + 1}}\right) = \dfrac{1}{\sqrt{x^2 + 1}}$.

2.2.5 隐函数和由参数方程确定的函数的导数

1. 隐函数的导数

设方程 $F(x, y) = 0$ 确定 y 是 x 的隐函数 $y = y(x)$. 求隐函数的导数，可根据复合函数的链导法，直接由方程求得它所确定的隐函数的导数.

例 2.2.18 求方程 $x^2 + y^2 = 1$ 所确定的隐函数 $y = y(x)$ 的导数 $\dfrac{\mathrm{d}y}{\mathrm{d}x}$.

解 因为 y 是 x 的函数，所以 y^2 是 x 的复合函数，利用链导法，方程两端对 x 求导，得

$$2x + 2y \cdot y' = 0 .$$

解出 y'，便得到所求的隐函数的导数

$$y' = \frac{\mathrm{d}y}{\mathrm{d}x} = -\frac{x}{y} \qquad (\, y \neq 0 \,).$$

例 2.2.19 求方程 $\mathrm{e}^y - x^2 y^3 + \mathrm{e}^x = 0$ 所确定的隐函数 $y = y(x)$ 的导数 $\dfrac{\mathrm{d}y}{\mathrm{d}x}$.

解 因为 y 是 x 的函数，所以 e^y 是 x 的复合函数，利用链导法，方程两端对 x 求导，得

$$\mathrm{e}^y \cdot y' - (2xy^3 + 3x^2 y^2 y') + \mathrm{e}^x = 0 .$$

解出 y'，便得到所求的隐函数的导数

$$y' = \frac{\mathrm{d}y}{\mathrm{d}x} = \frac{2xy^3 - \mathrm{e}^x}{\mathrm{e}^y - 3x^2 y^2} \qquad (\, \mathrm{e}^y - 3x^2 y^2 \neq 0 \,).$$

例 2.2.20 设 $y = \arctan(x + 2y)$，求 $\dfrac{\mathrm{d}y}{\mathrm{d}x}$.

解 这是一个隐函数的导数问题，两边对 x 求导，得

$$y' = \frac{1}{1 + (x + 2y)^2}(1 + 2y') ,$$

解出 y'，得

$$y' = \frac{1}{(x + 2y)^2 - 1} .$$

例 2.2.21 $y = (1 + x^2)^x$，求 y'.

解 方法 1

函数 y 可以写成 $y = (1 + x^2)^x = \mathrm{e}^{x \cdot \ln(1 + x^2)}$，所以

$$y' = [e^{x \cdot \ln(1+x^2)}]' = e^{x \cdot \ln(1+x^2)}[x \cdot \ln(1+x^2)]'$$

$$= e^{x \cdot \ln(1+x^2)}\left[\ln(1+x^2) + \frac{x}{1+x^2}(1+x^2)'\right]$$

$$= (1+x^2)^x \cdot \left[\ln(1+x^2) + \frac{2x^2}{1+x^2}\right].$$

方法 2

将函数 $y = (1+x^2)^x$ 两边取自然对数，即 $\ln y = x \cdot \ln(1+x^2)$. 两边对 x 求导，注意左端的 y 是 x 的函数，由复合函数求导法，有

$$\frac{1}{y}y' = \ln(1+x^2) + \frac{x}{1+x^2} \cdot 2x = \ln(1+x^2) + \frac{2x^2}{1+x^2}.$$

因此

$$y' = (1+x^2)^x \cdot \left[\ln(1+x^2) + \frac{2x^2}{1+x^2}\right].$$

形为 $y = [f(x)]^{\varphi(x)}$（$f(x) > 0$）的函数称为幂指函数. 求幂指函数的导数，可选用此例中介绍的两种方法中的任一种，方法 2 称为对数求导法，这个方法除适用于幂指函数外，还适用于多个因式连乘的函数.

例 2.2.22 设 $y = \sqrt{\dfrac{(x^2+1)(3x-4)}{(x+1)(x^2+3)}}$，求 y'.

解 将函数两边取自然对数，得

$$\ln y = \frac{1}{2}[\ln(x^2+1) + \ln(3x-4) - \ln(x+1) - \ln(x^2+3)],$$

两边对 x 求导，得

$$\frac{1}{y}y' = \frac{1}{2}\left[\frac{2x}{x^2+1} + \frac{3}{3x-4} - \frac{1}{x+1} - \frac{2x}{x^2+3}\right],$$

所以

$$y' = \frac{1}{2}\sqrt{\frac{(x^2+1)(3x-4)}{(x+1)(x^2+3)}} \cdot \left[\frac{2x}{x^2+1} + \frac{3}{3x-4} - \frac{1}{x+1} - \frac{2x}{x^2+3}\right].$$

2. 由参数方程确定的函数的导数

变量 x 与 y 之间的函数关系在一定条件下可由参数方程

$$\begin{cases} x = \varphi(t), \\ y = \psi(t) \end{cases}$$

确定，其中 t 是参数，对参数方程所确定的函数 $y = f(x)$ 求导，不必消去 t 解出 y 对于 x 的直接关系，可利用参数方程直接求得 y 对 x 的导数.

设 $x = \varphi(t)$，$y = \psi(t)$ 都是可导函数，且 $x = \varphi(t)$ 具有单值连续的反函数 $t = \varphi^{-1}(x)$，则参数方程确定的函数可以看成 $y = \psi(t)$ 与 $t = \varphi^{-1}(x)$ 复合而成的函数，根据复合函数和反函数求导法则，有

$$\frac{dy}{dx} = \frac{dy}{dt} \cdot \frac{dt}{dx} = \frac{dy}{dt} \cdot \frac{1}{\dfrac{dx}{dt}} = \psi'(t) \cdot \frac{1}{\varphi'(t)} = \frac{\psi'(t)}{\varphi'(t)}.$$

这就是由参数方程所确定的函数 $y = f(x)$ 的求导公式.

例 2.2.23 已知摆线的参数方程

$$\begin{cases} x = a(t - \sin t), \\ y = a(1 - \cos t), \end{cases} \quad (0 \leqslant t \leqslant 2\pi), \quad 求 \frac{dy}{dx}.$$

解 由参数方程求导公式得

$$\frac{dy}{dx} = \frac{\psi'(t)}{\varphi'(t)} = \frac{a\sin t}{a(1 - \cos t)} = \frac{\sin t}{1 - \cos t}.$$

例 2.2.24 求曲线 $\begin{cases} x = t^2 - 1, \\ y = t - t^3 \end{cases}$ 在 $t = 1$ 处的切线方程.

解 曲线上对应 $t = 1$ 的点为 $(0,0)$，曲线在 $t = 1$ 处的切线斜率为

$$k = \frac{dy}{dx}\bigg|_{t=1} = \frac{1 - 3t^2}{2t}\bigg|_{t=1} = \frac{-2}{2} = -1,$$

于是所求的切线方程为

$$y = -x.$$

2.2.6 高阶导数

如果函数 $f(x)$ 的导函数 $y' = f'(x)$ 仍是 x 的可导函数，就称 $y' = f'(x)$ 的导数为函数 $y = f(x)$ 的二阶导数，记作 y''，$f''(x)$，$\dfrac{d^2 y}{dx^2}$ 或 $\dfrac{d^2 f(x)}{dx^2}$.

即

$$y'' = (y')', \quad f''(x) = [f'(x)]',$$

或

$$\frac{d^2 y}{dx^2} = \frac{d}{dx}\left(\frac{dy}{dx}\right).$$

类似地，这个定义可推广到 $y = f(x)$ 的更高阶的导数，如 $y = f(x)$ 的 $n-1$ 阶导数的导数称为 $y = f(x)$ 的 n 阶导数，记作 $\dfrac{d^n y}{dx^n}$，$f^{(n)}(x)$，$y^{(n)}$.

二阶及二阶以上的导数统称为高阶导数. 二阶导数有明显的物理意义，考虑物体的直线运动，设位移函数为 $s = s(t)$，则速度 $v(t) = \dfrac{ds}{dt}$，而加速度 a 是速度对时间的导数,是位移函数对时间的二阶导数,即 $a(t) = \dfrac{dv}{dt} = \dfrac{d^2 s}{dt^2}$.

根据高阶导数的定义，求函数的高阶导数就是将函数逐次求导，因此，前面介绍的导数运算法则与导数基本公式仍然适用于高阶导数的计算.

例 2.2.25 设 $y = a^x$，求 $y^{(n)}$.

解 $y' = a^x \ln a$，$y'' = a^x (\ln a)^2, \cdots, y^{(n)} = a^x (\ln a)^n$.

特别地，$\qquad (e^x)^{(n)} = e^x$.

例 2.2.26　求 n 次多项式函数 $y = a_0 x^n + a_1 x^{n-1} + \cdots + a_{n-1} x + a_n$ 的 $n+1$ 阶导数（ n 是正整数）.

解　$y' = na_0 x^{n-1} + (n-1)a_1 x^{n-2} + \cdots + 2a_{n-2} x + a_{n-1}$ ，

$y'' = n(n-1)a_0 x^{n-2} + (n-1)(n-2)a_1 x^{n-3} + \cdots + 2a_{n-2}$ ，

$\qquad \vdots$

$y^{(n)} = n(n-1)(n-2)\cdots 3 \cdot 2 \cdot 1 \cdot a_0 = n! a_0$ ，

$y^{(n+1)} = 0$.

例 2.2.27　设 $y = \sin x$ ，求 $y^{(n)}$.

解　$y' = (\sin x)' = \cos x = \sin\left(x + \dfrac{\pi}{2}\right)$ ，

$y'' = \left[\sin\left(x + \dfrac{\pi}{2}\right)\right]' = \cos\left(x + \dfrac{\pi}{2}\right) = \sin\left(x + 2 \cdot \dfrac{\pi}{2}\right)$ ，

$y''' = \left[\sin\left(x + 2 \cdot \dfrac{\pi}{2}\right)\right]' = \sin\left(x + 3 \cdot \dfrac{\pi}{2}\right)$ ，

$\cdots\cdots$

$y^{(n)} = \sin\left(x + n \cdot \dfrac{\pi}{2}\right)$.

即 $\qquad (\sin x)^{(n)} = \sin\left(x + n \cdot \dfrac{\pi}{2}\right)$.

同理可得 $\qquad (\cos x)^{(n)} = \cos\left(x + n \cdot \dfrac{\pi}{2}\right)$.

以上几例的结果均可用数学归纳法证得.

例 2.2.28　设 $y = e^{-x} \cos x$ ，求 y'' .

解　$y' = -e^{-x} \cos x + e^{-x}(-\sin x) = -e^{-x}(\cos x + \sin x)$ ，

$y'' = e^{-x}(\cos x + \sin x) - e^{-x}(-\sin x + \cos x) = 2e^{-x} \sin x$.

例 2.2.29　设 $e^x + xy = 1$ ，求 $\dfrac{d^2 y}{dx^2}$.

解　方程两边对 x 求导，得

$$e^x + y + xy' = 0 ，\qquad\qquad (1)$$

即

$$y' = -\dfrac{y + e^x}{x} . \qquad\qquad (2)$$

对（1）式两边再对 x 求导，得

$$e^x + y' + y' + xy'' = 0 ，\qquad\qquad (3)$$

即
$$y'' = -\frac{2y' + e^x}{x} .$$ 　　　　　　　　　（4）

将（2）式代入（4）式得

$$y'' = -\frac{2y + 2e^x - xe^x}{x^2} .$$

例 2.2.30 求方程 $\begin{cases} x = a\cos t, \\ y = b\sin t \end{cases}$（$0 \leqslant t \leqslant 2\pi$）确定的函数的二阶导数 $\dfrac{d^2 y}{dx^2}$.

解 　$\dfrac{dy}{dx} = \dfrac{b\cos t}{-a\sin t} = -\dfrac{b}{a}\cot t$,

$$\frac{d^2 y}{dx^2} = \frac{d(y')}{dx} = \frac{d\left(-\dfrac{b}{a}\cot t\right)}{dx} = \frac{\dfrac{b}{a}\csc^2 t}{-a\sin t} = -\frac{b}{a^2 \sin^3 t} .$$

习题 2.2

1. 求下列函数的导数.

（1）$y = xa^x + 7e^x$;

（2）$y = 3x\tan x + \sec x - 4$;

（3）$y = x^3 + 3x\sin x$;

（4）$y = \dfrac{1 - \ln x}{1 + \ln x} + \dfrac{1}{x}$;

（5）$y = x^2 \ln x$;

（6）$y = 3e^x \cos x$;

（7）$y = \dfrac{\ln x}{x}$;

（8）$y = \dfrac{e^x}{x^2} + \ln 3$;

（9）$y = x^2 \ln x \cos x$;

（10）$y = \dfrac{1 + \sin x}{1 + \cos x}$;

（11）$y = \dfrac{x^2 - x}{x + \sqrt{x}}$;

（12）$y = \dfrac{2x^2 - x + 1}{x + 2}$;

（13）$y = x^2 \log_3 x$;

（14）$y = x\arctan x$;

（15）$y = 2^x \arcsin x - 3\sqrt[3]{x^2}$;

（16）$y = \arcsin x + \arccos x$.

2. 设 $f(x)$ 可导，求下列函数的导数.

（1）$y = [f(x)]^2$;

（2）$y = e^{f(x)}$;

（3）$y = \dfrac{1}{1 + [f(x)]^2}$;

（4）$y = \arctan[f(x)]$;

（5）$y = \ln[1 + f^2(x)]$;

（6）$y = f(\sqrt{x} + 1)$.

3. 求下列函数的导数.

（1）$y = (x^2 - x)^5$;

（2）$y = 2\sin(3x + 6)$;

（3）$y = \cos^3 x$;

（4）$y = \ln(\tan x)$;

（5）$y = \sqrt{1 + \ln x}$;

（6）$y = \dfrac{\cos 2x}{\sin x + \cos x}$;

（7） $y = (x - 2\sqrt{x})^4$ ；

（8） $y = x e^{-2x}$ ；

（9） $y = \arctan \dfrac{x+1}{x-1}$ ；

（10） $y = \ln(2^{-x} + 3^{-x} + 4^{-x})$ ；

（11） $y = (\sin(\sqrt{1 - 2x}))^2$ ；

（12） $y = 2^{\sqrt{x+1}} - \ln(\sin x)$ ；

（13） $y = x\sqrt{x^2 - a^2} - a^2 \ln(x + \sqrt{x^2 - a^2})$ （$a > 0$）；

（14） $y = \ln(x + \sqrt{x^2 + a^2})$ 　（$a > 0$）；

（15） $y = (\arcsin \dfrac{x}{2})^2$ ；

（16） $y = \ln \tan \dfrac{x}{2}$ ；

（17） $y = \ln \ln \ln x$ ；

（18） $y = e^{\arctan \sqrt{x}}$.

4．用对数求导法求下列函数的导数．

（1） $y = \left(\dfrac{x}{1+x} \right)^x$ ；

（2） $y = \sqrt[5]{\dfrac{x-5}{\sqrt[5]{x^2 + 2}}}$ ；

（3） $y = \dfrac{\sqrt{x+2}(3-x)^4}{(x+1)^5}$ ；

（4） $y = \sqrt{x \sin x \sqrt{1 - e^x}}$ ；

（5） $y = \dfrac{\sqrt{x^2 + 2x}}{\sqrt[3]{x^3 - 2}}$ ；

（6） $y = \left(1 - \dfrac{1}{2x} \right)^x$.

5．已知 $y = x^2 + a$ 与 $y = b\ln(1 + 2x)$ 在 $x = 1$ 点相切（两曲线在 (x_0, y_0) 处相切是指它们在 (x_0, y_0) 处有共同切线），求 a ，b 的值．

6．设 $f(x)$ 在 $(-\infty, \infty)$ 内可导，

（1）若 $f(x)$ 为奇函数，证明 $f'(x)$ 为偶函数；

（2）若 $f(x)$ 为偶函数，证明 $f'(x)$ 为奇函数；

（3）若 $f(x)$ 为周期函数，证明 $f'(x)$ 为周期函数．

7．求下列方程所确定的隐函数的导数 $\dfrac{\mathrm{d}y}{\mathrm{d}x}$ ．

（1） $x^2 - y^2 = xy$ ；

（2） $x\cos y = \sin(x + y)$ ；

（3） $xy = e^{x+y}$ ；

（4） $y = 1 - xe^y$.

8．参数方程 $\begin{cases} x = e^t(1 - \cos t), \\ y = e^t(1 + \sin t), \end{cases}$ $t \in (-\infty, +\infty)$ ，求 $\dfrac{\mathrm{d}y}{\mathrm{d}x}$ 及 $\dfrac{\mathrm{d}x}{\mathrm{d}y}$ ．

9．求下列函数的二阶导数 $\dfrac{\mathrm{d}^2 y}{\mathrm{d}x^2}$ ．

（1） $y = x\cos x$ ；

（2） $y = e^{2x-1}$ ；

（3） $y = (1 + x^2)\arctan x$ ；

（4） $y = \dfrac{e^x}{x}$ ；

（5） $y = xe^{x^2}$ ；

（6） $y = \ln(x + \sqrt{1 + x^2})$.

10．证明 $y = e^{-x}(\sin x + \cos x)$ 满足方程 $y'' + y' + 2e^{-x}\cos x = 0$ ．

11．求 $y = 3^{-x}$ 的 n 阶导数．

2.3 微 分

在工程技术中，常遇到与导数密切相关的一类问题，这就是当自变量有一个微小的改变量 Δx 时，要计算相应的函数的改变量 Δy . 这类问题往往是比较困难的，需要找出一种便于计算函数改变量的近似公式.

2.3.1 微分的概念

现在考察一个具体问题.

例 2.3.1 设有一个边长为 x_0 的正方形金属片，受热后它的边长伸长了 Δx，问其面积增加了多少？

解 正方形金属片的面积 A 与边长 x 的函数关系为 $A = x^2$. 由图 2.3 可以看出，受热后，当边长由 x_0 伸长到 $x_0 + \Delta x$ 时，面积 A 相应的增量为

$$\Delta A = (x_0 + \Delta x)^2 - x_0^2 = 2x_0\Delta x + (\Delta x)^2 .$$

从上式可以看出，ΔA 可分成两部分：第一部分是 Δx 的线性函数 $2x_0\Delta x$，当 $\Delta x \to 0$ 时与 Δx 为同阶无穷小；第二部分 $(\Delta x)^2$，当 $\Delta x \to 0$ 时是 Δx 的高阶无穷小. 这表明，当 $|\Delta x|$ 很小时，第二部分的绝对值要比第一部分的绝对值小得多，可以忽略不计，而只用一个简单的函数，即 Δx 的线性函数作为 ΔA 的近似值

$$\Delta A \approx 2x_0\Delta x . \tag{2.3.1}$$

显然，$2x_0\Delta x$ 是容易计算的，它是边长 x_0 有增量 Δx 时，面积 ΔA 的增量的主要部分（亦称线性主部）.

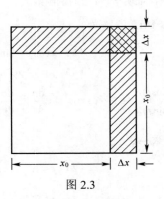

图 2.3

考虑到 $2x_0 = A'\big|_{x=x_0} = A'(x_0)$，（2.3.1）式可写成

$$\Delta A \approx A'(x_0)\Delta x .$$

由此引入函数微分的概念.

定义 2.3.1 设函数 $y = f(x)$ 在点 x_0 的某邻域内有定义，如果函数 $f(x)$ 在点 x_0

处的增量 $\Delta y = f(x_0 + \Delta x) - f(x_0)$ 可以表示为

$$\Delta y = A\Delta x + o(\Delta x),$$

其中 A 是与 Δx 无关的常数，$o(\Delta x)$ 是当 $\Delta x \to 0$ 时比 Δx 高阶的无穷小，则称函数 $f(x)$ 在点 x_0 处可微，$A\Delta x$ 称为 $f(x)$ 在点 x_0 处的微分，记作

$$\mathrm{d}y\big|_{x=x_0}，\quad 即 \ \mathrm{d}y\big|_{x=x_0} = A\Delta x. \tag{2.3.2}$$

于是，（2.3.1）式可写成

$$\Delta A \approx \mathrm{d}A\big|_{x=x_0}.$$

可以证明，函数 $f(x)$ 在点 x_0 处可微与可导是等价的，且 $A = f'(x_0)$，因而 $f(x)$ 在点 x_0 处的微分可写成

$$\mathrm{d}y\big|_{x=x_0} = f'(x_0)\Delta x.$$

通常把自变量的增量 Δx 记为 $\mathrm{d}x$，称为自变量的微分，于是函数 $f(x)$ 在点 x_0 处的微分又可写成

$$\mathrm{d}y\big|_{x=x_0} = f'(x_0)\mathrm{d}x. \tag{2.3.3}$$

如果函数 $f(x)$ 在区间 (a,b) 内每一点都可微，则称该函数在 (a,b) 内可微，或称函数 $f(x)$ 是在 (a,b) 内的可微函数. 此时，函数 $f(x)$ 在 (a,b) 内任意一点 x 处的微分记为 $\mathrm{d}y$，即

$$\mathrm{d}y = f'(x)\mathrm{d}x, \tag{2.3.4}$$

上式两端同除以自变量的微分 $\mathrm{d}x$，得

$$\frac{\mathrm{d}y}{\mathrm{d}x} = f'(x).$$

这就是说，函数 $f(x)$ 的导数等于函数的微分与自变量的微分的商，因此导数也称为微商.

例 2.3.2 设 $y = \sqrt{5+x^2}$，求 $\dfrac{\mathrm{d}y}{\mathrm{d}x}$ 与 $\mathrm{d}y$.

解 $\dfrac{\mathrm{d}y}{\mathrm{d}x} = \left(\sqrt{5+x^2}\right)' = \dfrac{1}{2\sqrt{5+x^2}}(5+x^2)' = \dfrac{x}{\sqrt{5+x^2}}$，

$$\mathrm{d}y = \frac{x}{\sqrt{5+x^2}}\mathrm{d}x.$$

例 2.3.3 求当 $x=1$，$\Delta x = 0.01$ 时函数 $y = x^2 + 1$ 的微分.

解 函数在任意点的微分

$$\mathrm{d}y = (x^2+1)'\Delta x = 2x\Delta x,$$

于是

$$\mathrm{d}y\big|_{\substack{x=1 \\ \Delta x=0.01}} = 2x\Delta x\big|_{\substack{x=1 \\ \Delta x=0.01}} = 0.02.$$

例 2.3.4 半径为 r 的圆的面积为 $S = \pi r^2$，当半径增大 Δr 时，求圆面积的增量与微分.

解 面积的增量 $\Delta S = \pi(r + \Delta r)^2 - \pi r^2 = 2\pi r \Delta r + \pi(\Delta r)^2$.

面积的微分为 $dS = S'_r \cdot \Delta r = 2\pi r \Delta r$.

2.3.2 微分的几何意义

设函数 $y = f(x)$ 的图形如图 2.4 所示. 过曲线 $y = f(x)$ 上一点 $M(x, y)$ 处作切线 MT ，设 MT 的倾角为 α ，则

$$\tan\alpha = f'(x) .$$

当自变量 x 有增量 Δx 时，切线 MT 的纵坐标相应地有增量

$$QP = \tan\alpha \cdot \Delta x = f'(x)\Delta x = dy .$$

因此，微分 $dy = f'(x)\Delta x$ 几何上表示当 x 有增量 Δx 时，曲线 $y = f(x)$ 在对应点 $M(x, y)$ 处的切线的纵坐标的增量. 用 dy 近似代替 Δy 就是用点 M 处的切线纵坐标的增量 QP 近似代替曲线 $y = f(x)$ 的纵坐标的增量 QN ，并且 $|\Delta y - dy| = PN$.

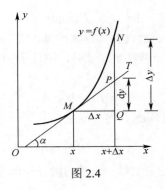

图 2.4

2.3.3 微分的基本公式与微分法则

1. 微分的基本公式

函数 $y = f(x)$ 的微分等于导数 $f'(x)$ 乘以 dx ，所以根据导数公式和运算法则，就能得相应的微分公式和微分运算法则.

（1） $d(C) = 0$ （ C 为常数）；　　　　　（2） $d(x^\mu) = \mu x^{\mu-1} dx$ ；

（3） $d(\log_a x) = \dfrac{1}{x \ln a} dx$ ；　　　　　（4） $d\ln x = \dfrac{1}{x} dx$ ；

（5） $d(a^x) = a^x \ln a dx$ ；　　　　　（6） $d(e^x) = e^x dx$ ；

（7） $d(\sin x) = \cos x dx$ ；　　　　　（8） $d(\cos x) = -\sin x dx$ ；

（9） $d(\tan x) = \sec^2 x dx = \dfrac{1}{\cos^2 x} dx$ ；

（10） $d(\cot x) = -\csc^2 x dx = -\dfrac{1}{\sin^2 x} dx$ ；

（11）$\mathrm{d}(\sec x) = \sec x \tan x \mathrm{d}x$ ； 　　（12）$\mathrm{d}(\csc x) = -\csc x \cot x \mathrm{d}x$ ；

（13）$\mathrm{d}(\arcsin x) = \dfrac{1}{\sqrt{1-x^2}}\mathrm{d}x$ ；　　（14）$\mathrm{d}(\arccos x) = -\dfrac{1}{\sqrt{1-x^2}}\mathrm{d}x$ ；

（15）$\mathrm{d}(\arctan x) = \dfrac{1}{1+x^2}\mathrm{d}x$ ；　　（16）$\mathrm{d}(\operatorname{arc cot} x) = -\dfrac{1}{1+x^2}\mathrm{d}x$ ．

2. 函数的和、差、积、商的微分运算法则

设函数 $u(x) = u$ ， $v(x) = v$ 均可微，则

$$\mathrm{d}(u \pm v) = \mathrm{d}u \pm \mathrm{d}v ；$$

$$\mathrm{d}(uv) = v\,\mathrm{d}u + u\,\mathrm{d}v ；$$

$$\mathrm{d}(Cu) = C\,\mathrm{d}u \quad （C \text{ 为常数）} ；$$

$$\mathrm{d}\left(\frac{u}{v}\right) = \frac{v\mathrm{d}u - u\mathrm{d}v}{v^2} \quad （v \neq 0）．$$

3. 复合函数的微分法则

设函数 $y = f(u)$ ， $u = \varphi(x)$ 都是可导函数，则复合函数 $y = f[\varphi(x)]$ 的微分为

$$\mathrm{d}y = \left\{f\left[\varphi(x)\right]\right\}_x' \mathrm{d}x = f'(u)\varphi'(x)\mathrm{d}x ，$$

而　　　　　　　　　　　　$\mathrm{d}u = \varphi'(x)\mathrm{d}x ，$

于是　　　　　　　　　　　$\mathrm{d}y = f'(u)\mathrm{d}u ．$ 　　　　　　　　　（2.3.5）

将（2.3.5）式与（2.3.4）式比较，可见不论 u 是自变量还是中间变量，函数 $y = f(u)$ 的微分总保持同一形式，这个性质称为一阶微分形式不变性．

利用这个性质，可以比较方便地求一些复合函数的微分、隐函数的微分以及它们的导数．

例 2.3.5 　$y = \sin(2x+1)$ ，求 $\mathrm{d}y$ ．

解 　把 $2x+1$ 看成中间变量 u ，则

$\mathrm{d}y = \mathrm{d}(\sin u) = \cos u\,\mathrm{d}u = \cos(2x+1)\mathrm{d}(2x+1) = \cos(2x+1)2\mathrm{d}x = 2\cos(2x+1)\mathrm{d}x ．$

在求复合函数的导数时，可以不写出中间变量．在求复合函数的微分时，类似地也可以不写出中间变量．下面我们用这种方法来求函数的微分．

例 2.3.6 　$y = \ln(1+\mathrm{e}^{x^2})$ ，求 $\mathrm{d}y$ ．

解 　$\mathrm{d}y = \mathrm{d}(\ln(1+\mathrm{e}^{x^2})) = \dfrac{1}{1+\mathrm{e}^{x^2}}\mathrm{d}(1+\mathrm{e}^{x^2}) = \dfrac{1}{1+\mathrm{e}^{x^2}} \cdot \mathrm{e}^{x^2}\mathrm{d}(x^2)$

$$= \frac{\mathrm{e}^{x^2}}{1+\mathrm{e}^{x^2}}2x\mathrm{d}(x) = \frac{2x\mathrm{e}^{x^2}}{1+\mathrm{e}^{x^2}}\mathrm{d}(x) ．$$

例 2.3.7 　$y = \mathrm{e}^{1-3x}\cos x$ ，求 $\mathrm{d}y$ ．

解 　应用函数的积的微分法则，得

$$dy = d(e^{1-3x}\cos x) = \cos x d(e^{1-3x}) + e^{1-3x} d(\cos x)$$

$$= (\cos x)e^{1-3x}(-3dx) + e^{1-3x}(-\sin x dx)$$

$$= -e^{1-3x}(3\cos x + \sin x)dx.$$

例 2.3.8 求由方程 $x^3 + 2xy - 2y^3 = 1$ 所确定的隐函数 $y = f(x)$ 的导数 $\dfrac{dy}{dx}$ 与微分 dy.

解 方法 1 对方程两边求导数，得

$$3x^2 + 2y + 2xy' - 6y^2 y' = 0,$$

导数为

$$y' = \frac{3x^2 + 2y}{6y^2 - 2x},$$

微分为

$$dy = \frac{3x^2 + 2y}{6y^2 - 2x}dx.$$

方法 2 对方程两边求微分，得

$$d(x^3 + 2xy - 2y^3) = 0, \quad 即 \quad 3x^2 dx + 2x dy + 2y dx - 6y^2 dy = 0,$$

所以微分为

$$dy = \frac{3x^2 + 2y}{6y^2 - 2x}dx,$$

导数为

$$\frac{dy}{dx} = y' = \frac{3x^2 + 2y}{6y^2 - 2x}.$$

例 2.3.9 在下列等式左端的括号中填入适当的函数，使等式成立.

（1）d(   )=$x dx$；   （2）d(   )=$\cos \omega t dt$.

解 （1）我们知道，$d(x^2)=2x dx$.可见 $x dx = \dfrac{1}{2}d(x^2) = d\left(\dfrac{x^2}{2}\right)$.

即

$$d\left(\frac{x^2}{2}\right) = x dx.$$

一般地，有 $d\left(\dfrac{x^2}{2} + C\right) = x dx$ （C 为任意常数）.

（2）因为 $d(\sin \omega t)=\omega \cos \omega t dt$，可见 $\cos \omega t dt = \dfrac{1}{\omega}d(\sin \omega t)=d\left(\dfrac{1}{\omega}\sin \omega t\right)$.

即

$$d\left(\frac{1}{\omega}\sin \omega t\right) = \cos \omega t dt.$$

一般地，有 $d\left(\dfrac{1}{\omega}\sin \omega t + C\right) = \cos \omega t dt$ （C 为任意常数）.

由以上讨论可以看出，微分与导数虽是两个不同的概念，但却紧密相关，事实上求出了导数便立即可得到微分，求出了微分亦可得到导数，即

$$f'(x) = \frac{\mathrm{d}y}{\mathrm{d}x}, \quad \mathrm{d}y = f'(x)\mathrm{d}x.$$

通常把函数的导数与微分的运算统称为微分法. 在高等数学中, 把研究导数和微分的有关内容称为微分学.

*2.3.4 微分在近似计算中的应用

在实际问题中, 经常利用微分作近似计算.

由微分的定义可知, 当 $|\Delta x|$ 很小时,

$$\Delta y = f(x_0 + \Delta x) - f(x_0) \approx \mathrm{d}y = f'(x_0)\Delta x,$$

或写成
$$f(x_0 + \Delta x) \approx f(x_0) + f'(x_0)\Delta x, \tag{2.3.6}$$

记 $x_0 + \Delta x = x$, 则上式又可写为

$$f(x) \approx f(x_0) + f'(x_0)(x - x_0). \tag{2.3.7}$$

特别地, 当 $x_0 = 0$ 时, 有

$$f(x) \approx f(0) + f'(0) \cdot x. \tag{2.3.8}$$

公式 (2.3.6)、(2.3.7)、(2.3.8) 都可用来求函数 $f(x)$ 的近似值.

应用 (2.3.8) 式可以推得一些常用的近似公式, 当 $|x|$ 很小时, 有

(1) $\sin x \approx x$;   (2) $\tan x \approx x$;   (3) $\mathrm{e}^x \approx 1 + x$;

(4) $\ln(1 + x) \approx x$;   (5) $\sqrt[n]{1 + x} \approx 1 + \dfrac{1}{n}x$.

例 2.3.10 计算 $\sin 46°$ 的近似值.

解 设 $f(x) = \sin x$, 取 $x = 46°$, $x_0 = 45° = \dfrac{\pi}{4}$, 则 $x - x_0 = 1° = \dfrac{\pi}{180}$,

于是由 (2.3.7) 式得

$$\sin x \approx \sin x_0 + \cos x_0 \cdot (x - x_0),$$

所以
$$\sin 46° \approx \sin \frac{\pi}{4} + \cos \frac{\pi}{4} \cdot \frac{\pi}{180} = \frac{\sqrt{2}}{2} + \frac{\sqrt{2}}{2} \cdot \frac{\pi}{180} \approx 0.719.$$

例 2.3.11 计算 $\sqrt{1.05}$ 的近似值.

解 设 $f(x) = \sqrt{x}$, 取 $x_0 = 1$, $\Delta x = 0.05$,

于是由 (2.3.6) 式得

$$\sqrt{1.05} \approx \sqrt{1} + \frac{1}{2\sqrt{1}} 0.05 = 1 + \frac{1}{2} \times 0.05 = 1.025.$$

如果直接开方, 可得 $\sqrt{1.05} = 1.02470$.

将两个结果比较一下, 可以看出, 用 1.025 作为 $\sqrt{1.05}$ 的近似值, 其误差不超过 0.001, 这样的近似值在一般应用上已够精确了. 如果开方次数较高, 就更能体现出用微分进行近似计算的优越性.

习题 2.3

1．已知 $y = x^3 - x$，计算在当 $x = 2$，Δx 分别等于 1、0.1、0.01 时的 Δy、$\mathrm{d}y$.

2．求下列函数的微分：

（1）$y = \dfrac{1}{x} + 2\sqrt{x}$；　　　　　　　（2）$y = x\sin 2x$；

（3）$y = \dfrac{x}{\sqrt{x^2 + 1}}$；　　　　　　　（4）$y = \ln^2(1 - x)$；

（5）$y = x^2 \mathrm{e}^{2x}$；　　　　　　　　　（6）$y = \mathrm{e}^{-x}\cos(3 - x)$；

（7）$y = \dfrac{1}{\sqrt{x}}\ln x$；　　　　　　　（8）$y = \sqrt{\arcsin\sqrt{x}}$；

（9）$y = \tan^2(1 + 2x^2)$；　　　　　（10）$y = \sqrt{\cos 3x} + \ln\tan\dfrac{x}{2}$.

3．在括号内填入适当的函数，使等式成立.

（1）$\dfrac{1}{a^2 + x^2}\mathrm{d}x = \mathrm{d}(\quad)$；　　　（2）$x\mathrm{d}x = \mathrm{d}(\quad)$；

（3）$\dfrac{1}{\sqrt{x}}\mathrm{d}x = \mathrm{d}(\quad)$；　　　　（4）$\dfrac{1}{\sqrt{1 - x^2}}\mathrm{d}x = \mathrm{d}(\quad)$.

4．求下列微分关系式中的未知函数 $f(x)$.

（1）$x\mathrm{d}x = \mathrm{d}f(x)$；　　　　　　（2）$\dfrac{\mathrm{d}x}{x} = \mathrm{d}f(x)$；

（3）$\mathrm{e}^{-2x}\mathrm{d}x = \mathrm{d}f(x)$；　　　　　（4）$x\mathrm{e}^{x^2}\mathrm{d}x = \mathrm{d}f(x)$；

（5）$\ln x\mathrm{d}x = \mathrm{d}(x\ln x) - \mathrm{d}f(x)$；　（6）$\dfrac{\mathrm{d}x}{1 + x^2} = \mathrm{d}f(x)$；

（7）$\dfrac{x\mathrm{d}x}{1 + x^2} = \mathrm{d}f(x)$；　　　　（8）$\sqrt{x + 1}\mathrm{d}x = \mathrm{d}f(x)$；

（9）$\dfrac{\mathrm{d}x}{\sqrt{1 - x^2}} = \mathrm{d}f(x)$；　　　（10）$\tan x\mathrm{d}x = \mathrm{d}f(x)$.

5．设 $y = y(x)$ 是由方程 $\ln(x^2 + y^2) = x + y - 1$ 所确定的隐函数，求 $\mathrm{d}y$ 及 $\mathrm{d}y\big|_{(0,1)}$.

6．利用微分求近似值.

（1）$\sqrt[6]{65}$；　　　　　　　　　（2）$\lg 11$.

本 章 小 结

1．基本概念

导数是一种特殊形式的极限，即函数的改变量与自变量的改变量之比在自变量改变量趋于零时的极限.

微分是导数与函数自变量改变量的乘积，或者说是函数增量的近似值.

2. 几何意义

$f'(x_0)$ 是曲线 $y = f(x)$ 在点 $(x_0, f(x_0))$ 处的切线斜率;

微分 $\mathrm{d}y$ 是曲线 $y = f(x)$ 在点 $(x_0, f(x_0))$ 处的切线纵坐标对应于 Δx 的改变量;

Δy 是曲线 $y = f(x)$ 的纵坐标对应于 Δx 的改变量;

若函数 $y = f(x)$ 在 x_0 处可导, 则必连续; 连续未必可导.

3. 基本计算

本章最重要的计算就是导数运算, 主要包括运用导数基本公式和运算法则计算, 求简单函数和复合函数的导数, 求高阶导数. 求微分的方法与求导数类似. 特别地 $\mathrm{d}y = f'(x)\mathrm{d}x$, 即要求微分 $\mathrm{d}y$, 可以先求导数 $f'(x)$, 后面再乘一个 $\mathrm{d}x$.

有两种求导方法需要强调:

(1) 隐函数求导法: 设方程 $F(x, y) = 0$ 表示自变量为 x 因变量为 y 的隐函数, 并且可导, 利用复合函数求导公式, 将方程两边对 x 求导, 然后解方程求出 y'.

(2) 取对数求导法: 对于两类特殊的函数幂指函数和多因子乘积函数, 可以通过对方程的两边取对数转化为隐函数, 然后按隐函数求导的方法求出导数 y'.

4. 简单应用

(1) 导数: 曲线 $y = f(x)$ 在点 $M_0(x_0, y_0)$ 处的切线方程和法线方程分别是

$$y - y_0 = f'(x_0)(x - x_0)$$

和

$$y - y_0 = -\frac{1}{f'(x_0)}(x - x_0).$$

(2) 微分: 当 $|\Delta x|$ 很小时, 有近似计算公式

$$f(x + \Delta x) \approx f(x) + f'(x)\Delta x,$$

这个公式可以用来直接计算函数的近似值.

复习题 2

1. 判断下列命题是否正确? 为什么?

(1) 若 $f(x)$ 在 x_0 处不可导, 则曲线 $y = f(x)$ 在 $(x_0, f(x_0))$ 点处必无切线;

(2) 若曲线 $y = f(x)$ 处处有切线, 则函数 $y = f(x)$ 必处处可导;

(3) 若 $f(x)$ 在 x_0 处可导, 则 $|f(x)|$ 在 x_0 处必可导;

(4) 若 $|f(x)|$ 在 x_0 处可导, 则 $f(x)$ 在 x_0 处必可导.

2. 求下列函数 $f(x)$ 的 $f'_-(0)$、$f'_+(0)$ 及 $f'(0)$ 是否存在:

(1) $f(x) = \begin{cases} \sin x, & x < 0, \\ \ln(1 + x), & x \geq 0; \end{cases}$

(2) $f(x) = \begin{cases} \dfrac{x}{1 + \mathrm{e}^{\frac{1}{x}}}, & x \neq 0, \\ 0, & x = 0. \end{cases}$

3．求下列函数的导数：

（1）$y = \dfrac{2\sec x}{1+x^2}$；

（2）$y = \dfrac{\arctan x}{x} + \arccos x$；

（3）$y = \dfrac{1+x+x^2}{1+x}$；

（4）$y = x(\sin x + 1)\csc x$；

（5）$y = \cot x \cdot (1+\cos x)$；

（6）$y = \dfrac{1}{1+\sqrt{x}} - \dfrac{1}{1-\sqrt{x}}$；

（7）$y = \mathrm{e}^{\tan\frac{1}{x}}$；

（8）$y = \arccos\sqrt{1-3x}$；

（9）$y = \tan^3(1-2x)$．

4．求由下列方程所确定的隐函数的导数 $\dfrac{\mathrm{d}y}{\mathrm{d}x}$：

（1）$y\mathrm{e}^x + \ln y = 1$；

（2）$\arctan\dfrac{y}{x} = \ln\sqrt{x^2+y^2}$．

5．求函数 $y = x^2\ln x$ 的二阶导数 $\dfrac{\mathrm{d}^2y}{\mathrm{d}x^2}$．

6．求由方程 $y = 1 + x\mathrm{e}^y$ 所确定的隐函数的二阶导数 $\dfrac{\mathrm{d}^2y}{\mathrm{d}x^2}$．

7．求下列函数的 n 阶导数：

（1）$y = \sqrt[m]{1+x}$；

（2）$y = \dfrac{1-x}{1+x}$．

8．利用函数的微分代替函数的增量求 $\sqrt[3]{1.02}$ 的近似值．

9．设函数 $f(x)$ 和 $g(x)$ 均在点 x_0 的某一邻域内有定义，$f(x)$ 在 x_0 处可导且 $f(x_0) = 0$，$g(x)$ 在 x_0 处连续，试讨论 $f(x)g(x)$ 在 x_0 处的可导性．

10．设函数 $f(x)$ 满足下列条件：

（1）$f(x+y) = f(x) \cdot f(y)$，对一切 $x, y \in R$；

（2）$f(x) = 1 + xg(x)$，而 $\lim\limits_{x\to 0} g(x) = 1$．

证明 $f(x)$ 在 R 上处处可导，且 $f'(x) = f(x)$．

自测题 2

1．填空题．

（1）$f(x)$ 在点 x_0 可导是 $f(x)$ 在点 x_0 连续的_____条件．$f(x)$ 在点 x_0 连续是 $f(x)$ 在点 x_0 可导的_____条件；

（2）$f(x)$ 在点 x_0 的左导数 $f'_-(x_0)$ 及右导数 $f'_+(x_0)$ 都存在且相等，是 $f(x)$ 在点 x_0 可导的_____条件；

（3）$f(x)$ 在点 x_0 可导是 $f(x)$ 在点 x_0 可微的_____条件；

（4）函数 $y = (1+x)\ln x$ 在点 $(1,0)$ 处的切线方程为_____；

（5）已知 $f'(2)=3$，则 $\lim\limits_{h\to 0}\dfrac{f(2+h)-f(2-3h)}{2h}=$ _____；

（6）若 $f(u)$ 可导，则 $y=f(\sin\sqrt{x})$ 的导数为 _____；

（7）曲线 $y=\mathrm{e}^x-3\sin x+1$ 在点 $(0,2)$ 处的切线方程为 _____；

（8）若 $f'(x_0)=1$，$f(x_0)=0$，则 $\lim\limits_{h\to\infty}hf\left(x_0-\dfrac{1}{h}\right)=$ _____；

（9）$f\left(\dfrac{1}{x}\right)=x^2$，则 $f'(x)=$ _____；

（10）$y=\cos(\mathrm{e}-x)$，则 $y'(0)=$ _____；

（11）设 $f(x)=x(x+1)(x+2)\cdots(x+n)$（$n\geqslant 2$），则 $f'(0)=$ _____.

2．单选题.

（1）设 $f(x)$ 在 $x=a$ 的某个邻域内有定义，则 $f(x)$ 在 $x=a$ 处可导的一个充分条件是（   ）.

    A．$\lim\limits_{h\to+\infty}h\left[f\left(a+\dfrac{1}{h}\right)-f(a)\right]$ 存在　　B．$\lim\limits_{h\to 0}\dfrac{f(a+2h)-f(a+h)}{h}$ 存在

    C．$\lim\limits_{h\to 0}\dfrac{f(a+h)-f(a-h)}{h}$ 存在　　D．$\lim\limits_{h\to 0}\dfrac{f(a)-f(a-h)}{h}$ 存在

（2）设 $f(x)=\begin{cases}\dfrac{2}{3}x^3, & x\leqslant 1,\\ x^2, & x>1,\end{cases}$ 则 $f(x)$ 在 $x=1$ 处（   ）.

    A．左、右导数都存在　　　　　　　B．左导数存在，右导数不存在

    C．左导数不存在，右导数存在；　　D．左、右导数都不存在

（3）设 $f(x)$ 可导，$F(x)=f(x)(1+|\sin x|)$，则 $f(0)=0$ 是 $F(x)$ 在 $x=0$ 处可导的（   ）.

    A．充分必要条件　　　　　　　　　B．充分条件但非必要条件

    C．必要条件但非充分条件　　　　　D．既非充分条件又非必要条件

（4）$y=|x+2|$ 在 $x=-2$ 处（   ）.

    A．连续　　　　　　　　　　　　　B．不连续

    C．可导　　　　　　　　　　　　　D．可微

（5）下列函数中（   ）的导数等于 $\sin 2x$.

    A．$\cos 2x$　　　　　　　　　　　B．$\cos^2 x$

    C．$-\cos 2x$　　　　　　　　　　D．$\sin^2 x$

（6）已知 $y=\cos x$，则 $y^{(10)}=$（   ）.

    A．$\sin x$　　　　　　　　　　　　B．$\cos x$

    C．$-\sin x$　　　　　　　　　　　D．$-\cos x$

（7）下列函数中，在 $x=0$ 处可导的是（   ）.

    A．$y=\ln x$　　　　　　　　　　　B．$y=|\cos x|$

C. $y = |\sin x|$ D. $y = \begin{cases} x^2, & x \leqslant 0 \\ x, & x > 0 \end{cases}$

（8）若函数 $f(x) = \begin{cases} \mathrm{e}^x, & x < 0, \\ a - bx, & x \geqslant 0 \end{cases}$ 在 $x = 0$ 处可导，则（   ）.

A. $a = -1,\ b = -1$ B. $a = -1,\ b = 1$

C. $a = 1,\ b = -1$ D. $a = 1,\ b = 1$

（9）设 $f(x) = x\sin x$，则 $f'\left(\dfrac{\pi}{2}\right) = $（   ）.

A. -1 B. 1

C. $\dfrac{\pi}{2}$ D. $-\dfrac{\pi}{2}$

（10）设直线 l 与 x 轴平行，且与曲线 $y = x - \mathrm{e}^x$ 相切，则切点坐标是（   ）.

A. $(1,1)$ B. $(-1,1)$

C. $(0,-1)$ D. $(0,1)$

（11）函数 $f(x) = |x| + 1$ 在 $x = 0$ 处（   ）.

A. 无定义   B. 不连续

C. 可导   D. 连续但不可导

3. 计算题.

（1）设 $y = \ln \sin^2 \dfrac{1}{x}$，求 y'.

（2）设 $y = (1 + x^2)\arctan x$，求 y''.

（3）求函数 $y = \ln(x^3 \cdot \sin x)$ 的微分 $\mathrm{d}y$.

（4）设 $y = \ln^3 \arcsin \sqrt{x}$，求 y'.

（5）设 $y = y(x)$ 由 $\mathrm{e}^y - \mathrm{e}^{-x} + xy = 0$ 确定，求 $\dfrac{\mathrm{d}y}{\mathrm{d}x}$.

（6）设 $y = x^2 2^x + \dfrac{\cos x}{1 - x^2}$，求 $\mathrm{d}y$.

第 3 章　微分中值定理与导数的应用

本章学习目标

- 了解罗尔定理、拉格朗日中值定理和柯西中值定理
- 会用洛必达法则求未定式的极限
- 掌握函数单调性、极值、曲线凹凸性与拐点的判断方法
- 掌握求函数最值的方法
- 掌握导数在经济中的应用

3.1　微分中值定理

3.1.1　罗尔定理

定理 3.1.1　设函数 $y = f(x)$ 满足下列条件：

（1）在闭区间 $[a,b]$ 上连续；

（2）在开区间 (a,b) 内可导；

（3）$f(a) = f(b)$．

则在 (a,b) 内至少存在一点 ξ，使 $f'(\xi) = 0$．

在此先给出几何解释：如图 3.1 所示，因 $f(a) = f(b)$，所以弦 $\overline{AB}$ 平行于 x 轴，其斜率为零，故此时在从 A 到 B 这段曲线弧上至少有一点 $M(\xi, f(\xi))$，使得过 M 点的切线平行于 x 轴，即有 $f'(\xi) = 0$．

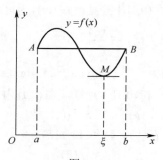

图 3.1

证明 由于函数 $f(x)$ 在闭区间 $[a,b]$ 上连续，故由闭区间上连续函数的性质可知，$f(x)$ 在 $[a,b]$ 上取得最大值 M 和最小值 m.

（1）若 $M = m$，则在 (a,b) 内，$f(x)$ 为常值函数，于是 $f'(x) \equiv 0$，$x \in (a,b)$. 故在 (a,b) 内的每一点都可取为 ξ，且 $f'(\xi) = 0$，定理成立.

（2）若 $M \neq m$，因为 $f(a) = f(b)$，则 M、m 中至少有一个在 (a,b) 内部取得. 不妨设最大值 M 在点 $\xi \in (a,b)$ 取得，即 $M = f(\xi) \geqslant f(x)$，$x \in [a,b]$，由极限的保号性质有

$$f'_-(\xi) = \lim_{\Delta x \to 0^-} \frac{f(\xi + \Delta x) - f(\xi)}{\Delta x} \geqslant 0 ,$$

$$f'_+(\xi) = \lim_{\Delta x \to 0^+} \frac{f(\xi + \Delta x) - f(\xi)}{\Delta x} \leqslant 0 ,$$

而由已知 $f'(\xi)$ 存在，故 $f'_-(\xi) = f'_+(\xi) = 0$，即 $f'(\xi) = 0$. 定理得证.

注意：罗尔定理表明，若函数 $f(x)$ 在闭区间 $[a,b]$ 上满足罗尔定理的条件，则方程 $f'(x) = 0$ 在开区间 (a,b) 内至少有一个根. 因此罗尔定理常用来判别函数 $f'(x)$ 的零点（注意 $f'(x)$ 未必连续，这与连续函数零点存在定理是有区别的）.

例 3.1.1 证明方程 $\sin x + x \cos x = 0$ 在 $(0, \pi)$ 内必有实根.

证明 由于 $\sin x + x \cos x$ 是 $x \sin x$ 的导函数，因此我们考虑函数
$$F(x) = x \sin x , \quad x \in [0, \pi] ,$$
易知 $F(x)$ 在 $[0, \pi]$ 上连续，在 $(0, \pi)$ 内可导，且 $F(0) = F(\pi) = 0$，因此由罗尔定理可知，存在 $\xi \in (0, \pi)$，使得 $F'(\xi) = \sin \xi + \xi \cos \xi = 0$. 从而说明方程 $\sin x + x \cos x = 0$ 在 $(0, \pi)$ 内必有实根. 证毕.

例 3.1.2 证明方程 $x^3 + x + c = 0$ 至多有一个实根（c 为任意常数）.

证明 用反证法证明. 设方程有两个实根 α、β，且 $\alpha < \beta$，则 $f(x) = x^3 + x + c$ 在 $[\alpha, \beta]$ 上满足罗尔定理的条件，故至少存在一点 $\xi \in (\alpha, \beta)$ 使 $f'(\xi) = 0$，而 $f'(\xi) = 3\xi^2 + 1$，显然 $f'(\xi) \neq 0$，矛盾. 故假设不成立，即原方程不可能有两个不同的实根. 另外，也不难看出原方程不可能有重实根.

例 3.1.3 设函数 $f(x)$ 在 $[0,1]$ 上连续，在 $(0,1)$ 内可导，且 $f(1) = 0$. 证明：在 $(0,1)$ 内至少存在一点 ξ，使 $f'(\xi) + \dfrac{f(\xi)}{\xi} = 0$.

证明 需证结果可改写为 $\xi f'(\xi) + f(\xi) = [xf(x)]' \big|_{x=\xi} = 0$. 故可设函数 $F(x) = xf(x)$，它在 $[0,1]$ 上连续，在 $(0,1)$ 内可导，且 $F(0) = F(1) = 0$，满足罗尔定理的条件，故至少存在一点 $\xi \in (0,1)$ 使

$$F'(\xi) = \xi f'(\xi) + f(\xi) = 0 ,$$

即在 $(0,1)$ 内至少存在一点 ξ，使 $f'(\xi) + \dfrac{f(\xi)}{\xi} = 0$. 证毕.

3.1.2 拉格朗日中值定理

定理 3.1.2 设函数 $y = f(x)$ 满足下列条件

（1）在闭区间 $[a,b]$ 上连续；

（2）在开区间 (a,b) 内可导.

则在 (a,b) 内至少存在一点 ξ，使得

$$f'(\xi) = \frac{f(b)-f(a)}{b-a}. \tag{3.1.1}$$

对这个定理，我们先从几何直观上加以说明. 如图 3.2 所示，定理中的条件"函数 $y = f(x)$ 在 $[a,b]$ 上连续，在 (a,b) 内可导"规定了曲线 $y = f(x)$ 在 $[a,b]$ 上不间断，在 (a,b) 内各点处都存在不垂直于 x 轴的切线，从图 3.2 中可以看出，在从 A 至 B 这段曲线弧上至少有一点 M $(\xi, f(\xi))$，使得过 M 点的切线 MT 与弦 $\overline{AB}$ 平行. 而弦 $\overline{AB}$ 的斜率为

$$K_{AB} = \frac{f(b)-f(a)}{b-a}.$$

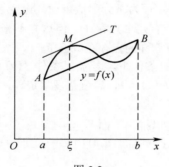

图 3.2

由导数的几何意义，切线 MT 的斜率为

$$K_{MT} = f'(\xi) = \frac{f(b)-f(a)}{b-a}.$$

证明 作辅助函数 $F(x) = f(x) - f(a) - \dfrac{f(b)-f(a)}{b-a}(x-a)$，

则 （1）$F(x)$ 在闭区间 $[a,b]$ 上连续；

（2）$F(x)$ 在开区间 (a,b) 内可导；

（3）$F(a) = F(b)$.

即 $F(x)$ 在 $[a,b]$ 上满足罗尔定理的条件，故在 (a,b) 内至少存在一点 ξ，使得

$$F'(\xi) = f'(\xi) - \frac{f(b)-f(a)}{b-a} = 0,$$

即 $\quad f'(\xi)=\dfrac{f(b)-f(a)}{b-a}$. $\qquad$ 定理得证.

公式（3.1.1）称为拉格朗日中值公式，无论 $a<b$ 还是 $b<a$ 均成立，这个公式也可以写成

$$f(b)-f(a)=f'(\xi)(b-a) \quad （\xi 在 a 与 b 之间），\qquad\qquad (3.1.2)$$

在（3.1.2）式中，若设 x 为区间 $[a,b]$ 内一点，$x+\Delta x$ 为该区间内另一点（$\Delta x>0$ 或 $\Delta x<0$），则在区间 $[x,x+\Delta x]$（当 $\Delta x>0$）或在区间 $[x+\Delta x,x]$（当 $\Delta x<0$）内（3.1.2）式就成为

$$f(x+\Delta x)-f(x)=f'(x+\theta\Delta x)\Delta x \quad （0<\theta<1）.\qquad\qquad (3.1.3)$$

令 $y=f(x)$，则（3.1.3）式又可写成

$$\Delta y=f'(x+\theta\Delta x)\Delta x \quad （0<\theta<1）.$$

因此，拉格朗日中值定理也叫做有限增量定理，上式也称为有限增量公式.

若 $f(x)$ 当 $x\geqslant a$ 时满足拉格朗日中值定理，则有

$$f(x)-f(a)=f'(\xi)(x-a) \quad （\xi\in(a,x)）.\qquad\qquad (3.1.4)$$

拉格朗日中值定理是微分学的基本定理，在理论上和应用上都具有重要的意义，有时也称拉格朗日中值定理为微分中值定理. 虽然定理只肯定了至少有一点 ξ 存在，没有说明如何去求，有几个点存在，但这并不影响定理的应用. 而且在实际应用时，一般只要知道有这样的点存在就够了.

在拉格朗日中值定理的条件下，若加上条件 $f(a)=f(b)$，则可知在开区间 (a,b) 内至少有一点 ξ，使 $f'(\xi)=0$，这就是罗尔定理，罗尔定理是拉格朗日中值定理的特殊情形.

由拉格朗日中值定理可以推出下面两个重要结论.

推论 1 若函数 $f(x)$ 在开区间 (a,b) 内每一点处的导数均为零，则在 (a,b) 内 $f(x)\equiv C$（C 为常数）.

证明 设 x_1,x_2 为区间 (a,b) 内的任意两点，且 $x_1<x_2$，则在 $[x_1,x_2]$ 上 $f(x)$ 满足拉格朗日中值定理的条件，于是有

$$f(x_2)-f(x_1)=f'(\xi)(x_2-x_1) \quad （x_1<\xi<x_2）.$$

由假设知，$f'(\xi)=0$，因此

$$f(x_2)-f(x_1)=0，即 f(x_2)=f(x_1).$$

因为 x_1，x_2 是 (a,b) 内的任意两点，这就得出 $f(x)$ 在 (a,b) 内是一个常数.

推论 2 如果对任意 $x\in(a,b)$，函数 $f(x)$ 与 $g(x)$ 都有 $f'(x)=g'(x)$，则在 (a,b) 内有

$$f(x)=g(x)+C \quad （C 为常数）.$$

推论 2 可由推论 1 推出.

利用拉格朗日中值定理可以证明一些恒等式.

例 3.1.4 设 $f(x)$ 在 $[0,1]$ 上连续，在 $(0,1)$ 内可导，证明：必存在 $\xi \in (0,1)$，使得

$$f(1) = 2\xi f(\xi) + \xi^2 f'(\xi).$$

证明 注意到 $2xf(x) + x^2 f'(x)$ 是 $x^2 f(x)$ 的导函数，我们考虑函数

$$F(x) = x^2 f(x).$$

容易验证 $F(x)$ 在 $[0,1]$ 上满足拉格朗日中值定理的条件，由拉格朗日中值定理可知，必存在 $\xi \in (0,1)$，使得

$$\frac{F(1) - F(0)}{1 - 0} = F'(\xi),$$

而 $\quad F(1) = f(1)$，$\quad F(0) = 0$，$\quad F'(\xi) = 2\xi f(\xi) + \xi^2 f'(\xi)$，

所以 $\quad f(1) = 2\xi f(\xi) + \xi^2 f'(\xi)$，$\xi \in (0,1)$．证毕．

利用拉格朗日中值定理还可以证明一些不等式．

例 3.1.5 证明不等式 $\dfrac{x}{1+x} < \ln(1+x) < x$ 对一切 $x > 0$ 成立．

证明 由于 $f(x) = \ln(1+x)$ 在 $[0, +\infty)$ 上连续可导，对任何 $x > 0$，在 $[0, x]$ 上由拉格朗日中值定理，至少存在一点 $\xi \in (0, x)$，有

$$f(x) - f(0) = f'(\xi)x，\quad \xi \in (0, x),$$

即 $\qquad\qquad \ln(1+x) = \dfrac{1}{1+\xi}x，\quad \xi \in (0, x),$

由于 $\qquad\qquad\qquad \dfrac{1}{1+x} < \dfrac{1}{1+\xi} < 1,$

所以 $\quad \dfrac{x}{1+x} < \ln(1+x) < x$，对一切 $x > 0$ 成立．证毕．

3.1.3 柯西中值定理

定理 3.1.3 设函数 $f(x), g(x)$ 满足下列条件：

（1）在闭区间 $[a,b]$ 上连续；

（2）在开区间 (a,b) 内可导，且 $g'(x) \neq 0$．

则在 (a,b) 内至少存在一点 ξ，使得

$$\frac{f(b) - f(a)}{g(b) - g(a)} = \frac{f'(\xi)}{g'(\xi)}.$$

证明 由拉格朗日中值定理，在开区间 (a,b) 内若 $g'(x) \neq 0$，则

$$g(b) - g(a) = g'(\eta)(b-a) \neq 0.$$

作辅助函数

$$F(x) = f(x) - f(a) - \frac{f(b) - f(a)}{g(b) - g(a)}[g(x) - g(a)],$$

则 $F(x)$ 在 $[a,b]$ 上满足罗尔定理的条件，由罗尔定理得，在 (a,b) 内至少存在一点 ξ，使得 $F'(\xi) = 0$，即

$$f'(\xi) = \frac{f(b) - f(a)}{g(b) - g(a)} g'(\xi).$$

由于 $g'(\xi) \neq 0$，我们得到

$$\frac{f(b) - f(a)}{g(b) - g(a)} = \frac{f'(\xi)}{g'(\xi)}.$$

证毕.

柯西中值定理是拉格朗日中值定理的推广，而当 $g(x) = x$ 时，柯西中值定理就变成拉格朗日中值定理.

例 3.1.6 设 $f(x)$ 在闭区间 $[a,b]$ 上连续；在开区间 (a,b) 内可导，试证：在 (a,b) 内至少存在一点 ξ，使得 $f(b) - f(a) = \xi f'(\xi) \ln \dfrac{b}{a}$ （$0 < a < b$）.

证明 待证等式变形为 $\quad \dfrac{f(b) - f(a)}{\ln b - \ln a} = \xi f'(\xi) = \dfrac{f'(\xi)}{(\ln x)'\big|_{x=\xi}}.$

作辅助函数 $g(x) = \ln x$，则 $g'(x) = \dfrac{1}{x} \neq 0$，$x \in (a,b)$，从而函数 $f(x)$、$g(x)$ 在 $[a,b]$ 上满足柯西中值定理的条件，于是在 (a,b) 内至少存在一点 ξ，

使得 $\quad \dfrac{f(b) - f(a)}{g(b) - g(a)} = \dfrac{f'(\xi)}{g'(\xi)},$

即 $\quad \dfrac{f(b) - f(a)}{\ln b - \ln a} = \dfrac{f'(\xi)}{\dfrac{1}{\xi}},$

亦即 $\quad f(b) - f(a) = \xi f'(\xi) \ln \dfrac{b}{a}$ （$0 < a < b$），证毕.

习题 3.1

1. 检验下列函数在给定区间上是否满足罗尔定理条件？若满足，求出使 $f'(\xi) = 0$ 的点 ξ.

（1）$f(x) = x^3 + 4x^2 - 7x - 10$，$x \in [-1, 2]$；

（2）$f(x) = |x|$，$x \in [-2, 2]$；

（3）$f(x) = \sqrt[3]{x^2}$，$x \in [-1, 1]$；

（4）$f(x) = \dfrac{2 - x^2}{x^4}$，$x \in [-1, 1]$.

2．不求函数 $f(x) = x(x-1)(x-2)(x-3)$ 的导数，说明 $f'(x) = 0$ 有几个实根，并指出各根所在的区间．

3．证明下列函数在指定区间上满足拉格朗日中值定理，并求出 ξ．

（1）$f(x) = x^3$，$x \in [1, 4]$；

（2）$f(x) = \sin x$，$x \in \left[0, \dfrac{\pi}{2}\right]$．

4．设函数 $f(x)$ 在 $[a, b]$ 上连续，在 (a, b) 内可导，且 $f(a) = f(b) = 0$，试证在 (a, b) 内至少存在一点 ξ，使得 $f'(\xi) + f(\xi) = 0$．（提示：设 $F(x) = f(x)\mathrm{e}^x$）

5．利用拉格朗日中值定理证明下列不等式．

（1）$\dfrac{b-a}{b} \leqslant \ln \dfrac{b}{a} \leqslant \dfrac{b-a}{a}$　（$0 < a \leqslant b$）；

（2）$\dfrac{b-a}{1+b^2} \leqslant \arctan b - \arctan a \leqslant \dfrac{b-a}{1+a^2}$　（$0 < a \leqslant b$）；

（3）$\mathrm{e}^x \geqslant \mathrm{e}x$　（$x \geqslant 1$）；

（4）$x \leqslant \tan x$　（$0 \leqslant x < \dfrac{\pi}{2}$）．

6．设函数 $f(x)$ 满足在 $[a, b]$ 上可导，证明：存在 $\xi \in (a, b)$，使得
$$2\xi[f(b) - f(a)] = (b^2 - a^2)f'(\xi).$$

3.2　洛必达法则

柯西中值定理还提供了一种求极限的方法．如果当 $x \to a$ 或 $x \to \infty$ 时，函数 $f(x)$ 与 $g(x)$ 同时趋于零或同时趋于无穷大，那么极限 $\lim\limits_{\substack{x \to a \\ (x \to \infty)}} \dfrac{f(x)}{g(x)}$ 可能存在，也可能不存在，通常把这种极限称为未定式的极限，并简记为 $\dfrac{0}{0}$ 和 $\dfrac{\infty}{\infty}$（注意只是作为记号），称为零比零型和无穷比无穷型未定式．这种极限不能直接用运算法则，下面我们首先给出一个求 $\dfrac{0}{0}$ 和 $\dfrac{\infty}{\infty}$ 型未定式极限的法则——洛必达法则，然后再介绍其他未定式极限的求法．

3.2.1　$\dfrac{0}{0}$ 型未定式的极限

定理 3.2.1　设函数 $f(x)$ 与 $g(x)$ 在 $x = a$ 的某空心邻域内有定义，且满足如下条件：

（1）$\lim\limits_{x \to a} f(x) = \lim\limits_{x \to a} g(x) = 0$；

（2）$f'(x)$ 和 $g'(x)$ 在该邻域内都存在，且 $g'(x) \neq 0$；

（3）$\lim\limits_{x \to a} \dfrac{f'(x)}{g'(x)}$ 存在（或为 ∞），

则

$$\lim_{x \to a} \frac{f(x)}{g(x)} = \lim_{x \to a} \frac{f'(x)}{g'(x)} .$$

此定理可用柯西定理证明.

定理 3.2.1 的结论对于 $x \to \infty$ 时的 $\dfrac{0}{0}$ 型未定式的极限问题同样适用.

例 3.2.1 求 $\lim\limits_{x \to 1} \dfrac{x^{100} - 1}{x - 1}$.

解 $\lim\limits_{x \to 1} \dfrac{x^{100} - 1}{x - 1} = \lim\limits_{x \to 1} \dfrac{100 x^{99}}{1} = 100$.

例 3.2.2 求 $\lim\limits_{x \to 0} \dfrac{\ln(1 + x)}{x^2}$.

解 $\lim\limits_{x \to 0} \dfrac{\ln(1 + x)}{x^2} = \lim\limits_{x \to 0} \dfrac{\dfrac{1}{1 + x}}{2x} = \lim\limits_{x \to 0} \dfrac{1}{2x(1 + x)} = \infty$.

例 3.2.3 求 $\lim\limits_{x \to +\infty} \dfrac{\dfrac{\pi}{2} - \arctan x}{\dfrac{1}{x}}$.

解 $\lim\limits_{x \to +\infty} \dfrac{\dfrac{\pi}{2} - \arctan x}{\dfrac{1}{x}} = \lim\limits_{x \to +\infty} \dfrac{-\dfrac{1}{1 + x^2}}{-\dfrac{1}{x^2}} = \lim\limits_{x \to +\infty} \dfrac{x^2}{1 + x^2} = 1$.

如果 $\lim\limits_{x \to a} \dfrac{f'(x)}{g'(x)}$ 还是 $\dfrac{0}{0}$ 型未定式，且 $f'(x)$ 与 $g'(x)$ 能满足定理中 $f(x)$ 与 $g(x)$ 应满足的条件，则可继续使用洛必达法则. 即有

$$\lim_{x \to a} \frac{f(x)}{g(x)} = \lim_{x \to a} \frac{f'(x)}{g'(x)} = \lim_{x \to a} \frac{f''(x)}{g''(x)} ,$$

且可依此类推，直到求出所要求的极限.

例 3.2.4 求 $\lim\limits_{x \to 0} \dfrac{x^3}{x - \sin x}$.

解 这是 $\dfrac{0}{0}$ 型未定式，于是

$$\lim_{x \to 0} \frac{x^3}{x - \sin x} = \lim_{x \to 0} \frac{3x^2}{1 - \cos x} .$$

上式右端仍是 $\dfrac{0}{0}$ 型未定式，且满足洛必达法则条件，再应用洛必达法则得

$$\lim_{x\to 0}\frac{3x^2}{1-\cos x}=\lim_{x\to 0}\frac{6x}{\sin x}=6 .$$

例 3.2.5　求 $\displaystyle\lim_{x\to 0}\frac{\mathrm{e}^x+\mathrm{e}^{-x}-2}{x^2}$

解　$\displaystyle\lim_{x\to 0}\frac{\mathrm{e}^x+\mathrm{e}^{-x}-2}{x^2}=\lim_{x\to 0}\frac{\mathrm{e}^x-\mathrm{e}^{-x}}{2x}=\lim_{x\to 0}\frac{\mathrm{e}^x+\mathrm{e}^{-x}}{2}=1 .$

此外，在求 $\dfrac{0}{0}$ 型未定式的极限时，也可以同时使用等价无穷小代换.

例 3.2.6　求 $\displaystyle\lim_{x\to 0}\frac{(\mathrm{e}^x-x-1)\arcsin x}{\ln(1+x)(\mathrm{e}^x-1)\tan x}$.

解　$\displaystyle\lim_{x\to 0}\frac{(\mathrm{e}^x-x-1)\arcsin x}{\ln(1+x)(\mathrm{e}^x-1)\tan x}=\lim_{x\to 0}\frac{\mathrm{e}^x-x-1}{x^2}=\lim_{x\to 0}\frac{\mathrm{e}^x-1}{2x}=\frac{1}{2} .$

3.2.2　$\dfrac{\infty}{\infty}$ 型未定式的极限

定理 3.3.2　设函数 $f(x)$ 与 $g(x)$ 在点 $x=a$ 的某空心邻域内有定义，且满足如下条件

（1）$\displaystyle\lim_{x\to a}f(x)=\lim_{x\to a}g(x)=\infty$；

（2）$f'(x)$ 与 $g'(x)$ 在该邻域内都存在，且 $g'(x)\neq 0$；

（3）$\displaystyle\lim_{x\to a}\frac{f'(x)}{g'(x)}$ 存在（或为 ∞），

则

$$\lim_{x\to a}\frac{f(x)}{g(x)}=\lim_{x\to a}\frac{f'(x)}{g'(x)} .$$

例 3.2.7　求 $\displaystyle\lim_{x\to\frac{\pi}{2}}\frac{\tan x}{\tan 3x}$.

解　$\displaystyle\lim_{x\to\frac{\pi}{2}}\frac{\tan x}{\tan 3x}=\lim_{x\to\frac{\pi}{2}}\frac{\sec^2 x}{3\sec^2 3x}=\frac{1}{3}\lim_{x\to\frac{\pi}{2}}\frac{\cos^2 3x}{\cos^2 x}$

$\displaystyle\qquad\qquad=\frac{1}{3}\lim_{x\to\frac{\pi}{2}}\frac{2\cos 3x(-3\sin 3x)}{2\cos x(-\sin x)}$

$\displaystyle\qquad\qquad=\lim_{x\to\frac{\pi}{2}}\frac{\sin 6x}{\sin 2x}=\lim_{x\to\frac{\pi}{2}}\frac{6\cos 6x}{2\cos 2x}=3 .$

定理 3.2.2 的结论对于 $x\to\infty$ 时的 $\dfrac{\infty}{\infty}$ 型未定式的极限问题同样适用.

例 3.2.8 求 $\lim\limits_{x\to+\infty}\dfrac{\ln x}{x^{\mu}}$ （ $\mu>0$ ）.

解 $\lim\limits_{x\to+\infty}\dfrac{\ln x}{x^{\mu}}=\lim\limits_{x\to+\infty}\dfrac{\dfrac{1}{x}}{\mu x^{\mu-1}}=\lim\limits_{x\to+\infty}\dfrac{1}{\mu x^{\mu}}=0$.

例 3.2.9 求 $\lim\limits_{x\to0^{+}}\dfrac{\ln x}{1+\ln\sin x}$.

解 $\lim\limits_{x\to0^{+}}\dfrac{\ln x}{1+\ln\sin x}=\lim\limits_{x\to0^{+}}\dfrac{\dfrac{1}{x}}{\dfrac{\cos x}{\sin x}}=\lim\limits_{x\to0^{+}}\dfrac{\sin x}{x\cos x}=1$.

3.2.3 其他未定式的极限

未定式除 $\dfrac{0}{0}$ 或 $\dfrac{\infty}{\infty}$ 型外，还有 $0\cdot\infty$ 、 $\infty-\infty$ 、 1^{∞} 、 0^{0} 、 ∞^{0} 型等五种类型，这些

未定式都可化为 $\dfrac{0}{0}$ 型或 $\dfrac{\infty}{\infty}$ 型未定式，然后再利用洛必达法则求其极限. 下面我们

通过例子简单说明这类问题的解法.

1. $0\cdot\infty$ 型未定式

设在自变量的某一变化过程中 $f(x)\to0$ ， $g(x)\to\infty$ ，则 $f(x)g(x)$ 可变形为

$$\dfrac{f(x)}{\dfrac{1}{g(x)}}\quad(\dfrac{0}{0}\text{型})\qquad\text{或}\qquad\dfrac{g(x)}{\dfrac{1}{f(x)}}\quad(\dfrac{\infty}{\infty}\text{型}).$$

例 3.2.10 求 $\lim\limits_{x\to0^{+}}x^{3}\ln x$.（ $0\cdot\infty$ 型）

解 $\lim\limits_{x\to0^{+}}x^{3}\ln x=\lim\limits_{x\to0^{+}}\dfrac{\ln x}{\dfrac{1}{x^{3}}}=\lim\limits_{x\to0^{+}}\dfrac{\dfrac{1}{x}}{-\dfrac{3}{x^{4}}}=\lim\limits_{x\to0^{+}}\dfrac{x^{4}}{-3x}=\lim\limits_{x\to0^{+}}\dfrac{-x^{3}}{3}=0$.

2. $\infty-\infty$ 型未定式

例 3.2.11 求 $\lim\limits_{x\to1}\left(\dfrac{x}{x-1}-\dfrac{1}{\ln x}\right)$.（ $\infty-\infty$ 型）

解 $\lim\limits_{x\to1}\left(\dfrac{x}{x-1}-\dfrac{1}{\ln x}\right)=\lim\limits_{x\to1}\dfrac{x\ln x-x+1}{(x-1)\ln x}=\lim\limits_{x\to1}\dfrac{\ln x+1-1}{\dfrac{x-1}{x}+\ln x}$

$$=\lim\limits_{x\to1}\dfrac{\ln x}{1-\dfrac{1}{x}+\ln x}=\lim\limits_{x\to1}\dfrac{\dfrac{1}{x}}{\dfrac{1}{x^{2}}+\dfrac{1}{x}}=\dfrac{1}{2}\ .$$

3. 1^∞、0^0、∞^0型未定式

由于它们是来源于幂指函数 $f(x)^{g(x)}$ 的极限，因此通常可用取对数的方法或利用 $f(x)^{g(x)} = e^{g(x)\ln f(x)}$ 公式化为 $0 \cdot \infty$ 型未定式，再化为 $\dfrac{0}{0}$ 型或 $\dfrac{\infty}{\infty}$ 型求解.

例 3.2.12 求 $\lim\limits_{x \to 0^+} x^x$.（$0^0$ 型）

解 $\lim\limits_{x \to 0^+} x^x = \lim\limits_{x \to 0^+} e^{x\ln x} = e^{\lim\limits_{x \to 0^+} x\ln x}$,

而 $$\lim\limits_{x \to 0^+} x\ln x = \lim\limits_{x \to 0^+} \frac{\ln x}{\dfrac{1}{x}} = \lim\limits_{x \to 0^+} \frac{\dfrac{1}{x}}{-\dfrac{1}{x^2}} = \lim\limits_{x \to 0^+}(-x) = 0,$$

所以 $$\lim\limits_{x \to 0^+} x^x = e^0 = 1.$$

例 3.2.13 求 $\lim\limits_{x \to 0^+}(\cot x)^{\sin x}$.（$\infty^0$ 型）

解 设 $y = (\cot x)^{\sin x}$,

两边取对数 $$\ln y = \sin x \ln \cot x,$$

于是 $$y = e^{\sin x \ln \cot x},$$

而 $$\lim\limits_{x \to 0^+} \ln y = \lim\limits_{x \to 0^+} \sin x \ln \cot x = \lim\limits_{x \to 0^+} \frac{\ln \cot x}{\dfrac{1}{\sin x}}$$

$$= \lim\limits_{x \to 0^+} \frac{\dfrac{1}{\cot x}\dfrac{-1}{\sin^2 x}}{-\dfrac{1}{\sin^2 x}\cos x}$$

$$= \lim\limits_{x \to 0^+} \frac{\sin x}{\cos^2 x} = 0,$$

所以 $\lim\limits_{x \to 0^+}(\cot x)^{\sin x} = \lim\limits_{x \to 0^+} y = \lim\limits_{x \to 0^+} e^{\ln y} = e^0 = 1.$

例 3.2.14 求 $\lim\limits_{x \to e}(\ln x)^{\frac{1}{1-\ln x}}$.（$1^\infty$ 型）

解 设 $y = (\ln x)^{\frac{1}{1-\ln x}}$，则 $\ln y = \dfrac{1}{1-\ln x}\ln(\ln x)$,

即 $$y = e^{\frac{1}{1-\ln x}\ln(\ln x)}.$$

因为 $$\lim\limits_{x \to e} \ln y = \lim\limits_{x \to e} \frac{\ln \ln x}{1 - \ln x} = \lim\limits_{x \to e} \frac{\dfrac{1}{\ln x}\cdot\dfrac{1}{x}}{-\dfrac{1}{x}}$$

$$= \lim_{x \to e}\left(-\frac{1}{\ln x}\right) = -1,$$

所以
$$\lim_{x \to e}(\ln x)^{\frac{1}{1-\ln x}} = e^{-1}.$$

在使用洛必达法则求极限时，要注意以下几个问题：

（1）每次使用法则之前，必须检验是否属于 $\dfrac{0}{0}$ 型或 $\dfrac{\infty}{\infty}$ 型未定式，若不是未定式，就不能使用法则；

（2）如果有可约因子，或有非零极限值的乘积因子，则可先行约去或提出，以简化计算.

（3）法则中的条件是充分而非必要的，遇到 $\lim \dfrac{f'(x)}{g'(x)}$ 不存在时，不能断言 $\lim \dfrac{f(x)}{g(x)}$ 不存在，此时洛必达法则失效，需另寻其他方法处理.

例如
$$\lim_{x \to \infty}\frac{x+\sin x}{x} = \lim_{x \to \infty}\frac{1+\cos x}{1} = \lim_{x \to \infty}(1+\cos x),$$

上式右端的极限不存在，但不能由此说原极限不存在. 事实上，

$$\lim_{x \to \infty}\frac{x+\sin x}{x} = \lim_{x \to \infty}\left(1+\frac{\sin x}{x}\right) = 1+0 = 1.$$

习题 3.2

1. 利用洛必达法则求下列极限：

（1）$\displaystyle\lim_{x \to \frac{\pi}{2}}\frac{\sin x - 1}{x - \frac{\pi}{2}}$；

（2）$\displaystyle\lim_{x \to 0}\frac{e^x - e^{-x}}{\sin x}$；

（3）$\displaystyle\lim_{x \to 1}\frac{x^{20} - 3x + 2}{x - 1}$；

（4）$\displaystyle\lim_{x \to 0}\frac{e^x - e^{-x} - 2x}{x - \sin x}$；

（5）$\displaystyle\lim_{x \to +\infty}\frac{\ln\left(1+\dfrac{1}{x}\right)}{\operatorname{arccot} x}$；

（6）$\displaystyle\lim_{x \to 0}\frac{e^{x^3} - 1}{x(1 - \cos x)}$；

（7）$\displaystyle\lim_{x \to 0^+}\frac{\ln \sin 3x}{\ln \tan x}$；

（8）$\displaystyle\lim_{x \to +\infty}\frac{x^2 + \ln x}{x \ln x}$；

（9）$\displaystyle\lim_{x \to 0} x \cot x$；

（10）$\displaystyle\lim_{x \to 1}(1-x)\tan\frac{\pi x}{2}$；

（11）$\displaystyle\lim_{x \to 0}\left(\frac{1}{x} - \frac{1}{\sin x}\right)$；

（12）$\displaystyle\lim_{x \to 0}\left(\frac{1}{x} - \frac{1}{e^x - 1}\right)$；

（13）$\displaystyle\lim_{x \to 1} x^{\frac{1}{1-x}}$；

（14）$\displaystyle\lim_{x \to 0^+}(\tan x)^{\sin x}$；

（15）$\lim\limits_{x\to+\infty}\left(\dfrac{2}{\pi}\arctan x\right)^{x}$；   （16）$\lim\limits_{x\to 0}(x+\mathrm{e}^{x})^{\frac{1}{x}}$.

2．讨论函数

$$f(x)=\begin{cases}\left[\dfrac{(1+x)^{\frac{1}{x}}}{\mathrm{e}}\right]^{\frac{1}{x}}, & x>0,\\[4mm] \mathrm{e}^{-\frac{1}{2}}, & x\leqslant 0\end{cases}$$

在 $x=0$ 处的连续性.

3．验证极限 $\lim\limits_{x\to 0}\dfrac{x^{2}\sin\dfrac{1}{x}}{\sin x}$，$\lim\limits_{x\to 0}\dfrac{x+\sin x}{x}$ 都存在，但不能使用洛必达法则证明.

3.3　函数的单调性、极值和最值

在第 1 章中已经介绍了函数在区间单调的概念，用定义判定函数的单调性是比较困难的，现在我们以中值定理为依据，利用导数来研究函数的单调性，并利用导数求函数的极值与最值.

3.3.1　函数的单调性

由图 3.3 可以看出，如果曲线 $y=f(x)$ 在区间 (a,b) 内每一点处的切线斜率都是正的，则曲线是上升的，即函数 $y=f(x)$ 在 (a,b) 内单调增加；如果每一点处的切线斜率都是负的，则曲线是下降的，即函数 $y=f(x)$ 在 (a,b) 内单调减少. 由此可见，函数的单调性与导数的符号有着密切的联系. 为此可以利用导数的符号判定函数的单调性.

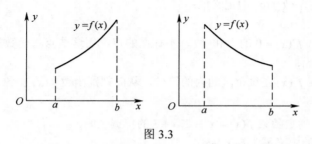

图 3.3

定理 3.3.1　设函数 $y=f(x)$ 在闭区间 $[a,b]$ 上连续，在开区间 (a,b) 内可导.

（1）如果在 (a,b) 内 $f'(x)>0$，则函数 $f(x)$ 在 $[a,b]$ 上单调增加；

（2）如果在 (a,b) 内 $f'(x)<0$，则函数 $f(x)$ 在 $[a,b]$ 上单调减少.

证明　设 x_1，x_2 是 $[a,b]$ 上任意两点，且 $x_1<x_2$. 因为 $f(x)$ 在 $[a,b]$ 上满足拉格

朗日中值定理的条件，故有

$$f(x_2) - f(x_1) = f'(\xi)(x_2 - x_1) \quad (x_1 < \xi < x_2).$$

对于定理 3.3.1 中的（1），因为 $f'(\xi) > 0$，$x_2 - x_1 > 0$，于是可推出 $f(x_2) > f(x_1)$，所以 $f(x)$ 在 $[a,b]$ 上单调增加.

类似地可证明（2）.

定理中的区间可以换成其他各种区间（包括无穷区间），当 $f(x)$ 在某区间的个别点处导数为零，而在其余各点处导数都为正（或负）时，那么 $f(x)$ 在该区间上仍是单调增加（或单调减少）的.

例 3.3.1 判断函数 $y = x^5$ 在 $(-\infty, +\infty)$ 上的单调性.

解 $y' = 5x^4 \geqslant 0$，$x \in (-\infty, +\infty)$，

所以函数 $y = x^5$ 在 $(-\infty, +\infty)$ 上单调增加.

例 3.3.2 判断函数 $y = \sqrt[3]{x^2}$ 的单调性.

解 函数的定义域为 $(-\infty, +\infty)$，

$$y' = \frac{2}{3}x^{-\frac{1}{3}} = \frac{2}{3}\frac{1}{\sqrt[3]{x}} \quad (x \neq 0),$$

在 $(-\infty, 0)$ 内，$y' < 0$，所以函数 $y = \sqrt[3]{x^2}$ 在 $(-\infty, 0]$ 上单调减少，

在 $(0, +\infty)$ 内，$y' > 0$，所以函数 $y = \sqrt[3]{x^2}$ 在 $[0, +\infty)$ 上单调增加.

上题中，$x = 0$（函数 $y = \sqrt[3]{x^2}$ 的不可导点）是函数 $y = \sqrt[3]{x^2}$ 的单调区间的分界点，但不可导点未必是单调区间的分界点，如 $x = 0$ 不是 $y = \sqrt[3]{x}$ 单调区间的分界点.

此外，导数为零的点也可能是单调区间的分界点，如 $x = 0$ 是 $y = x^4$ 但不是 $y = x^5$ 单调区间的分界点.

综上所述，求函数的单调区间的步骤如下：

（1）确定函数 $f(x)$ 的定义域；

（2）求 $f'(x)$；

（3）求出 $f'(x) = 0$ 的点和 $f'(x)$ 不存在的点，用这些点将函数的定义域划分为若干个子区间；

（4）考察 $f'(x)$ 在每个区间内的符号，从而判别函数 $f(x)$ 在各子区间内的单调性.

例 3.3.3 确定函数 $f(x) = x^3 - 27x + 3$ 的单调区间.

解 函数的定义域为 $(-\infty, +\infty)$，且

$$f'(x) = 3x^2 - 27 = 3(x - 3)(x + 3).$$

令 $f'(x) = 0$，得 $x_1 = -3$，$x_2 = 3$.

列表讨论如下.

x	$(-\infty,-3)$	-3	$(-3,3)$	3	$(3,+\infty)$
$f'(x)$	+	0	−	0	+
$f(x)$	↑		↓		↑

从而函数的单调增加区间为 $(-\infty,-3]$，$[3,+\infty)$；单调减少区间为 $[-3,3]$.

例 3.3.4 求函数 $f(x)=x-\dfrac{3}{2}\sqrt[3]{x^2}$ 的单调区间.

解 函数的定义域为 $(-\infty,+\infty)$，且

$$f'(x)=1-x^{-\frac{1}{3}}=\frac{\sqrt[3]{x}-1}{\sqrt[3]{x}}.$$

令 $f'(x)=0$，得 $x=1$.

当 $x=0$ 时，$f'(x)$ 不存在.

列表讨论如下.

x	$(-\infty,0)$	0	$(0,1)$	1	$(1,+\infty)$
$f'(x)$	+	不存在	−	0	+
$f(x)$	↑		↓		↑

从而函数的单调增加区间为 $(-\infty,0]$，$[1,+\infty)$；单调减少区间为 $[0,1]$.

利用函数的单调性还可以证明某些不等式.

例 3.3.5 证明当 $x>1$ 时，不等式 $2\sqrt{x}>3-\dfrac{1}{x}$ 成立.

证明 设 $f(x)=2\sqrt{x}-3+\dfrac{1}{x}$，则

$$f(1)=0,\quad f'(x)=\frac{1}{\sqrt{x}}-\frac{1}{x^2}.$$

因为当 $x>1$ 时，$f'(x)>0$，所以 $f(x)$ 在 $[1,+\infty)$ 上单调增加.

因此当 $x>1$ 时，$f(x)>f(1)=0$，则有

$$2\sqrt{x}-3+\frac{1}{x}>0,$$

即

$$2\sqrt{x}>3-\frac{1}{x}\quad(x>1).$$

例 3.3.6 证明函数 $f(x)=x+\ln x$ 在定义域 $(0,+\infty)$ 内有唯一零点.

证明 $f(x)=x+\ln x$ 在定义域 $(0,+\infty)$ 内处处可导，且

$$f'(x)=1+\frac{1}{x}>0,$$

因此 $f(x)$ 在 $(0,+\infty)$ 内严格单调增加.

又由 $f\left(\dfrac{1}{e}\right)=\dfrac{1}{e}-1<0$，$f(1)=1>0$，

所以，由连续函数的零点定理，$f(x)$ 在 $\left[\dfrac{1}{e},1\right]$ 上至少有一个零点，因此函数 $f(x)=x+\ln x$ 在定义域内 $(0,+\infty)$ 有唯一零点.

3.3.2 函数的极值

在实际中，常常会遇到这样一类问题：在一定条件下，怎样使"材料最省"，"成本最低"，"效率最高"或"投资最少"等. 这类问题在数学上归结为求函数的最大值或最小值问题.

为了讨论最大值、最小值问题，我们先来研究函数的极值.

定义 3.3.1 设函数 $y=f(x)$ 在点 x_0 的某邻域内有定义，若对此邻域内任一点 x（$x\neq x_0$），均有 $f(x)<f(x_0)$，则称 $f(x_0)$ 是函数 $f(x)$ 的一个极大值；若对此邻域内任一点 x（$x\neq x_0$），均有 $f(x)>f(x_0)$，则称 $f(x_0)$ 是函数 $f(x)$ 的一个极小值.

函数的极大值与极小值统称为函数的极值，使函数取得极值的点称为极值点.

说明：函数的极值概念是局部性的，函数在点 x_0 取得极大（或极小）值，仅表示在局部范围内 $f(x_0)$ 大于（或小于）x_0 邻近处的函数值，这与函数在某个区间上的最大（或最小）值的概念不同，最大值、最小值是指一个区间上的整体性质，如图 3.4 中，x_1，x_4 分别是函数的极大值点与极小值点，但相应的函数值并不是整个区间 $[a,b]$ 上的最大值与最小值. 另外，从整体来看，同一个函数，它的某些极小值可能大于它的某些极大值，如图 3.4 中，函数 $f(x)$ 的极小值 $f(x_4)$ 就大于它的极大值 $f(x_1)$.

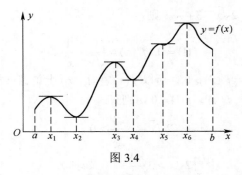

图 3.4

从图 3.4 中还可以看出，在函数取得极值处，曲线上的切线都是水平的，由此可得函数取得极值的必要条件.

定理 3.3.2 如果函数 $f(x)$ 在 x_0 处的导数存在，且在 x_0 处取得极值，则 $f'(x_0)=0$.

证明 不妨设函数 $f(x)$ 在 x_0 处取得极大值，即存在点 x_0 的某一邻域，对此邻域内任一点 x（$x\neq x_0$），均有 $f(x)<f(x_0)$.

因为 $f(x)$ 在 x_0 处的导数存在，所以有

$$f'(x_0) = \lim_{x \to x_0} \frac{f(x) - f(x_0)}{x - x_0} .$$

根据 $f(x)$ 在 x_0 处可导的充要条件及极限的保号性，得

$$f'(x_0) = f'_-(x_0) = \lim_{x \to x_0^-} \frac{f(x) - f(x_0)}{x - x_0} \geqslant 0 ,$$

$$f'(x_0) = f'_+(x_0) = \lim_{x \to x_0^+} \frac{f(x) - f(x_0)}{x - x_0} \leqslant 0 ,$$

所以， $f'(x_0) = 0$.

类似可证 $f(x)$ 在 x_0 处取得极小值时 $f'(x_0) = 0$.

使函数的导数值为零的点称为驻点（或稳定点、临界点）.

通过求解方程 $f'(x) = 0$ ，即可找出函数 $f(x)$ 的所有驻点.

定理 3.3.2 表明，可导函数的极值点必是驻点，但反过来，函数的驻点却不一定是极值点.

从图 3.4 中可看出，使 $f'(x) = 0$ 的点 x 共有 6 个，但取得极值的点只有 5 个：$f(x)$ 在点 x_1、x_3 和 x_6 取得极大值，在点 x_2 和 x_4 取得极小值，而 $f(x_5)$ 既不是极大值也不是极小值.

此外，不可导的点也可能是函数的极值点.

综上所述，函数的驻点和不可导点是可能的极值点. 那么怎样来判别这些点是否为极值点呢？

由图 3.4 看出，如驻点 x_0 左侧邻近函数单调增加，而 x_0 右侧邻近函数单调减少，则函数 $f(x)$ 在点 x_0 处取得极大值；反之若 x_0 左侧邻近函数单调减少，x_0 右侧邻近函数单调增加，则函数 $f(x)$ 在点 x_0 处取得极小值.

由函数单调性与导数的符号之间的关系，可进一步得到用一阶导数来判定驻点或不可导点 x_0 是否为极值点的方法.

定理 3.3.3 设函数 $f(x)$ 在点 x_0 的某空心邻域内可导，x_0 为 $f(x)$ 的驻点（即 $f'(x_0) = 0$ ）或不可导点：

（1）若当 $x < x_0$ 时， $f'(x) > 0$ ；当 $x > x_0$ 时， $f'(x) < 0$ ，则 $f(x_0)$ 是 $f(x)$ 的极大值；

（2）若当 $x < x_0$ 时， $f'(x) < 0$ ；当 $x > x_0$ 时， $f'(x) > 0$ ，则 $f(x_0)$ 是 $f(x)$ 的极小值；

（3）若在 x_0 两侧 $f'(x)$ 的符号相同，则 $f(x_0)$ 不是 $f(x)$ 的极值.

根据以上两个定理，可按下列步骤求 $f(x)$ 的极值点和极值.

（1）求函数 $f(x)$ 的定义域（或给定区间）；

（2）求出导数 $f'(x)$ ；

（3）求出全部 $f'(x) = 0$ 的点和 $f'(x)$ 不存在的点；

（4）列表讨论，考察在（3）中的点处是否取得极值，是极大值还是极小值；

（5）求出各极值点处的函数值，就得到函数 $f(x)$ 的全部极值.

例 3.3.7 求函数 $f(x) = x^3 - 3x^2 - 9x + 5$ 的极值.

解 函数的定义域为 $(-\infty, +\infty)$，

$$f'(x) = 3x^2 - 6x - 9 = 3(x+1)(x-3).$$

令 $f'(x) = 0$，得驻点 $x_1 = -1$，$x_2 = 3$.

驻点将定义域分成三部分，确定各区间内 $f'(x)$ 的符号，从而判定各驻点是否为极值点. 列表讨论如下.

x	$(-\infty, -1)$	-1	$(-1, 3)$	3	$(3, +\infty)$
$f'(x)$	$+$	0	$-$	0	$+$
$f(x)$	↗	有极大值	↘	有极小值	↗

可见，函数 $f(x)$ 在 $x = -1$ 处取得极大值 $f(-1) = 10$；在 $x = 3$ 处取得极小值 $f(3) = -22$.

例 3.3.8 求函数 $f(x) = x^2 + 1 - 2\ln x$ 的极值.

解 函数的定义域为 $(0, +\infty)$，$f'(x) = 2x - 2\dfrac{1}{x} = 2\dfrac{x^2 - 1}{x}$.

令 $f'(x) = 0$，得驻点 $x = 1$（$x = -1$ 舍去）.

当 $0 < x < 1$ 时，$f'(x) < 0$；当 $1 < x < +\infty$ 时，$f'(x) > 0$.

可见，函数 $f(x)$ 在 $x = 1$ 处取得极小值 $f(1) = 2$.

例 3.3.9 求函数 $f(x) = x - \dfrac{3}{2}\sqrt[3]{x^2}$ 的极值.

解 函数的定义域为 $(-\infty, +\infty)$，

$$f'(x) = 1 - x^{-\frac{1}{3}} = \frac{\sqrt[3]{x} - 1}{\sqrt[3]{x}}.$$

令 $f'(x) = 0$，得 $x = 1$.

当 $x = 0$ 时，$f'(x)$ 不存在.

列表讨论如下.

x	$(-\infty, 0)$	0	$(0, 1)$	1	$(1, +\infty)$
$f'(x)$	$+$	不存在	$-$	0	$+$
$f(x)$	↗	有极大值	↘	有极小值	↗

从而，函数的极大值为 $f(0) = 0$，极小值为 $f(1) = -\dfrac{1}{2}$.

还可用二阶导数的符号来判别函数的驻点是否为极值点.

定理 3.3.4 设函数 $f(x)$ 在点 x_0 处具有二阶导数，且 $f'(x_0) = 0$，$f''(x_0) \neq 0$，则

（1）当 $f''(x_0) < 0$ 时，函数 $f(x)$ 在点 x_0 处取得极大值；

（2）当 $f''(x_0) > 0$ 时，函数 $f(x)$ 在点 x_0 处取得极小值.

证明 在情形（1）中，由于 $f''(x_0) < 0$，按二阶导数的定义有

$$f''(x_0) = \lim_{x \to x_0} \frac{f'(x) - f'(x_0)}{x - x_0} < 0.$$

根据函数极限的局部保号性，当 x 在 x_0 的足够小的去心邻域内时，

$$\frac{f'(x) - f'(x_0)}{x - x_0} < 0.$$

因为 $f'(x_0) = 0$，所以上式即

$$\frac{f'(x)}{x - x_0} < 0.$$

从而知道，对于去心邻域内的 x 来说，$f'(x)$ 与 $x - x_0$ 符号相反. 因此，当 $x - x_0 < 0$ 即 $x < x_0$ 时，$f'(x) > 0$；当 $x - x_0 > 0$ 即 $x > x_0$ 时，$f'(x) < 0$；于是根据定理 3.3.3 可知，函数 $f(x)$ 在点 x_0 处取得极大值.

类似地，可以证明情况（2）.

此定理表明，如果 $f(x)$ 在驻点 x_0 处的二阶导数 $f''(x_0) \neq 0$，那么该驻点 x_0 一定是极值点，并且可由 $f''(x_0)$ 的符号确定 $f(x_0)$ 是极大值还是极小值. 但是当 $f''(x_0) = 0$ 时，此定理失效，要用定理 3.3.3 进行判定.

例 3.3.10 求函数 $f(x) = (x^2 - 1)^3 + 1$ 的极值.

解 $f'(x) = 6x(x^2 - 1)^2$，$f''(x) = 6(x^2 - 1)(5x^2 - 1)$.

令 $f'(x) = 0$，得 $x_1 = 0$，$x_2 = 1$，$x_3 = -1$.

因 $f''(0) = 6 > 0$，所以 $f(0) = 0$ 是函数的极小值.

又 $f''(-1) = f''(1) = 0$，此时定理 3.3.4 失效，仍用定理 3.3.3 判定.

当 $x < -1$ 时，$f'(x) < 0$；当 $-1 < x < 0$ 时，$f'(x) < 0$. 因经过 $x = -1$ 时，导数 $f'(x)$ 的符号不变，所以 $f(x)$ 在 $x = -1$ 处没有极值.

同理，$f(x)$ 在 $x = 1$ 处也没有极值.

例 3.3.11 试问 a 为何值时，函数 $f(x) = a\sin x + \frac{1}{3}\sin 3x$ 在 $x = \frac{\pi}{3}$ 处取得极值？它是极大值还是极小值？并求此极值.

解 函数 $f(x) = a\sin x + \frac{1}{3}\sin 3x$ 处处可导，且

$$f'(x) = a\cos x + \cos 3x.$$

函数在 $x = \frac{\pi}{3}$ 处取得极值，则 $f'\left(\frac{\pi}{3}\right) = 0$，即 $a\cos\frac{\pi}{3} + \cos\pi = 0$，故 $a = 2$.

又因为 $f''(x) = -2\sin x - 3\sin 3x$ ， $f''\left(\dfrac{\pi}{3}\right) = -2\sin\dfrac{\pi}{3} - 3\sin\pi = -\sqrt{3} < 0$ ，

因此， $f\left(\dfrac{\pi}{3}\right) = 2\sin\dfrac{\pi}{3} + 3\sin\pi = \sqrt{3}$ 为极大值.

3.3.3 函数的最大值和最小值

函数在区间 $[a,b]$ 上的最大值与最小值是全局性的概念，是函数在所考察的区间上全部函数值中的最大者和最小者，这与极值的概念是有区别的.

连续函数在区间 $[a,b]$ 上的最大值与最小值可通过比较如下几类点的函数值得到：

（1）端点处的函数值 $f(a)$ ， $f(b)$ ；

（2）开区间 (a,b) 内，使 $f'(x)=0$ 的点的函数值；

（3）开区间 (a,b) 内，使 $f'(x)$ 不存在的点的函数值.

这些值中最大的就是函数在 $[a,b]$ 上的最大值，最小的就是函数在 $[a,b]$ 上的最小值.

例 3.3.12 求函数 $f(x) = \dfrac{x^3}{3} - x^2 - 3x$ 在 $[-2,6]$ 上的最大值与最小值.

解 因 $f'(x) = x^2 - 2x - 3 = (x+1)(x-3)$ ，令 $f'(x)=0$ ，得 $x_1 = -1$ ， $x_2 = 3$ ，没有不可导的点，且 $f(-1) = \dfrac{5}{3}$ ， $f(3) = -9$ ，端点处的函数值分别为 $f(-2) = -\dfrac{2}{3}$ ， $f(6) = 18$. 故 $f(x)$ 在 $[-2,6]$ 上的最大值为 $f(6) = 18$ ，最小值为 $f(3) = -9$.

在下列特殊情况下，求最大值最小值的方法为：

（1）若 $f(x)$ 在区间 $[a,b]$ 上单调增加且连续，则 $f(a)$ 是最小值， $f(b)$ 是最大值；若 $f(x)$ 在区间 $[a,b]$ 上单调减少且连续，则 $f(a)$ 是最大值， $f(b)$ 是最小值.

（2）若 $f(x)$ 在 $[a,b]$ 上连续，且在 (a,b) 内部只有一个驻点 x_0 ，则当 x_0 是极大值点时， $f(x_0)$ 是最大值，当 x_0 是极小值点时， $f(x_0)$ 是最小值.

（3）实际问题中往往根据问题的性质便可断定可导函数 $f(x)$ 在其区间内部确有最大值（或最小值），而当 $f(x)$ 在此区间内部又只有一个驻点 x_0 时，立即可断定 $f(x_0)$ 就是所求的最大值（或最小值）.

例 3.3.13 问函数 $f(x) = \dfrac{x}{x^2+1}$ （ $x \geq 0$ ）在何处取得最大值？

解 函数在 $[0,+\infty)$ 上可导，且

$$f'(x) = \frac{x^2+1-x\cdot 2x}{(x^2+1)^2} = \frac{1-x^2}{(x^2+1)^2} ，$$

$$f''(x) = \frac{-2x(3-x^2)}{(x^2+1)^3} .$$

令 $f'(x) = 0$，得驻点 $x = -1$（舍去），$x = 1$.

由　$f''(1) = \dfrac{-4}{8} = -\dfrac{1}{2} < 0$，知 $x = 1$ 为极大值点.

又因为函数在 $[0, +\infty)$ 上的驻点唯一，故极大值点就是最大值点，即 $x = 1$ 为最大值点，且最大值为 $f(1) = \dfrac{1}{2}$.

在工农业生产、经济管理和经济核算中，常常要解决在一定条件下，怎样使投入最小、产出最多、成本最低、效益最高、利润最大等问题. 这些问题反映在数学上就是求函数最大值和最小值问题.

例 3.3.14　用一块边长为 1 米的正方形铁皮，在四角各剪去一个相等的小正方形，如图 3.5 所示，制作一只无盖油箱，问在四周剪去多大的正方形才能使容积最大？

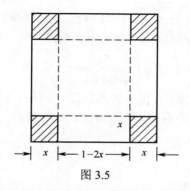

图 3.5

解　设在正方形铁皮的四角截去的小正方形的边长为 x，则油箱的容积为

$$V = (1 - 2x)^2 \cdot x \quad \left(0 < x < \dfrac{1}{2}\right),$$

$0 < x < \dfrac{1}{2}$ 是由问题的实际意义确定的，于是问题转化为在区间 $\left(0, \dfrac{1}{2}\right)$ 内，求函数 V 的最大值.

$$\begin{aligned} V' &= 2(1 - 2x)(-2) \cdot x + (1 - 2x)^2 \\ &= (1 - 2x)(1 - 6x), \end{aligned}$$

令 $V' = 0$，得 $x_0 = \dfrac{1}{6}$，$x_1 = \dfrac{1}{2}$（舍）. 所以 V 在 $\left(0, \dfrac{1}{2}\right)$ 内只有一个驻点 $x_0 = \dfrac{1}{6}$.

根据题意，最大容积一定存在，所以此驻点就是 V 的最大值点. 因此，当截去的小正方形的边长为 $\dfrac{1}{6}$ 米时，所得油箱的容积最大.

例 3.3.15　如图 3.6 所示，工厂 A 到铁路的垂直距离 AB 为 20 km，铁路线上

从垂足 B 到火车站 C 的长度 BC 为 100km. 今要在 BC 线上选定一点 M 作为转运站向工厂修筑一条公路，已知在铁路上运送每吨公里货物的运费与在公路上运送每吨公里货物的运费之比为 $3:5$，为使产品从工厂 A 运到火车站 C 的运费最省，问 M 点应选在何处？

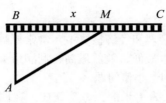

图 3.6

解 设 BM 长为 x（km），根据题意，总运费 y 与 x 间的函数关系为

$$y = 5k\sqrt{20^2 + x^2} + 3k(100 - x) \qquad （0 \leqslant x \leqslant 100），$$

其中 k 为比例系数. 于是问题转化为求函数 y 在 $[0,100]$ 上的最小值问题. 因为

$$y' = \left(\frac{5x}{\sqrt{400 + x^2}} - 3 \right) k，$$

令 $y' = 0$，得 $x_0 = 15$. 因为 y 在 $[0,100]$ 内只有一个驻点 $x_0 = 15$，由题意，最小值存在，故此驻点就是 y 的最小值点. 因此 M 点应选在离 B 为 15km 处使运费最省.

习题 3.3

1. 判断下列函数的单调性.

（1）$f(x) = x - \sin x$；

（2）$f(x) = e^x + 1$；

（3）$f(x) = \arctan x - x$；

（4）$f(x) = \dfrac{\ln x}{x}$.

2. 确定下列函数的单调区间.

（1）$f(x) = x^3 - 3x + 1$；

（2）$f(x) = 2x^2 - \ln x$；

（3）$f(x) = x - e^x$；

（4）$f(x) = \ln(x + \sqrt{x^2 + 1})$.

3. 证明下列不等式.

（1）当 $x > 0$ 时，$1 + \dfrac{1}{2}x > \sqrt{1 + x}$；

（2）当 $x > 0$ 时，$1 + x\ln(x + \sqrt{1 + x^2}) > \sqrt{1 + x^2}$.

4. 求下列函数的极值.

（1）$f(x) = 2 + x - x^2$；

（2）$f(x) = 2x^3 - 6x^2 - 18x + 7$；

（3）$f(x) = x - \ln x$；

（4）$f(x) = \arctan x - \dfrac{1}{2}\ln(1 + x^2)$；

（5）$f(x) = x + \sqrt{1 - x}$；

（6）$f(x) = 3 - 2(x + 1)^{\frac{1}{3}}$.

5. 求下列函数在所给区间上的最大值与最小值.

（1）$y = 2x^3 - 3x^2$, $[-1,4]$；　　　　（2）$y = x + \sqrt{1-x}$, $[-5,1]$；

（3）$y = x^4 - 2x^2 + 5$, $[-2,2]$；　　　（4）$y = \arctan\dfrac{1-x}{1+x}$, $[0,1]$.

6. 问函数 $y = x^2 - \dfrac{54}{x}$（$x < 0$）在何处取得最小值？

7. 某车间要靠墙壁盖一间长方形小屋, 现有存砖只够砌 20m 长的墙壁. 问应围成怎样的长方形才能使这间小屋的面积最大？

8. 一房地产公司有 50 套公寓要出租. 当月租金为 1000 元时, 公寓会全部租出去. 当月租金每增加 50 元, 就会多一套公寓租不出去, 而租出去的公寓每月需花费 100 元的维修费. 试问将房租定为多少可获得最大收入？

9. 已知制作一个背包的成本为 40 元, 如果每一个背包的售价为 x 元, 售出的背包数由

$$n = \frac{a}{x-40} + b(80-x)$$

给出, 其中 a、b 为正常数. 问什么样的售价能带来最大利润？

10. 试证明：如果函数 $y = ax^3 + bx^2 + cx + d$ 满足条件 $b^2 - 3ac < 0$, 那么这个函数没有极值.

3.4　曲线的凹凸性与拐点

利用一阶导数的符号可判别函数的升降, 即若在某一区间 $f'(x) > 0$（或 < 0）, 则相应的那段曲线弧是上升（或下降）的；虽然这样, 曲线弧的形状还可有多种不同的情形, 例如是凹形或是凸形等. 下面我们利用二阶导数的符号来判别曲线的弯曲方向, 即凹凸性, 首先给出曲线的凹凸的定义.

定义 3.4.1　在某一区间内, 如果曲线弧位于其上每一点处切线的上方, 则称曲线弧在该区间是凹的（如图 3.7（a）所示）；

如果曲线弧位于其上每一点处切线的下方, 则称曲线弧在该区间是凸的（如图 3.7（b）所示）.

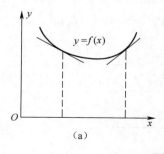
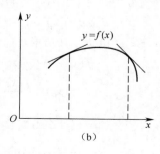

图 3.7

考察函数在任意两点 x_1、x_2，以及 $\dfrac{x_1+x_2}{2}$ 点处的函数值，可以有如下的等价定义：

等价定义　设函数 $f(x)$ 在某一区间连续，如果对于该区间内任意两点 x_1、x_2，恒有

$$f\left(\frac{x_1+x_2}{2}\right)<\frac{f(x_1)+f(x_2)}{2}\,,$$

那么，称函数 $f(x)$ 在该区间的图形即曲线弧是凹的；如果恒有

$$f\left(\frac{x_1+x_2}{2}\right)>\frac{f(x_1)+f(x_2)}{2}\,,$$

那么，称函数 $f(x)$ 在该区间的图形即曲线弧是凸的.

由图 3.7 可以看出，对于凹曲线，其切线斜率 $f'(x)$ 是递增函数，应有 $f''(x)\geqslant 0$；对于凸曲线，其切线斜率 $f'(x)$ 是递减函数，应有 $f''(x)\leqslant 0$. 这就启发我们能否用函数 $f(x)$ 的二阶导数的正、负号判断曲线的凹凸性，事实上，有如下定理：

定理 3.4.1　（曲线凹凸性的判别法）

设函数 $f(x)$ 在 $[a,b]$ 上连续，在 (a,b) 内具有二阶导数，那么

（1）若在 (a,b) 内 $f''(x)>0$，则曲线弧 $y=f(x)$ 在 $[a,b]$ 上是凹的；

（2）若在 (a,b) 内 $f''(x)<0$，则曲线弧 $y=f(x)$ 在 $[a,b]$ 上是凸的.

证明　在情形（1）中，设 x_1，x_2 为 $[a,b]$ 内任意两点，且 $x_1<x_2$，记 $\dfrac{x_1+x_2}{2}=x_0$，并记 $x_2-x_0=x_0-x_1=h$，则 $x_1=x_0-h$，$x_2=x_0+h$，由拉格朗日中值公式得

$$f(x_0+h)-f(x_0)=f'(x_0+\theta_1 h)h\,,$$
$$f(x_0)-f(x_0-h)=f'(x_0-\theta_2 h)h\,,$$

其中 $0<\theta_1<1$，$0<\theta_2<1$. 两式相减，即得

$$f(x_0+h)+f(x_0-h)-2f(x_0)=\left[f'(x_0+\theta_1 h)-f'(x_0-\theta_2 h)\right]h\,,$$

对 $f'(x)$ 在区间 $[x_0-\theta_2 h,x_0+\theta_1 h]$ 上再利用拉格朗日中值公式，得

$$\left[f'(x_0+\theta_1 h)-f'(x_0-\theta_2 h)\right]h=f''(\xi)(\theta_1+\theta_2)h^2\,,$$

其中 $x_0-\theta_2 h<\xi<x_0+\theta_1 h$. 按情形（1）的假设，$f''(\xi)>0$，故有

$$f(x_0+h)+f(x_0-h)-2f(x_0)>0\,,$$

即

$$f(x_0)<\frac{f(x_0+h)+f(x_0-h)}{2}\,,$$

亦即

$$f\left(\frac{x_1+x_2}{2}\right)<\frac{f(x_1)+f(x_2)}{2}\,,$$

所以曲线弧 $y=f(x)$ 在 $[a,b]$ 上是凹的.

类似地可证明情形（2）.

例 3.4.1 讨论曲线 $y = \dfrac{1}{x}$ 的凹凸性.

解 函数 $y = \dfrac{1}{x}$ 的定义域为 $(-\infty, 0) \cup (0, +\infty)$，且 $y' = -\dfrac{1}{x^2}$，$y'' = \dfrac{2}{x^3}$.

当 $x \in (-\infty, 0)$ 时，$y'' < 0$，曲线是凸的；

当 $x \in (0, +\infty)$ 时，$y'' > 0$，曲线是凹的.

由上例可以看出，函数在它的不同定义区间内的图形的凹凸性可能不同.

例 3.4.2 判定曲线 $y = x^3$ 的凹凸性.

解 函数的定义域为 $(-\infty, +\infty)$，且 $y' = 3x^2$，$y'' = 6x$.

当 $x \in (-\infty, 0)$ 时，$y'' < 0$，曲线在 $(-\infty, 0]$ 是凸的；

当 $x \in (0, +\infty)$ 时，$y'' > 0$，曲线在 $[0, +\infty)$ 是凹的.

一般地，设 $y = f(x)$ 在区间 I 上连续，x_0 是 I 的内点（即除端点外的点），如果曲线 $y = f(x)$ 在经过点 $(x_0, f(x_0))$ 时凹凸性改变了，那么称点 $(x_0, f(x_0))$ 为这个曲线的拐点. 即连续曲线凹弧与凸弧的分界点为曲线的拐点.

由此定义可知，$f''(x)$ 在拐点横坐标左右两侧邻近处必然异号，而在拐点横坐标处，$f''(x)$ 等于零或不存在.

例如，函数 $y = \sqrt[3]{x}$ 的二阶导数 $y'' = -\dfrac{2}{9x\sqrt[3]{x^2}}$ 在 $x = 0$ 处不存在，但点 $(0, 0)$ 却是曲线的拐点.

在例 3.4.1 中，尽管在 $x = 0$ 的左右 y'' 的符号相异，但 $x = 0$ 不是该曲线的拐点，因为函数在该点不连续.

综上所述，求曲线的凹凸区间与拐点的步骤如下：

（1）确定 $f(x)$ 的定义域；

（2）求出 $f'(x)$，$f''(x)$；

（3）求出 $f''(x) = 0$ 和 $f''(x)$ 不存在的点，用这些点将函数的定义域划分为若干个子区间；

（4）考察在每个区间内 $f''(x)$ 的符号，从而判别曲线在各子区间内的凹凸性，最后得到拐点；

（5）写出曲线的凹凸区间与拐点.

例 3.4.3 求曲线 $y = \mathrm{e}^{-\frac{x^2}{2}}$ 的凹凸区间及拐点.

解 函数的定义域为 $(-\infty, +\infty)$，且 $y' = -x\mathrm{e}^{-\frac{x^2}{2}}$，$y'' = (x^2 - 1)\mathrm{e}^{-\frac{x^2}{2}}$.

令 $y'' = 0$，得 $x = \pm 1$，列表讨论如下.

x	$(-\infty,-1)$	-1	$(-1,1)$	1	$(1,+\infty)$
y''	$+$	0	$-$	0	$+$
y	凹	拐点 $(-1,\mathrm{e}^{-\frac{1}{2}})$	凸	拐点 $(1,\mathrm{e}^{-\frac{1}{2}})$	凹

可见，曲线在区间 $(-\infty,-1]$ 及 $[1,+\infty)$ 上是凹的，在区间 $[-1,1]$ 上是凸的，拐点为 $(-1,\mathrm{e}^{-\frac{1}{2}})$, $(1,\mathrm{e}^{-\frac{1}{2}})$.

例 3.4.4 求曲线 $y=x^4-4x^3+1$ 的凹凸区间及拐点.

解 函数的定义域为 $(-\infty,+\infty)$ ，且 $y'=4x^3-12x^2$, $y''=12x^2-24x=12x(x-2)$.

令 $y''=0$ ，得 $x_1=0$ ， $x_2=2$ ，列表讨论如下.

x	$(-\infty,0)$	0	$(0,2)$	2	$(2,+\infty)$
y''	$+$	0	$-$	0	$+$
y	凹	拐点 $(0,1)$	凸	拐点 $(2,-15)$	凹

可见，曲线在区间 $(-\infty,0]$ 及 $[2,+\infty)$ 上是凹的，在区间 $[0,2]$ 上是凸的，拐点为 $(0,1)$ ， $(2,-15)$.

例 3.4.5 求曲线 $y=1-\dfrac{3}{5}\sqrt[3]{x^5}$ 的凹凸区间及拐点.

解 函数的定义域为 $(-\infty,+\infty)$ ， $y'=-x^{\frac{2}{3}}$ ， $y''=-\dfrac{2}{3}x^{-\frac{1}{3}}=-\dfrac{2}{3\sqrt[3]{x}}$.

当 $x=0$ 时， y'' 不存在，它把 $(-\infty,+\infty)$ 分成两个子区间： $(-\infty,0)$ ， $(0,+\infty)$.

在 $(-\infty,0)$ 内， $y''>0$ ，曲线在 $(-\infty,0]$ 上是凹的；

在 $(0,+\infty)$ 内， $y''<0$ ，曲线在 $[0,+\infty)$ 上是凸的.

拐点为 $(0,1)$.

习题 3.4

1．求下列曲线的凹凸区间及拐点：

（1） $y=x^3-5x^2+3x+5$ ；

（2） $y=\ln(x^2+1)$ ；

（3） $y=x\arctan x$ ；

（4） $y=x\mathrm{e}^{-x}$ ；

（5） $y=x^2+\ln x$ ；

（6） $y=\dfrac{1}{2}x^2-\dfrac{9}{10}\sqrt[3]{x^5}$.

2．试确定 a ， b 的值，使曲线 $y=ax^3+bx^2$ 有一拐点 $(1,3)$.

3．试确定曲线 $y=ax^3+bx^2+cx+d$ 中的 a,b,c,d ，使得曲线在 $x=-2$ 处有水平切线，点 $(1,-10)$ 为拐点，且点 $(-2,24)$ 在曲线上.

4．试确定 $y=k(x^2-3)^2$ 中 k 的值，使曲线在拐点处的法线通过原点.

*3.5 函数图形的描绘

上面讨论了函数的各种形态，这为描绘函数的图形打下了基础．为使描绘的函数图形更准确，首先介绍曲线渐近线的概念．

定义 3.5.1 若 $\lim\limits_{x\to+\infty} f(x)=a$（或 $\lim\limits_{x\to-\infty} f(x)=a$ 或 $\lim\limits_{x\to\infty} f(x)=a$）（$a$ 为常数），则称直线 $y=a$ 为曲线 $y=f(x)$ 的一条水平渐近线（平行于 x 轴）；若 $\lim\limits_{x\to b} f(x)=\infty$（或 $\lim\limits_{x\to b^+} f(x)=\infty$ 或 $\lim\limits_{x\to b^-} f(x)=\infty$），则称直线 $x=b$ 为曲线 $y=f(x)$ 的一条垂直渐近线（垂直于 x 轴）．

渐近线反映了连续曲线在无限延伸时的变化情况．

例如，对于双曲线 $y=\dfrac{1}{x}$，因 $\lim\limits_{x\to\infty}\dfrac{1}{x}=0$，所以直线 $y=0$ 是该曲线的水平渐近线；又因 $\lim\limits_{x\to0}\dfrac{1}{x}=\infty$，所以直线 $x=0$ 是曲线的垂直渐近线．也就是说，当动点沿双曲线无限远离原点时，双曲线 $y=\dfrac{1}{x}$ 与直线 $y=0$ 或 $x=0$ 无限接近（如图 3.8 所示）．

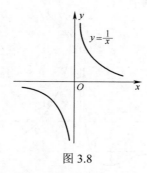

图 3.8

综上各节的讨论，描绘函数图形的一般步骤如下：
（1）确定函数的定义域；
（2）考察函数的周期性及奇偶性；
（3）确定函数的单调区间与极值；
（4）确定曲线的凹凸区间与拐点；
（5）考察曲线的渐近线；
（6）求曲线与坐标轴的交点；
（7）描绘函数的图形．

例 3.5.1 作函数 $y=\dfrac{4(x+1)}{x^2}-2$ 的图形．

解 （1）定义域为 $(-\infty,0)\cup(0,+\infty)$.

（2） $y' = -\dfrac{4(x+2)}{x^3}$ ， $y'' = -\dfrac{8(x+3)}{x^4}$.

令 $y'=0$ 得 $x=-2$ ；令 $y''=0$ 得 $x=-3$.

$x=-3$ ， -2 ， 0 将 $(-\infty,+\infty)$ 分成四个子区间，函数的单调性、极值、凹凸性及拐点可以通过列表来讨论.

x	$(-\infty,-3)$	-3	$(-3,-2)$	-2	$(-2,0)$	0	$(0,+\infty)$
y'	$-$		$-$	0	$+$		$-$
y''	$-$	0	$+$		$+$		$+$
y	$\downarrow$		$\downarrow$		$\uparrow$		$\downarrow$

（3）因为 $\lim\limits_{x\to\pm\infty}\left[\dfrac{4(x+1)}{x^2}-2\right]=-2$ ，所以 $x=-2$ 为水平渐近线；

又因为 $\lim\limits_{x\to 0}\left[\dfrac{4(x+1)}{x^2}-2\right]=\infty$ ，所以 $x=0$ 为垂直渐近线.

（4）描出几个点： $A(-1,-2)$ ， $B(1,6)$ ， $C(2,1)$ ， $D\left(3,\dfrac{2}{9}\right)$.

（5）作出图形，如图 3.9 所示.

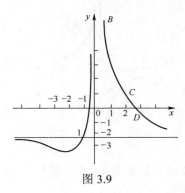

图 3.9

*习题 3.5

描绘下列各函数的图形：

（1） $y=x^3-x^2+1$ ；

（2） $y=x^2+\dfrac{1}{x}$ ；

（3） $y=\dfrac{x}{1+x^2}$ ；

（4） $y=\mathrm{e}^{-(x-1)^2}$.

*3.6 导数在经济中的应用

3.6.1 函数的变化率——边际函数

定义 3.6.1 设函数 $y = f(x)$ 在点 x 处可导，则称导函数 $f'(x)$ 为 $f(x)$ 的边际函数.

$f(x)$ 在点 x_0 处的导数 $f'(x_0)$ 称为 $f(x)$ 在点 x_0 处的边际函数值. 其含义为，当 $x = x_0$ 时，x 改变一个单位，相应地 y 改变了约 $f'(x_0)$ 个单位. 实际上，$\Delta y \approx \mathrm{d}y = f'(x_0) \cdot \Delta x$，当 $\Delta x = 1$ 时，$\Delta y \approx f'(x_0)$.

$$\frac{\Delta y}{\Delta x} = \frac{f(x_0 + \Delta x) - f(x_0)}{\Delta x} \qquad (\Delta x > 0)$$

称为 $f(x)$ 在 $(x_0, x_0 + \Delta x)$ 内的平均变化率，它表示在 $(x_0, x_0 + \Delta x)$ 内 $f(x)$ 的平均变化速度.

例 3.6.1 设函数 $y = 2x^2$，试求 y 在 $x = 5$ 时的边际函数值.

解 因为 $y' = 4x$，所以 $y'|_{x=5} = 20$.

该值表明：当 $x = 5$ 时，x 改变一个单位（增加或减小一个单位），y 约改变 20 个单位（增加或减少 20 个单位）.

在经济学中，把适用微分学的方法所作的定量分析称为边际分析，它使经济变量的研究从静态进入动态，使近代数学更深入地应用于经济分析.

边际函数在经济学理论中有着重要的应用，在第 1 章中我们介绍了常用的几个函数，这里我们再来讨论这些函数的具体应用.

1. 边际成本

边际成本是总成本的变化率.

设 C 为总成本，C_1 为固定成本，C_2 为可变成本，$\overline{C}$ 为平均成本，C' 为边际成本，Q 为产量，则有：

总成本函数　$C = C(Q) = C_1 + C_2(Q)$；

平均成本函数　$\overline{C} = \overline{C}(Q) = \dfrac{C_1}{Q} + \dfrac{C_2(Q)}{Q}$；

边际成本函数　$C' = C'(Q)$.

如已知总成本 $C(Q)$，通过除法可求出平均成本 $\overline{C}(Q) = \dfrac{C(Q)}{Q}$；

如已知平均成本 $\overline{C}(Q)$，通过乘法可求出总成本 $C(Q) = Q\overline{C}(Q)$；

如已知成本 $C(Q)$，通过微分法可求出边际成本 $C' = C'(Q)$.

例 3.6.2 已知某商品的成本函数为 $C = C(Q) = 100 + \dfrac{Q^2}{4}$，求当 $Q = 10$ 时的总成

本、平均成本及边际成本.

解 由 $C = 100 + \dfrac{Q^2}{4}$，有 $\overline{C} = \dfrac{100}{Q} + \dfrac{Q}{4}$，$C' = \dfrac{Q}{2}$.

则当 $Q = 10$ 时，总成本 $C(10) = 125$，平均成本 $\overline{C}(10) = 12.5$，边际成本 $C'(10) = 5$.

例 3.6.3 在例 3.6.2 中，当产量 Q 为多少时，平均成本最小?

解
$$\overline{C}' = -\frac{100}{Q^2} + \frac{1}{4},$$

$$\overline{C}'' = \frac{200}{Q^3}.$$

令 $\overline{C}' = 0$，得 $Q^2 = 400$，$Q = 20$（$Q = -20$ 舍去），

又因为
$$\overline{C}''(20) = \frac{200}{20 \times 20 \times 20} = \frac{1}{40} > 0,$$

所以当 $Q = 20$ 时，平均成本最小.

2. 边际收益

平均收益是生产者平均每售出一个单位产品所得到的收入，即单位商品的售价. 边际收益为总收益的变化率. 总收益、平均收益、边际收益均为产量的函数.

设 P 为商品价格，Q 为商品量，R 为总收益，$\overline{R}$ 为平均收益，R' 为边际收益，则有

需求函数 $P = P(Q)$；

总收益函数 $R = R(Q)$；

平均收益函数 $\overline{R} = \overline{R}(Q)$；

边际收益函数 $R' = R'(Q)$.

需求与收益有如下关系：

总收益 $R = R(Q) = Q \cdot P(Q)$；

平均收益 $\overline{R} = \overline{R}(Q) = \dfrac{R(Q)}{Q} = \dfrac{QP(Q)}{Q} = P(Q)$；

边际收益 $R' = R'(Q)$.

总收益与平均收益及边际收益的关系为

$$\overline{R}(Q) = \frac{R(Q)}{Q}, \quad R(Q) = Q\overline{R}(Q).$$

例 3.6.4 设某产品的价格和销售量的关系为 $P = 10 - \dfrac{Q}{5}$，求销售量为 30 时的总收益、平均收益与边际收益.

解 总收益 $R(Q) = Q \cdot P(Q) = 10Q - \dfrac{Q^2}{5}$，$R(30) = 120$；

平均收益 $\overline{R}(Q) = P(Q) = 10 - \dfrac{Q}{5}$，$\overline{R}(30) = 4$；

边际收益 $R'(Q) = 10 - \dfrac{2}{5}Q$，$R'(30) = -2$.

3. 最大利润原则

在经济学中，总收益、总成本都可以表示为产量 Q 的函数，分别记为 $R(Q)$ 和 $C(Q)$，则总利润 $L(Q)$ 可表示为

$$L = L(Q) = R(Q) - C(Q)；$$
$$L'(Q) = R'(Q) - C'(Q).$$

下面讨论最大利润原则.

$L(Q)$ 取得最大值的必要条件为：$L'(Q) = 0$，即 $R'(Q) = C'(Q)$，即取得最大利润的必要条件是边际收益等于边际成本.

$L(Q)$ 取得最大值的充分条件为：$L'(Q) = 0$ 且 $L''(Q) < 0$，即 $R'(Q) = C'(Q)$ 且 $R''(Q) < C''(Q)$，即取得最大利润的充分条件是边际收益等于边际成本，且边际收益的变化率小于边际成本的变化率.

例 3.6.5 已知某产品的需求函数为 $P = 10 - \dfrac{Q}{5}$，成本函数为 $C = 50 + 2Q$，求产量为多少时总利润 L 最大?

解 已知 $P(Q) = 10 - \dfrac{Q}{5}$，$C(Q) = 50 + 2Q$，

于是有

$$R(Q) = 10Q - \frac{Q^2}{5}，$$

$$L(Q) = R(Q) - C(Q) = 8Q - \frac{Q^2}{5} - 50，$$

$$L'(Q) = 8 - \frac{2}{5}Q，$$

$$L''(Q) = -\frac{2}{5}.$$

令 $L'(Q) = 0$，得 $Q = 20$，$L''(20) < 0$，所以当 $Q = 20$ 时总利润最大.

例 3.6.6 某工厂生产某种产品，固定成本 20000 元，每生产一单位产品，成本增加 100 元. 已知收益 R 是年产量 Q 的函数，

$$R = R(Q) = \begin{cases} 400Q - \dfrac{1}{2}Q^2, & 0 \leqslant Q \leqslant 400, \\ 80000, & Q > 400. \end{cases}$$

问每年生产多少产品时，总利润最大? 此时总利润是多少?

解　根据题意，总成本函数为

$$C = C(Q) = 20000 + 100Q ,$$

从而可得总利润函数为

$$L(Q) = R(Q) - C(Q)$$

$$= \begin{cases} 300Q - \dfrac{1}{2}Q^2 - 20000, & 0 \leqslant Q \leqslant 400, \\ 60000 - 100Q, & Q > 400; \end{cases}$$

$$L'(Q) = R'(Q) - C'(Q)$$

$$= \begin{cases} 300 - Q, & 0 \leqslant Q \leqslant 400, \\ -100, & Q > 400; \end{cases}$$

$$L''(Q) = R''(Q) - C''(Q)$$

$$= \begin{cases} -1, & 0 \leqslant Q \leqslant 400, \\ 0, & Q > 400. \end{cases}$$

令 $L'(Q) = 0$ ，得 $Q = 300$.

由于 $L''(300) = -1 < 0$ ，故 $Q = 300$ 时 L 最大．此时

$$L(300) = 90000 - \frac{1}{2} \times 90000 - 20000 = 25000 .$$

即当生产量为 300 单位时总利润最大，其最大利润为 25000 元.

4. 成本最低的生产量问题

在生产实践中经常遇到这样的问题，即在既定的生产规模条件下，如何合理安排生产以使成本最低，利润最大？

设某企业某种产品的生产量为 Q 个单位，$C(Q)$ 代表总成本，$C'(Q)$ 代表边际成本，生产每个单位产品的平均成本为

$$\overline{C}(Q) = \frac{C(Q)}{Q} ,$$

由 $C(Q) = Q \cdot \overline{C}(Q)$ 可得

$$C'(Q) = \overline{C}(Q) + Q \cdot \overline{C}'(Q) ,$$

由极值存在的必要条件知，使平均成本为最小的生产量 Q_0 应满足 $\overline{C}'(Q_0) = 0$ ，代入上式可知

$$C'(Q_0) = \overline{C}(Q_0) .$$

上式导出了经济学中一个重要结论：使平均成本为最小的生产水平（生产量 Q_0），正是使边际成本等于平均成本的生产水平（生产量）.

例 3.6.7　设某产品的成本函数为 $C(Q) = 54 + 18Q + 6Q^2$ ，试求使平均成本最小的产量水平.

解 平均成本

$$\overline{C}(Q) = \frac{C(Q)}{Q} = \frac{54}{Q} + 18 + 6Q,$$

$$\overline{C}'(Q) = -\frac{54}{Q^2} + 6, \quad \overline{C}''(Q) = \frac{108}{Q^3}.$$

令 $\overline{C}'(Q) = 0$，解得 $Q = 3$.

由于 $\overline{C}''(3) = \dfrac{108}{27} > 0$，所以 $Q = 3$ 是平均成本 $\overline{C}(Q)$ 的最小值点，也就是平均成本最小的产量水平，此时

$$\overline{C}(3) = 54 = C'(3),$$

即 $Q = 3$ 时，边际成本等于平均成本，也使平均成本达到最小.

5. 库存管理问题

企业为了完成一定的生产任务，必须保证生产正常进行所需的原材料. 但是，在总需求一定的条件下，订购费用与保管费用是成反比的. 订购批量大，订购次数少，订购费用就低，而保管费用就要相应增加；反之，订购批量小，订购次数多，则订购费用高，而保管费用就相对较少. 因此就出现了如何确定订购批量以使总费用最少的问题.

下面我们只研究等批量等间隔进货的情况，它是指某种物资的库存量下降到零时，该物资随即到货，库存量由零恢复到最高库存 $Q_{\max}$，每天保证等量供应生产需要，使之不发生缺货现象，如图 3.10 所示.

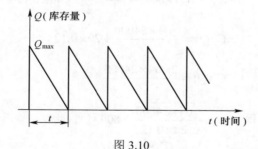

图 3.10

假设某企业某种物资的年需用量为 R，单价为 P，平均每次订货费用为 C_1，年保管费用率（即保管费用与库存商品价值之比）为 C_2，订货批量为 Q，进货周期为 T，则年总费用 C 由两部分组成：

（1）订货费用. 因按假设每次订货费用为 C_1，全年订购次数为 $\dfrac{R}{Q}$，因此订货费用为 $\dfrac{C_1 R}{Q}$.

（2）保管费用．因进货周期（两次订货间隔）T 内都是初始库存量最大，到每个周期末库存量为零，所以全年每天平均库存量为 $\frac{1}{2}Q$，因此，保管费用为 $\frac{1}{2}QPC_2$．

于是总费用

$$C = \frac{C_1 R}{Q} + \frac{1}{2}QPC_2.$$

由于 $C = C(Q)$，故可用求最值法求得最优订购批量 Q^*，最优订购次数 $\frac{R}{Q^*}$ 以及最优进货周期 T．

在经济学中，把最优订购批量称为经济订购批量，在经济订购批量处，订购费用和保管费用之和即总费用最小．

例 3.6.8 某种物资一年需用量为 24000 件，每件价格为 40 元，年保管费率为 12%，每次订购费用为 64 元，试求最优订购批量、最优订购次数、最优进货周期和最小总费用（假设产品的销售是均匀的）．

解 设最优订购批量为 Q，则订购次数为 $\frac{24000}{Q}$；

于是订购费用为 $64 \times \frac{24000}{Q}$，保管费用为 $\frac{1}{2}Q \times 40 \times 0.12$；

从而总费用

$$C = C(Q) = 64 \times \frac{24000}{Q} + \frac{1}{2}Q \times 40 \times 0.12,$$

$$C'(Q) = -\frac{64 \times 24000}{Q^2} + 20 \times 0.12,$$

$$C''(Q) = \frac{2 \times 64 \times 24000}{Q^3}.$$

令 $C'(Q) = 0$，得 $\quad Q = \sqrt{\dfrac{64 \times 24000}{20 \times 0.12}} = 800$ （件/批）．

又因为 $\quad\quad\quad\quad\quad C''(800) > 0$，

于是当 $Q = 800$ 件时总费用最低，从而

最优订货批量 $Q^* = 800$ （件/批）；

最优订货批次 $\dfrac{24000}{800} = 30$ （批/年）；

最优进货周期 $\dfrac{360}{30} = 12$ 天（全年按 360 天计）；

最小进货总费用 $C_{\min} = C(800) = 3840$ （元）．

3.6.2 函数的相对变化率——函数的弹性

1. 函数的弹性

前面所谈的函数改变量与函数变化率属于绝对改变量与绝对变化率. 我们从实践中可以体会到仅仅研究函数的绝对改变量与绝对变化率是不够的. 例如, 商品甲每单位价格为 10 元, 涨价 1 元；商品乙每单位价格为 1000 元, 也涨价 1 元. 两种商品的绝对改变量都是 1 元, 但各与原价格相比两者涨价的百分比却有很大的不同, 商品甲涨了 10%, 而商品乙仅涨了 0.1%. 因此我们还有必要研究函数的相对改变量与相对变化率.

例如, 对于 $y = x^2$, 当 x 由 10 改变到 12 时, y 由 100 改变到 144, 此时自变量与因变量的绝对改变量分别为 $\Delta x = 2$, $\Delta y = 44$, 而 $\dfrac{\Delta x}{x} = 20\%$, $\dfrac{\Delta y}{y} = 44\%$. 这表明当 x 从 10 改变到 12 时, x 产生了 20% 的改变, y 产生了 44% 的改变, 这就是相对改变量.

$$\frac{\Delta y / y}{\Delta x / x} = \frac{44\%}{20\%} = 2.2 ,$$

这表明在 (10,12) 内, x 改变 1% 时, y 平均改变 2.2%, 我们称它为从 $x = 10$ 到 $x = 12$, 函数 $y = x^2$ 的平均相对变化率.

定义 3.6.2 设函数 $y = f(x)$ 在点 $x = x_0$ 处可导, 函数的相对改变量

$$\frac{\Delta y}{y_0} = \frac{f(x_0 + \Delta x) - f(x_0)}{f(x_0)}$$

与自变量的相对改变量 $\dfrac{\Delta x}{x_0}$ 之比 $\dfrac{\Delta y / y_0}{\Delta x / x_0}$ 称为函数从 $x = x_0$ 到 $x = x_0 + \Delta x$ 两点间的相对变化率, 或称两点间的弹性. 当 $\Delta x \to 0$ 时, $\dfrac{\Delta y / y_0}{\Delta x / x_0}$ 的极限称为 $f(x)$ 在 $x = x_0$ 处的相对导数, 也就是相对变化率, 或称弹性.

记作

$$\left.\frac{Ey}{Ex}\right|_{x=x_0} \quad \text{或} \quad \frac{Ef(x_0)}{Ex_0} ,$$

即

$$\left.\frac{Ey}{Ex}\right|_{x=x_0} = \lim_{\Delta x \to 0} \frac{\Delta y / y_0}{\Delta x / x_0} = \lim_{\Delta x \to 0} \frac{\Delta y}{\Delta x} \cdot \frac{x_0}{y_0} = f'(x_0) \frac{x_0}{f(x_0)} .$$

当 x_0 为定值时, $\left.\dfrac{Ey}{Ex}\right|_{x=x_0}$ 为定值.

对一般的 x, 若 $f(x)$ 可导, 则有

$$\frac{Ey}{Ex} = \lim_{\Delta x \to 0} \frac{\Delta y / y}{\Delta x / x} = \lim_{\Delta x \to 0} \frac{\Delta y}{\Delta x} \cdot \frac{x}{y} = y' \frac{x}{y} ,$$

是 x 的函数，称为 $f(x)$ 的弹性函数．

函数 $f(x)$ 在 x 点的弹性 $\dfrac{E}{Ex}f(x)$ 反应了随着 x 的变化 $f(x)$ 变化的幅度的大小，也就是 $f(x)$ 对 x 变化反应的强烈程度或灵敏度．

$\dfrac{E}{Ex}f(x_0)$ 表示在点 $x=x_0$ 处，当 x 产生 1% 的改变时，$f(x)$ 近似地改变 $\dfrac{E}{Ex}f(x_0)\%$，在应用问题中解释弹性的具体意义时，略去"近似"二字．

注意： 两点间的弹性是有方向的，因为这里的"相对性"是针对初始值而言的．

例 3.6.9 求函数 $y=3+2x$ 在 $x=3$ 处的弹性．

解
$$y'=2,$$
$$\frac{Ey}{Ex}=y'\cdot\frac{x}{y}=\frac{2x}{3+2x},\quad \frac{Ey}{Ex}\Big|_{x=3}=\frac{2\times3}{3+2\times3}=\frac{2}{3}.$$

例 3.6.10 求幂函数 $y=x^{\alpha}$（α 为常数）的弹性函数．

解
$$y'=\alpha x^{\alpha-1},$$
$$\frac{Ey}{Ex}=\alpha x^{\alpha-1}\cdot\frac{x}{x^{\alpha}}=a.$$

可以看到，幂函数的弹性函数为常数，即在任意点处弹性不变，所以称为不变弹性函数．

2．需求弹性与供给弹性

（1）需求弹性．

"需求"是指在一定的价格条件下，消费者愿意购买并且有能力购买的商品量．通常需求是价格的函数，P 表示商品的价格，Q 表示需求量，$Q=f(P)$ 称为需求函数．

一般而言，商品价格低，需求大，商品价格高，需求小．因而一般需求函数 $Q=f(P)$ 是单调减少函数．

定义 3.6.3 设某商品的需求函数 $Q=f(P)$ 在 P 处可导，称 $-\dfrac{EQ}{EP}=-f'(P)\dfrac{P}{Q}$ 为商品在价格为 P 时的需求价格弹性，或简称需求弹性．记为 η，即
$$\eta=-\frac{EQ}{EP}=-f'(P)\frac{P}{Q}.$$

需求弹性可以衡量需求的相对变动对价格相对变动的反应程度．

例 3.6.11 已知某商品的需求函数 $Q=\mathrm{e}^{-\frac{P}{10}}$，求 $P=5$，$P=10$，$P=15$ 时的需求弹性并说明其意义．

解 $Q' = f'(P) = -\dfrac{1}{10}\mathrm{e}^{-\frac{P}{10}}$，需求弹性为

$$\eta(P) = \frac{1}{10}\mathrm{e}^{-\frac{P}{10}}\frac{P}{\mathrm{e}^{-\frac{P}{10}}} = \frac{P}{10}.$$

$\eta(5) = 0.5$，说明 $P = 5$ 时，价格上涨 1%，需求量减少 0.5%.

$\eta(10) = 1$，说明 $P = 10$ 时，价格与需求的变动幅度相同.

$\eta(15) = 1.5$，说明 $P = 15$ 时，价格上涨 1%，需求量减少 1.5%.

由此例可以看出，当 $\eta < 1$ 时，需求的变动幅度小于价格的变动幅度；当 $\eta = 1$ 时，需求的变动幅度等于价格的变动幅度；当 $\eta > 1$ 时，需求的变动幅度大于价格的变动幅度.

（2）供给弹性.

"供给"是指在一定价格条件下，生产者愿意出售并且可供出售的商品量. 通常供给是价格的函数，P 表示商品的价格，Q 表示供给量，$Q = \varphi(P)$ 称为供给函数.

一般而言，商品价格低，生产者不愿生产，供给少；商品价格高，供给多. 因而一般供给函数为商品价格的单调增加函数.

一般用 D 表示需求曲线，用 S 表示供给曲线，如图 3.11 所示.

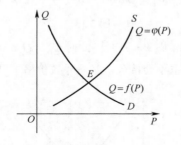

图 3.11

定义 3.6.4 设某商品的供给函数 $Q = \varphi(P)$ 在 P 处可导，称 $\dfrac{EQ}{EP} = \varphi'(P)\dfrac{P}{Q}$ 为商品在价格为 P 的供给弹性，记作 $\varepsilon(P)$，即

$$\varepsilon(P) = \frac{EQ}{EP} = \varphi'(P)\frac{P}{Q}.$$

（3）均衡价格.

均衡价格是市场上的需求量与供给量相等时的价格，在图 3.12 中表示为在需求曲线 D 与供给曲线 S 相交点 E 处的横坐标 $P = P_0$，此时需求量与供给量均为 Q_0，称为均衡商品量.

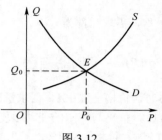

图 3.12

当 $P < P_0$ 时，如图 3.13 中 $P = P_1$ 处，此时消费者希望购买的商品量为 Q_D，生产者愿意出卖的商品量为 Q_S，$Q_S < Q_D$，市场上出现供不应求的情况，商品短缺，会形成抢购、黑市等情况．这种状况不会持久，必然导致价格上涨，P 增加．

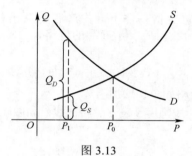

图 3.13

当 $P > P_0$ 时，如图 3.14 中 $P = P_2$ 处，此时 $Q_D < Q_S$，市场上出现供过于求的情况，商品滞销．这种状况也不会持久，必然导致价格下跌，P 减小．

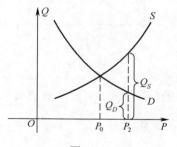

图 3.14

总之，市场上商品价格将围绕均衡价格波动．

例 3.6.12　设某商品的需求函数 $Q = b - aP$（$a, b > 0$），供给函数为 $Q = cP - d$，（$c, d > 0$），求均衡价格 P_0．

解　由 $b - aP_0 = cP_0 - d$，解得 $P_0 = \dfrac{b + d}{a + c}$．

3．边际收益与需求弹性的关系

由于 $R = PQ = Pf(P)$，而边际收益

$$R' = f(P) + Pf'(P) = f(P)\left[1 + \frac{Pf'(P)}{f(P)}\right] = f(P)[1 - \eta(P)].$$

由此可知，当 $\eta(P) < 1$ 时，$R' > 0$，R 递增，即价格上涨会使总收益增加；价格下跌会使总收益减少．

当 $\eta(P) = 1$ 时，$R' = 0$，R 取得最大值．

当 $\eta(P) > 1$ 时，$R' < 0$，R 递减，即价格上涨会使总收益减少，而价格下跌会使总收益增加．

在经济学中，将 $\eta(P) < 1$ 的商品称为缺乏弹性商品，将 $\eta(P) = 1$ 的商品称为单位弹性商品，而将 $\eta(P) > 1$ 的商品称为富有弹性商品．

*习题 3.6

1．某化工厂日产能力为 1000 吨，每日产品的总成本 C（单位：元）是日产量 x（单位：吨）的函数

$$C = C(x) = 100 + 7x + 50\sqrt{x}, \quad x \in [0,1000].$$

（1）求当日产量为 100 吨时的边际成本；

（2）求当日产量为 100 吨时的平均单位成本．

2．某产品生产 x 单位的总成本 C 为 x 的函数

$$C = C(x) = 1100 + \frac{1}{1200}x^2.$$

（1）求生产 900 单位时的总成本和平均单位成本；

（2）求生产 900 到 1000 单位时总成本的平均变化率；

（3）求生产 900 单位和 1000 单位时的边际成本．

3．设某产品生产 x 单位的总收益 R 为 x 的函数

$$R = R(x) = 200x - 0.01x^2,$$

求生产 50 单位产品时的总收益及平均单位产品的收益和边际收益．

4．若生产某种商品 x 单位的利润是 $L(x) = 5000 + x - 0.00001x^2$（元），问生产多少单位时，获得的利润最大？

5．某厂每批生产某种商品 x 单位的费用为 $C(x) = 5x + 200$（元），得到的收益是 $R(x) = 10x - 0.01x^2$（元），问每批应生产多少单位时才能使利润最大？

6．某商品的价格 P 与需求量 Q 的关系为 $P = 10 - \dfrac{Q}{5}$．

（1）求需求量为 20 及 30 时的总收益 R，平均收益 $\overline{R}$ 及边际收益 R'；

（2）当 Q 为多少时，总收益最大？

7．某商品的成本函数为 $C = 15Q - 6Q^2 + Q^3$．

（1）生产量为多少时，可使平均成本最小？

（2）求出边际成本，并验证当平均成本最小时，边际成本等于平均成本.

8．某厂生产 B 产品，其年销售量为 100 万件，每批生产需增加生产准备费 1000 元，而每件库存费为 0.05 元，如果产销量是均匀的（此时商品的平均库存量为批量的一半），问应分几批生产才能使生产准备费及库存费之和为最小？

9．某公司年销售某商品 5000 台，每次进货费用为 40 元，单价为 200 元，年保管费用率为 20%，求经济订购批量（即最优订购批量）.

10．某厂全年生产需用甲材料 5170 吨，每次订购费用为 570 元，每吨甲材料单价及库存保管费用率分别为 600 元、14.2%，试求：

（1）最优订购批量；

（2）最优订购批次；

（3）最优进货周期；

（4）最小总费用.

本 章 小 结

1．中值定理

主要应掌握罗尔定理和拉格朗日中值定理的条件和结论，定理的结论是在区间 (a,b) 内至少存在一点 ξ 满足定理. 利用罗尔定理可以证明 $f'(x)=0$ 有根；利用拉格朗日中值定理和柯西中值定理可以证明等式和不等式. 使用的关键是从要证明的结果出发构造合适的函数.

2．洛必达法则——用于求未定式的极限

若 $\lim \dfrac{f(x)}{g(x)}$ 是 $\dfrac{0}{0}$ 型或 $\dfrac{\infty}{\infty}$ 型未定式，而且 $\lim \dfrac{f'(x)}{g'(x)}=A$（或 ∞），则有

$$\lim \frac{f(x)}{g(x)} = \lim \frac{f'(x)}{g'(x)}.$$

要注意使用的条件，此外洛必达法则的条件是充分条件而不是必要条件.

对于其他形式的未定式，要转化后才能使用洛必达法则.

3．利用导数求函数的单调区间和极值

（1）函数的单调区间.

如果在某区间内 $f'(x)>0$，则函数 $f(x)$ 单调增加，如果在该区间内 $f'(x)<0$，则函数 $f(x)$ 单调减少.

（2）函数的极值.

极值包括极大值和极小值，是局部概念.

可能的极值点包括函数的驻点和不可导点，可导函数的极值点必为驻点.

设 x_0 是函数的可能的极值点，而函数在 x_0 的一个空心邻域内可导，那么：

1）若 x_0 两侧导数符号为左正右负，则 x_0 是极大值点；

2）若 x_0 两侧导数符号为左负右正，则 x_0 是极小值点；

3）若 x_0 两侧导数符号不变，则 x_0 不是极值点．

也可以用二阶导数的符号来判断：设 $f'(x_0)=0$，若 $f''(x_0)<0$，则函数在 x_0 处取极大值；若 $f''(x_0)>0$，则函数在 x_0 处取极小值．但这种方法只适合讨论二阶导数不为零的驻点是否为极值点．

（3）函数的最大值和最小值．

闭区间上连续函数的可能最值点包括在相应的开区间内 $f'(x)=0$、$f'(x)$ 不存在的点和区间的端点．

若区间内驻点唯一且为极值点，则该极值点为相应的最值点．

在实际问题中若最值存在，则唯一的驻点就是所求的最值点．

4．曲线的凹凸区间和拐点

在某个区间内，若 $f''(x)>0$，则曲线 $y=f(x)$ 是凹的；在某个区间内，若 $f''(x)<0$，则曲线 $y=f(x)$ 是凸的；曲线凹凸区间的分界点为曲线的拐点．

5．曲线的渐近线

若 $\lim\limits_{x\to\infty}f(x)=a$，则称直线 $y=a$ 为曲线 $y=f(x)$ 的一条水平渐近线；若 $\lim\limits_{x\to b}f(x)=\infty$，则称直线 $x=b$ 为曲线 $y=f(x)$ 的一条垂直渐近线．

在以上各问题讨论的基础上，可通过列表、画图绘制出函数图形．

复习题 3

1．不求函数 $f(x)=(x-1)(x-2)(x-3)(x-4)$ 的导数，说明方程 $f'(x)=0$ 有几个根？并指出它们所在的区间．

2．设在 $[0,1]$ 上 $f''(x)>0$，则 $f'(0)$，$f'(1)$，$f(1)-f(0)$ 和 $f(0)-f(1)$ 的大小顺序为（　　）．

  A．$f'(1)>f'(0)>f(1)-f(0)$ B．$f'(1)>f(1)-f(0)>f'(0)$

  C．$f(1)-f(0)>f'(1)>f'(0)$ D．$f'(1)>f(0)-f(1)>f'(0)$

3．证明多项式 $f(x)=x^3-3x+a$ 在 $[0,1]$ 上不可能有两个零点．

4．设 $f(x)$ 在 $[0,1]$ 上连续，在 $(0,1)$ 内可导，证明：至少存在一点 $\xi\in(0,1)$，使得 $f(\xi)+f'(\xi)=\mathrm{e}^{-\xi}\left[f(1)\mathrm{e}-f(0)\right]$．

5．证明下列不等式：

（1）$|\arctan a-\arctan b|\leqslant|a-b|$；

（2）当 $x\neq0$ 时，$\mathrm{e}^x>1+x$；

（3）当 $x>0$ 时，$x-\dfrac{x^3}{3}<\arctan x<x$．

6. 利用洛必达法则求下列极限：

（1）$\lim\limits_{x \to 0} \dfrac{6x - \sin x - \sin 2x - \sin 3x}{x^3}$；

（2）$\lim\limits_{x \to 0} \dfrac{e^x + \sin x - 1}{\ln(1 + x)}$；

（3）$\lim\limits_{x \to 0} \dfrac{\ln(2^x + 3^x) - \ln 2}{x}$．

7. 求下列函数的单调区间和极值：

（1）$f(x) = x^3 - 3x + 1$；

（2）$f(x) = x^2 - \dfrac{1}{2}\ln x$；

（3）$f(x) = \dfrac{2x}{(x-1)^2}$．

8. 从半径为 R 的圆形铁片中剪去一个扇形，将剩余部分围成一个圆锥形漏斗，问剪去的扇形的圆心角多大时，才能使圆锥形漏斗的容积最大？

9. 商店销售某商品的价格为 $p(x) = e^{-x}$（x 为销售量），求收入最大时的价格．

10. 确定下列曲线的凹凸区间与拐点：

（1）$f(x) = x^3 - x^4$；

（2）$f(x) = 3x^{\frac{4}{3}} - \dfrac{2}{3}x^2$；

（3）$f(x) = x^2 + 2\ln x$．

11. 描绘下列函数的图形：

（1）$y = x + e^{-x}$；

（2）$y = \dfrac{x^2}{1+x}$；

（3）$y = \ln(1 + x^2)$．

自 测 题 3

1. 填空题．

（1）函数 $f(x) = (x-1)^2$ 在 $[0,2]$ 上满足罗尔定理的条件，当 $\xi = \underline{\qquad}$ 时，$f'(\xi) = 0$；

（2）函数 $f(x)$ 在区间 $[0,2]$ 上满足拉格朗日中值定理的条件，则至少存在一点 $\xi \in (0,2)$ 使 $f'(\xi) = \underline{\qquad}$；

（3）函数的极值点可能是 $\underline{\qquad}$ 点和 $\underline{\qquad}$ 点；

（4）$\lim\limits_{x \to 0} \dfrac{\tan x - x}{x - \sin x} = \underline{\qquad}$；

（5）$y = x^2 - 2\ln x$ 的单调增区间为 $\underline{\qquad}$；

（6）函数 $y = x \cdot 2^x$ 取极小值的点是 $\underline{\qquad}$；

（7）曲线 $y = x^3 - 3x^2 + 3x$ 的拐点为 $\underline{\qquad}$；

（8）曲线 $y = \dfrac{e^{-x}}{x}$ 的水平渐近线为 $\underline{\qquad}$，垂直渐近线为 $\underline{\qquad}$．

2. 单选题.

（1）曲线 $y = x^2(x-6)$ 在区间 $(4,+\infty)$ 内（　　）.

　　A．单调增加且凸　　　　　　　　　B．单调增加且凹

　　C．单调减少且凸　　　　　　　　　D．单调减少且凹

（2）如果 $f'(x_0) = f''(x_0) = 0$，则下列结论中正确的是（　　）.

　　A．x_0 是极大值点

　　B．$(x_0, f(x_0))$ 是拐点

　　C．x_0 是极小值点

　　D．可能 x_0 是极值点，也可能 $(x_0, f(x_0))$ 是拐点

（3）已知 $f(x)$ 在 (a,b) 内具有二阶导数，且（　　），则 $f(x)$ 在 (a,b) 内单调增加且凸.

　　A．$f'(x) > 0, f''(x) > 0$　　　　　B．$f'(x) > 0, f''(x) < 0$

　　C．$f'(x) < 0, f''(x) > 0$　　　　　D．$f'(x) < 0, f''(x) < 0$

（4）方程 $x^5 + x - 1 = 0$ 在 $(0,1)$ 内的实根个数为（　　）.

　　A．0　　　　　　　　　　　　　　B．2

　　C．1　　　　　　　　　　　　　　D．无法确定

（5）设 $f(x) = \dfrac{x}{3-x}$，则曲线 $y = f(x)$（　　）.

　　A．仅有水平渐近线

　　B．仅有垂直渐近线

　　C．既有水平渐近线又有垂直渐近线

　　D．无渐近线

（6）设 $f(x)$ 在 $[0,1]$ 上连续，在 $(0,1)$ 内可导，且 $f(0) = 1$，$f(1) = 0$，则在 $(0,1)$ 内至少存在一点 ξ，使（　　）.

　　A．$f'(\xi) = -\dfrac{f(\xi)}{\xi}$　　　　　　　B．$f'(\xi) = \dfrac{f(\xi)}{\xi}$

　　C．$f(\xi) = -\dfrac{f'(\xi)}{\xi}$　　　　　　　D．$f(\xi) = \dfrac{f'(\xi)}{\xi}$

（7）若函数 $f(x)$ 在 x_0 处二阶可导，且 $\lim\limits_{x \to x_0} \dfrac{f(x) - f(x_0)}{(x-x_0)^2} = -2$，则函数 $f(x)$ 在 x_0 处（　　）.

　　A．取极大值　　　　　　　　　　B．取极小值

　　C．可能取极大值也可能取极小值　　D．不可能取极值

（8）设函数 $f(x)$ 在 $[a,b]$ 上有定义，在 (a,b) 内可导，则（　　）.

　　A．当 $f(a)f(b) < 0$ 时，存在 $\xi \in (a,b)$ 使 $f(\xi) = 0$

　　B．对任意 $\xi \in (a,b)$，有 $\lim\limits_{x \to \xi}[f(x) - f(\xi)] = 0$

　　C．当 $f(a) = f(b)$ 时，存在 $\xi \in (a,b)$ 使 $f'(\xi) = 0$

　　D．存在 $\xi \in (a,b)$，使 $f(b) - f(a) = f'(\xi)(b-a)$

3．求下列极限．

（1）$\lim\limits_{x\to 0}\dfrac{x-\sin x}{x^3}$；

（2）$\lim\limits_{x\to 1}\left(\dfrac{x}{x-1}-\dfrac{1}{\ln x}\right)$；

（3）$\lim\limits_{x\to 0^+}x^{\sin x}$；

（4）$\lim\limits_{x\to\infty}\left(\cos\dfrac{1}{x}\right)^{x^2}$；

（5）$\lim\limits_{x\to 0}\dfrac{e^{\sin^3 x}-1}{x(1-\cos x)}$；

（6）$\lim\limits_{x\to 0^+}(\arcsin x)^{\tan x}$．

4．求下列函数的单调区间和极值．

（1）$y=2x+\dfrac{2}{x}$；

（2）$y=(x+1)(x-1)^3$；

（3）$y=2x^2-\ln x$；

（4）$y=\dfrac{x^2}{1+x}$．

5．求下列曲线的凹凸区间与拐点．

（1）$y=x^2-x^3$；

（2）$y=\dfrac{1}{4-2x+x^2}$；

（3）$y=xe^x$；

（4）$y=(2x-5)\sqrt[3]{x^2}$．

6．（1）设 $f(x)=a\ln x+bx^2+x$ 在 $x=1$ 与 $x=2$ 处有极值，试求常数 a 和 b 的值；

（2）试求当 a，b 为何值时，点 $(1,-2)$ 是曲线 $y=ax^3+bx^2$ 的拐点；

（3）求曲线 $y=xe^{-x}$ 在拐点处的法线方程．

7．要制作一个下部为矩形，上部为半圆形的窗户，半圆的直径等于矩形的宽，要求窗户的周长为定值，试求矩形的宽和高各是多少时，窗户的面积最大．

8．证明．

（1）当 $x>0$ 时，$\ln(1+x)>\dfrac{\arctan x}{1+x}$；

（2）当 $x>0$ 时，$\dfrac{x}{1+x}<\ln(1+x)<x$；

（3）当 $x>0$ 时，$x-\dfrac{x^2}{2}<\sin x<x$．

9．已知函数 $f(x)$ 在 $[0,1]$ 上连续，在 $(0,1)$ 内可导，且 $f(0)=0$，$f(1)=1$．证明：

（1）存在一点 $\xi\in(0,1)$，使得 $f(\xi)=1-\xi$；

（2）存在两个不同的 $\eta,\zeta\in(0,1)$，使得 $f'(\eta)f'(\zeta)=1$．

第4章 不定积分

本章学习目标

- 正确理解原函数和不定积分两个基本概念
- 熟练掌握基本积分公式，会查积分表
- 熟练掌握第一类换元积分法和分部积分法
- 会使用第二类换元积分法（限于三角代换、根代换）

4.1 不定积分的概念与性质

4.1.1 不定积分的概念

1. 原函数的概念

定义 4.1.1 设函数 $f(x)$ 在区间 I 上有定义，如果存在函数 $F(x)$，使得对于每一点 $x \in I$，都有

$$F'(x) = f(x) \ \text{或} \ \mathrm{d}F(x) = f(x)\mathrm{d}x ,$$

则称 $F(x)$ 为 $f(x)$ 在区间 I 上的一个原函数，或简称 $F(x)$ 为 $f(x)$ 的原函数.

例如，在区间 $(-\infty, +\infty)$ 上，$(\sin x)' = \cos x$，所以 $\sin x$ 是 $\cos x$ 在区间 $(-\infty, +\infty)$ 上的一个原函数；$(x^2)' = 2x$，所以 x^2 是 $2x$ 的一个原函数.

今后提到的原函数，都是指在某一区间上而言.

引入原函数概念后，自然会提出以下问题：

（1）一个函数具备什么条件，能保证它的原函数一定存在？

（2）如果原函数存在，是否唯一？若不唯一，彼此之间有何关系？

对于第一个问题，如果函数 $f(x)$ 在区间 I 上连续，则 $f(x)$ 的原函数一定存在. 具体理由将在下一章给出.

对于第二个问题，我们已经知道，x^2 是 $2x$ 的一个原函数，若 C 为任意常数，由 $(x^2 + C)' = 2x$，$x^2 + C$ 也是 $2x$ 的原函数. 由此可见，一个函数的原函数可以有无穷多个，即若 $F(x)$ 是 $f(x)$ 的一个原函数，则 $F(x) + C$ 也是 $f(x)$ 的原函数（C 为任意常数）. 那么，同一个函数的不同原函数之间有何关系呢？

设 $F_1(x)$，$F_2(x)$ 是 $f(x)$ 的任意两个原函数，即

$$F_1'(x) = f(x) , \quad F_2'(x) = f(x) ,$$

记
$$\varphi(x) = F_1(x) - F_2(x) ,$$
则
$$\varphi'(x) = \left[F_1(x) - F_2(x)\right]' = f(x) - f(x) = 0 ,$$

由第 3 章拉格朗日中值定理的推论可知 $\varphi(x)$ 为某个常数 C ，即 $F_1(x) - F_2(x) = C$.

因此，一个函数的不同原函数之间只相差一个常数 C .

2. 不定积分的概念

若 $F(x)$ 是 $f(x)$ 的一个原函数，则 $F(x) + C$ （C 为任意常数）就是 $f(x)$ 的所有原函数，由此给出不定积分的定义.

定义 4.1.2 若 $F(x)$ 是 $f(x)$ 的一个原函数，则 $f(x)$ 的全体原函数 $F(x) + C$ 称为 $f(x)$ 的不定积分，记为 $\int f(x)\mathrm{d}x$ ，即

$$\int f(x)\mathrm{d}x = F(x) + C .$$

其中 $f(x)$ 称为被积函数，$f(x)\mathrm{d}x$ 称为被积表达式，x 称为积分变量.

由定义知，若求 $f(x)$ 的不定积分，只需求出它的一个原函数再加上任意常数 C 即可.

例 4.1.1 求 $\int x^2 \mathrm{d}x$.

解 因为
$$\left(\frac{1}{3}x^3\right)' = x^2 ,$$
所以
$$\int x^2 \mathrm{d}x = \frac{1}{3}x^3 + C .$$

例 4.1.2 求 $\int \dfrac{1}{x}\mathrm{d}x$.

解 $x > 0$ 时，$(\ln x)' = \dfrac{1}{x}$ ；

$x < 0$ 时，$\left[\ln(-x)\right]' = \dfrac{1}{-x} \cdot (-1) = \dfrac{1}{x}$ ，

所以
$$\int \frac{1}{x}\mathrm{d}x = \ln|x| + C .$$

3. 不定积分的几何意义

不定积分 $\int f(x)\mathrm{d}x = F(x) + C$ 的结果中含有任意常数 C ，所以不定积分表示的不是一个原函数，而是无穷多个（全部）原函数，通常称为一族函数，反映在几何上则是一族曲线，它是曲线 $y = F(x)$ 沿 y 轴上下平移得到的. 这族曲线称为 $f(x)$ 的积分曲线族，其中的每一条曲线称为 $f(x)$ 的积分曲线. 由于在相同的横坐标 x_0 处，所有积分曲线的斜率均为 $f(x_0)$ ，因此，在每一条积分曲线上，以 x_0 为横坐标的点处的切线彼此平行（如图 4.1 所示）.

在实际问题中，经常需要求一个满足某种特定条件的原函数．此时可先求出不定积分，再由已知的特定条件确定出所要求的原函数．

例4.1.3 设一条曲线过点(1,2)，在此曲线上任意点(x,y)处的切线斜率为$2x$，求此曲线方程．

解 先求斜率为$2x$的曲线族，设所求曲线族为$y=y(x)$. 由题设可得$y'(x)=2x$，由不定积分定义有

$$y(x)=\int 2x\mathrm{d}x=x^2+C,$$

即所求的曲线族为$y=x^2+C$（如图 4.2 所示）．因为所求的曲线过点(1,2)，则2=1+C，即$C=1$，于是所求的曲线方程为

$$y=x^2+1.$$

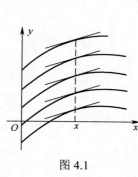

图 4.1

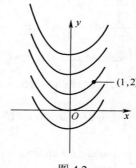

图 4.2

4. 不定积分与微分的关系

由原函数和不定积分的定义可知微分与积分是互逆的运算，它们之间的关系可表述如下：

（1）$\left[\int f(x)\mathrm{d}x\right]'=f(x)$ 或 $\mathrm{d}\left[\int f(x)\mathrm{d}x\right]=f(x)\mathrm{d}x$；

（2）$\int F'(x)\mathrm{d}x=F(x)+C$ 或 $\int \mathrm{d}F(x)=F(x)+C$．

求不定积分的方法称为积分法．以上几例中被积函数的形式比较简单，通过观察即可找出它的一个原函数，但一般来说，被积函数的原函数是不易观察到的；因此，我们要研究寻找原函数的方法．

4.1.2 基本积分公式

因为积分运算是微分运算的逆运算，所以由基本导数公式可以相应地得到下列基本积分公式．

（1）$\int k\mathrm{d}x=kx+C$ （k 为常数）；

（2） $\int x^{\mu} \mathrm{d}x = \dfrac{1}{\mu+1} x^{\mu+1} + C$ （ $\mu \neq -1$ ）；

（3） $\int \dfrac{1}{x} \mathrm{d}x = \ln|x| + C$ ；

（4） $\int \mathrm{e}^{x} \mathrm{d}x = \mathrm{e}^{x} + C$ ；

（5） $\int a^{x} \mathrm{d}x = \dfrac{a^{x}}{\ln a} + C$ （ $a > 0$, $a \neq 1$ ）；

（6） $\int \cos x \mathrm{d}x = \sin x + C$ ；

（7） $\int \sin x \mathrm{d}x = -\cos x + C$ ；

（8） $\int \dfrac{1}{\cos^{2} x} \mathrm{d}x = \int \sec^{2} x \mathrm{d}x = \tan x + C$ ；

（9） $\int \dfrac{1}{\sin^{2} x} \mathrm{d}x = \int \csc^{2} x \mathrm{d}x = -\cot x + C$ ；

（10） $\int \sec x \tan x \mathrm{d}x = \sec x + C$ ；

（11） $\int \csc x \cot x \mathrm{d}x = -\csc x + C$ ；

（12） $\int \dfrac{1}{1+x^{2}} \mathrm{d}x = \arctan x + C = -\operatorname{arc} \cot x + C$ ；

（13） $\int \dfrac{1}{\sqrt{1-x^{2}}} \mathrm{d}x = \arcsin x + C = -\arccos x + C$.

4.1.3 不定积分的性质

性质 4.1.1 两个函数和的不定积分，等于各函数不定积分的和，即
$$\int [f(x) + g(x)] \mathrm{d}x = \int f(x) \mathrm{d}x + \int g(x) \mathrm{d}x .$$

证明 将上式右端求导，得
$$\left[\int f(x) \mathrm{d}x + \int g(x) \mathrm{d}x \right]' = \left[\int f(x) \mathrm{d}x \right]' + \left[\int g(x) \mathrm{d}x \right]'$$
$$= f(x) + g(x),$$

这表明，原式右端是 $f(x) + g(x)$ 的原函数，又原式右端有两个积分记号，形式上含两个任意常数，由于任意常数之和仍为任意常数，故实际上含一个任意常数，因此原式右端是 $f(x) + g(x)$ 的不定积分. 得证.

类似地可以证明不定积分的第二个性质.

性质 4.1.2 非零常数因子可提到积分号外，即
$$\int kf(x) \mathrm{d}x = k \int f(x) \mathrm{d}x \quad （ k \neq 0 ）.$$

性质 4.1.1、4.1.2 可推广到有限多个函数的情形.

利用基本积分公式和不定积分的性质可求得一些简单函数的积分.

例 4.1.4　求 $\int(x^3+2x^2-x+5)\mathrm{d}x$.

解　$\displaystyle\int(x^3+2x^2-x+5)\mathrm{d}x=\int x^3\mathrm{d}x+\int 2x^2\mathrm{d}x-\int x\mathrm{d}x+\int 5\mathrm{d}x$

$$=\int x^3\mathrm{d}x+2\int x^2\mathrm{d}x-\int x\mathrm{d}x+5\int \mathrm{d}x$$

$$=\frac{1}{4}x^4+\frac{2}{3}x^3-\frac{1}{2}x^2+5x+C .$$

注意：逐项积分后，每个积分结果中均含有一个任意常数. 由于任意常数之和仍是任意常数，因此只要写出一个任意常数即可.

例 4.1.5　求 $\displaystyle\int\frac{x^2+2}{\sqrt{x}}\mathrm{d}x$.

解　$\displaystyle\int\frac{x^2+2}{\sqrt{x}}\mathrm{d}x=\int x^{\frac{3}{2}}\mathrm{d}x+\int 2x^{-\frac{1}{2}}\mathrm{d}x=\frac{2}{5}x^{\frac{5}{2}}+4x^{\frac{1}{2}}+C .$

例 4.1.6　求 $\int\tan^2 x\mathrm{d}x$.

解　$\displaystyle\int\tan^2 x\mathrm{d}x=\int(\sec^2 x-1)\mathrm{d}x$

$$=\int\sec^2 x\mathrm{d}x-\int\mathrm{d}x=\tan x-x+C .$$

例 4.1.7　求 $\displaystyle\int\cos^2\frac{x}{2}\mathrm{d}x$.

解　$\displaystyle\int\cos^2\frac{x}{2}\mathrm{d}x=\int\frac{1+\cos x}{2}\mathrm{d}x=\frac{1}{2}\left(\int\mathrm{d}x+\int\cos x\mathrm{d}x\right)$

$$=\frac{1}{2}(x+\sin x)+C .$$

例 4.1.8　求 $\displaystyle\int\frac{1}{x^2(1+x^2)}\mathrm{d}x$.

解　$\displaystyle\int\frac{1}{x^2(1+x^2)}\mathrm{d}x=\int\left(\frac{1}{x^2}-\frac{1}{1+x^2}\right)\mathrm{d}x$

$$=\int\frac{1}{x^2}\mathrm{d}x-\int\frac{1}{1+x^2}\mathrm{d}x=-\frac{1}{x}-\arctan x+C .$$

例 4.1.9　$\displaystyle\int\frac{x^4}{1+x^2}\mathrm{d}x$.

解　$\displaystyle\int\frac{x^4}{1+x^2}\mathrm{d}x=\int\frac{x^4-1+1}{1+x^2}\mathrm{d}x$

$$=\int\left(x^2-1+\frac{1}{1+x^2}\right)\mathrm{d}x=\frac{1}{3}x^3-x+\arctan x+C .$$

例 4.1.6～4.1.9 在基本积分公式中没有相应的类型，但经过对被积函数的适当变形，化为基本公式所列函数的积分后，便可逐项积分求得结果.

习题 4.1

1. 指出下列 10 个函数中，哪 5 个函数是另外 5 个函数的原函数？

$$6x^5, \ \arctan x, \ 1+x^2, \ \frac{x}{\sqrt{1+x^2}}, \ 1+(x^3)^2,$$

$$2x, \ \ln(1+x^2), \ \sqrt{1+x^2}, \ \frac{2x}{1+x^2}, \ \frac{1}{1+x^2}.$$

2. 在积分曲线族 $y = \int 5x^2 \, \mathrm{d}x$ 中，求通过点 $(\sqrt{3}, 5\sqrt{3})$ 的曲线.

3. 验证下列等式是否成立：

（1） $\int (3x^2 + 2x + 2) \mathrm{d}x = x^3 + x^2 + 2x + C$；

（2） $\int \dfrac{x}{\sqrt{1+x^2}} \mathrm{d}x = \sqrt{1+x^2} + C$；

（3） $\int \dfrac{1}{\sin x} \mathrm{d}x = \ln \tan \dfrac{x}{2} + C$；

（4） $\int \sqrt{a^2 - x^2} \mathrm{d}x = \dfrac{a^2}{2} \arcsin \dfrac{x}{a} + \dfrac{x}{2} \sqrt{a^2 - x^2} + C$.

4. 判断下列等式是否正确.

（1） $\int g'(x) \mathrm{d}x = g(x)$；

（2） $\left[\int f(x) \mathrm{d}x \right]' = f(x)$；

（3） $\int \cos x \mathrm{d}x = \sin x + C^2$ （C 为任意常数）.

5. 试验证积分 $\int \sin x \cos x \mathrm{d}x$ 有三种结果：

$$\int \sin x \cos x \mathrm{d}x = \frac{1}{2} \sin^2 x + C_1 ;$$

$$\int \sin x \cos x \mathrm{d}x = -\frac{1}{2} \cos^2 x + C_2 ;$$

$$\int \sin x \cos x \mathrm{d}x = -\frac{1}{4} \cos 2x + C_3 .$$

如何解释这三种结果彼此并不矛盾？任意常数 C_1、C_2、C_3 之间有何关系？

6. 填空题.

（1）曲线在任一点处的切线斜率等于该点横坐标的倒数，且通过点 $(e^2, 3)$，则该曲线方程为_____；

（2）设 $f(x)$ 的一个原函数为 $\sin x + x^2$，则 $\int f(x) \mathrm{d}x = $_____；

（3） $f(x) = \dfrac{\cos 2x}{\cos x - \sin x}$ 的原函数 $F(x) = $_____；

（4） $\int \dfrac{x^2}{1+x^2} \mathrm{d}x = $_____；

（5）设 $F_1(x),F_2(x)$ 是 $f(x)$ 的两个不同的原函数，且 $f(x) \neq 0$，则有
$$F_1(x) - F_2(x) = \underline{\hspace{3cm}};$$

（6）$\int(\sqrt{x}+1)(\sqrt{x^3}-1)\mathrm{d}x = \underline{\hspace{3cm}}.$

7．求下列不定积分：

（1）$\int 2x\sqrt{x^3}\,\mathrm{d}x$；

（2）$\int(\sqrt{x}-1)^2\mathrm{d}x$；

（3）$\int\left(\dfrac{1-x}{x}\right)^2\mathrm{d}x$；

（4）$\int\left(\dfrac{2}{x}+\dfrac{x}{3}\right)^2\mathrm{d}x$；

（5）$\int(5\sin x + \cos x)\mathrm{d}x$；

（6）$\int 3^x \mathrm{e}^x \mathrm{d}x$；

（7）$\int(2^x + \sec^2 x)\mathrm{d}x$；

（8）$\int\dfrac{x^3+x-1}{x^2+1}\mathrm{d}x$；

（9）$\int \sec x(\sec x - \tan x)\mathrm{d}x$；

（10）$\int\dfrac{2+\cos^2 x}{\cos^2 x}\mathrm{d}x$；

（11）$\int\dfrac{\cos 2x}{\cos^2 x \sin^2 x}\mathrm{d}x$；

（12）$\int\dfrac{1}{\cos^2 x \sin^2 x}\mathrm{d}x.$

4.2　不定积分的积分方法

能够直接利用基本积分公式及不定积分的性质求积分的函数是很有限的，因此，有必要寻求更有效的积分方法．本节将介绍两种重要的积分法——换元积分法与分部积分法，这将大大拓宽基本积分公式的应用范围．

4.2.1　第一类换元积分法（凑微分法）

我们先来分析一个例子．

例 4.2.1　求 $\int \cos 2x\mathrm{d}x$．

解　在上一节介绍的基本积分公式中没有这个积分，与其类似的是
$$\int \cos x\,\mathrm{d}x = \sin x + C,$$

而
$$\int \cos 2x\mathrm{d}x = \frac{1}{2}\int \cos 2x\mathrm{d}2x,$$

令
$$u = 2x,$$
$$\int \cos 2x\mathrm{d}2x = \int \cos u\mathrm{d}u = \sin u + C = \sin 2x + C,$$

所以
$$\int \cos 2x\mathrm{d}x = \frac{1}{2}\sin 2x + C.$$

由此可见，对于不能直接使用基本积分公式求解的不定积分，若可以通过适当的变量代换将其化成基本公式中已有的形式，求出积分后，再回代原积分变量，

则可求得原来的不定积分，这种方法称为第一类换元积分法，也称凑微分法. 一般地，有以下定理.

定理 4.2.1 如果 $\int f(u)\mathrm{d}u = F(u) + C$，且 $u = \varphi(x)$ 是可导函数，则有

$$\int f[\varphi(x)]\varphi'(x)\mathrm{d}x = F[\varphi(x)] + C.$$

证明 由复合函数的链导法则，得

$$\frac{\mathrm{d}}{\mathrm{d}x}F[\varphi(x)] = \frac{\mathrm{d}F(u)}{\mathrm{d}u} \cdot \frac{\mathrm{d}u}{\mathrm{d}x} = F'(u) \cdot \varphi'(x) = f(u) \cdot \varphi'(x) = f[\varphi(x)]\varphi'(x).$$

因此

$$\int f[\varphi(x)]\varphi'(x)\mathrm{d}x = F[\varphi(x)] + C.$$

应用定理 1 求不定积分的步骤为

$$\int g(x)\mathrm{d}x \xlongequal{\text{拆成}} \int f[\varphi(x)]\varphi'(x)\mathrm{d}x \xlongequal{\text{凑微分}} \int f[\varphi(x)]\mathrm{d}\varphi(x)$$

$$\xlongequal[\varphi(x)=u]{\text{变量代换}} \int f(u)\,\mathrm{d}u \xlongequal[\text{或性质}]{\text{由基本公式}} F(u) + C \xlongequal[u=\varphi(x)]{\text{变量回代}} F[\varphi(x)] + C.$$

例 4.2.2 求 $\int (2x+1)^{10}\,\mathrm{d}x$.

解 $\int (2x+1)^{10}\,\mathrm{d}x \xlongequal{\text{拆成}} \int \frac{(2x+1)^{10}}{2}2\mathrm{d}x$

$$\xlongequal{\text{凑微分}} \frac{1}{2}\int (2x+1)^{10}\,\mathrm{d}(2x+1) \xlongequal{\text{令}2x+1=u} \frac{1}{2}\int u^{10}\mathrm{d}u$$

$$\xlongequal{\text{基本公式}} \frac{1}{2} \cdot \frac{1}{10+1}u^{10+1} + C \xlongequal[u=2x+1]{\text{变量回代}} \frac{1}{22}(2x+1)^{11} + C.$$

例 4.2.3 求 $\int x\mathrm{e}^{-x^2}\,\mathrm{d}x$.

解 $\int x\mathrm{e}^{-x^2}\,\mathrm{d}x \xlongequal{\text{凑微分}} -\frac{1}{2}\int \mathrm{e}^{-x^2}\,\mathrm{d}(-x^2) \xlongequal{\text{令}-x^2=u} -\frac{1}{2}\int \mathrm{e}^u\mathrm{d}u$

$$\xlongequal{\text{基本公式}} -\frac{1}{2}\mathrm{e}^u + C \xlongequal[u=-x^2]{\text{变量回代}} -\frac{1}{2}\mathrm{e}^{-x^2} + C.$$

在运算熟练后，积分过程中的中间变量 u 可不必写出.

例 4.2.4 求 $\int \frac{x}{\sqrt{1+2x^2}}\,\mathrm{d}x$.

解 $\int \frac{x}{\sqrt{1+2x^2}}\,\mathrm{d}x = \frac{1}{2}\int (1+2x^2)^{-\frac{1}{2}}\,\mathrm{d}x^2 = \frac{1}{4}\int (1+2x^2)^{-\frac{1}{2}}\,\mathrm{d}(1+2x^2)$

$$= \frac{1}{4} \cdot 2(1+2x^2)^{\frac{1}{2}} + C = \frac{1}{2}(1+2x^2)^{\frac{1}{2}} + C.$$

例 4.2.5　求 $\int \dfrac{\sqrt{1+\ln x}}{x}\mathrm{d}x$.

解　$\displaystyle\int \dfrac{\sqrt{1+\ln x}}{x}\mathrm{d}x = \int \sqrt{1+\ln x}\,\mathrm{d}\ln x$

$$= \int (1+\ln x)^{\frac{1}{2}}\,\mathrm{d}(1+\ln x) = \frac{2}{3}(1+\ln x)^{\frac{3}{2}} + C .$$

例 4.2.6　求 $\int \dfrac{1}{x(1+\ln^2 x)}\mathrm{d}x$.

解　$\displaystyle\int \dfrac{1}{x(1+\ln^2 x)}\mathrm{d}x = \int \dfrac{1}{1+\ln^2 x}\mathrm{d}\ln x = \arctan \ln x + C .$

例 4.2.7　求 $\int \dfrac{\arctan x}{1+x^2}\mathrm{d}x$.

解　$\displaystyle\int \dfrac{\arctan x}{1+x^2}\mathrm{d}x = \int \arctan x\,\mathrm{d}\arctan x = \frac{1}{2}(\arctan x)^2 + C .$

例 4.2.8　求 $\int f'(x)\mathrm{e}^{-2f(x)}\mathrm{d}x$.

解　$\displaystyle\int f'(x)\mathrm{e}^{-2f(x)}\mathrm{d}x = \int \mathrm{e}^{-2f(x)}\mathrm{d}f(x)$

$$= -\frac{1}{2}\int \mathrm{e}^{-2f(x)}\mathrm{d}[-2f(x)] = -\frac{1}{2}\mathrm{e}^{-2f(x)} + C .$$

例 4.2.9　求 $\int \tan x\mathrm{d}x$.

解　$\displaystyle\int \tan x\mathrm{d}x = \int \dfrac{\sin x}{\cos x}\mathrm{d}x \xlongequal{\text{拆成}} \int \dfrac{-1}{\cos x}(-\sin x)\mathrm{d}x$

$$\xlongequal{\text{凑微分}} -\int \dfrac{1}{\cos x}\mathrm{d}\cos x \xlongequal{\text{基本公式}} -\ln|\cos x| + C .$$

类似地，$\displaystyle\int \cot x\mathrm{d}x = \ln|\sin x| + C .$

例 4.2.10　求 $\int \dfrac{\mathrm{d}x}{a^2+x^2}$ （$a \neq 0$）.

解　$\displaystyle\int \dfrac{\mathrm{d}x}{a^2+x^2} = \int \dfrac{\mathrm{d}x}{a^2\left[1+\left(\dfrac{x}{a}\right)^2\right]} = \frac{1}{a}\int \dfrac{1}{1+\left(\dfrac{x}{a}\right)^2}\mathrm{d}\left(\dfrac{x}{a}\right) = \frac{1}{a}\arctan \frac{x}{a} + C .$

例 4.2.11　求 $\int \dfrac{\mathrm{d}x}{\sqrt{a^2-x^2}}$ （$a > 0$）.

解 $\displaystyle\int\frac{\mathrm{d}x}{\sqrt{a^2-x^2}}=\int\frac{\mathrm{d}x}{a\sqrt{1-\left(\dfrac{x}{a}\right)^2}}=\int\frac{1}{\sqrt{1-\left(\dfrac{x}{a}\right)^2}}\,\mathrm{d}\left(\frac{x}{a}\right)=\arcsin\frac{x}{a}+C\,.$

例 4.2.12 求 $\displaystyle\int\frac{1}{x^2-a^2}\,\mathrm{d}x$ （$a\neq0$）.

解 $\displaystyle\int\frac{1}{x^2-a^2}\,\mathrm{d}x=\int\frac{1}{(x+a)(x-a)}\,\mathrm{d}x$

$$=\frac{1}{2a}\int\left(\frac{1}{x-a}-\frac{1}{x+a}\right)\mathrm{d}x$$

$$=\frac{1}{2a}\left[\int\frac{1}{x-a}\,\mathrm{d}(x-a)-\int\frac{1}{x+a}\,\mathrm{d}(x+a)\right]$$

$$=\frac{1}{2a}\big[\ln|x-a|-\ln|x+a|\big]+C$$

$$=\frac{1}{2a}\ln\left|\frac{x-a}{x+a}\right|+C\,.$$

例 4.2.13 求 $\displaystyle\int\csc x\,\mathrm{d}x$.

解 $\displaystyle\int\csc x\,\mathrm{d}x=\int\frac{1}{\sin x}\,\mathrm{d}x=\int\frac{1}{2\sin\dfrac{x}{2}\cos\dfrac{x}{2}}\,\mathrm{d}x$

$$=\int\frac{1}{\tan\dfrac{x}{2}\cdot\cos^2\dfrac{x}{2}}\,\mathrm{d}\left(\frac{x}{2}\right)$$

$$=\int\frac{1}{\tan\dfrac{x}{2}}\sec^2\frac{x}{2}\,\mathrm{d}\left(\frac{x}{2}\right)$$

$$=\int\frac{1}{\tan\dfrac{x}{2}}\,\mathrm{d}\left(\tan\frac{x}{2}\right)=\ln\left|\tan\frac{x}{2}\right|+C\,,$$

而 $$\tan\frac{x}{2}=\frac{1-\cos x}{\sin x}=\csc x-\cot x\,,$$

因此 $$\int\csc x\,\mathrm{d}x=\ln|\csc x-\cot x|+C\,.$$

例 4.2.14 求 $\displaystyle\int\sec x\,\mathrm{d}x$.

解 $\displaystyle\int\sec x\,\mathrm{d}x=\int\frac{1}{\cos x}\,\mathrm{d}x=\int\frac{1}{\sin\left(x+\dfrac{\pi}{2}\right)}\,\mathrm{d}\left(x+\frac{\pi}{2}\right)$

$$=\int\csc\left(x+\frac{\pi}{2}\right)\mathrm{d}\left(x+\frac{\pi}{2}\right)\,,$$

应用例 4.2.13 的结论，得

$$\int \sec x \mathrm{d}x = \ln \left| \csc \left(x + \frac{\pi}{2} \right) - \cot \left(x + \frac{\pi}{2} \right) \right| + C$$

$$= \ln \left| \sec x + \tan x \right| + C .$$

例 4.2.15 求 $\int \dfrac{1}{x(x^2+1)} \mathrm{d}x$.

解 $\displaystyle\int \dfrac{1}{x(x^2+1)} \mathrm{d}x = \int \dfrac{x^2+1-x^2}{x(x^2+1)} \mathrm{d}x = \int \left(\dfrac{1}{x} - \dfrac{x}{x^2+1} \right) \mathrm{d}x$

$$= \ln |x| - \frac{1}{2} \int \frac{1}{x^2+1} \mathrm{d}x^2$$

$$= \ln |x| - \frac{1}{2} \ln \left(x^2 + 1 \right) + C .$$

上述例题中，有几个积分是以后经常会遇到的，所以它们通常也被当作公式使用：

（14）$\displaystyle\int \tan x \, \mathrm{d}x = -\ln \left| \cos x \right| + C$ ；

（15）$\displaystyle\int \cot x \, \mathrm{d}x = \ln \left| \sin x \right| + C$ ；

（16）$\displaystyle\int \sec x \, \mathrm{d}x = \ln \left| \sec x + \tan x \right| + C$ ；

（17）$\displaystyle\int \csc x \, \mathrm{d}x = \ln \left| \csc x - \cot x \right| + C = \ln \left| \tan \dfrac{x}{2} \right| + C$ ；

（18）$\displaystyle\int \dfrac{\mathrm{d}x}{a^2 + x^2} = \dfrac{1}{a} \arctan \dfrac{x}{a} + C$ （ $a \neq 0$ ）；

（19）$\displaystyle\int \dfrac{\mathrm{d}x}{\sqrt{a^2 - x^2}} = \arcsin \dfrac{x}{a} + C$ ；

（20）$\displaystyle\int \dfrac{1}{x^2 - a^2} \mathrm{d}x = \dfrac{1}{2a} \ln \left| \dfrac{x-a}{x+a} \right| + C$ （ $a \neq 0$ ）．

4.2.2 第二类换元积分法

第一类换元积分法虽然应用比较广泛，但对于某些积分，如 $\displaystyle\int \sqrt{a^2 - x^2} \mathrm{d}x$ ，

$\displaystyle\int \dfrac{\mathrm{d}x}{\sqrt{x^2 + a^2}}$ ，$\displaystyle\int \dfrac{\mathrm{d}x}{1 + \sqrt{x+1}}$ 等，就不一定适用，为此介绍第二类换元积分法．

先看一个例子．

例 4.2.16 $\displaystyle\int \dfrac{1}{1 + \sqrt{x}} \mathrm{d}x$.

解 此积分的问题是分母含有根式，先作变换把根式去掉，为此，设 $t = \sqrt{x}$ ，则 $x = t^2$ ， $\mathrm{d}x = 2t \, \mathrm{d}t$ ，于是

$$\int \frac{\mathrm{d}x}{1+\sqrt{x}} = \int \frac{2t\,\mathrm{d}t}{1+t} = 2\int \frac{t+1-1}{t+1}\mathrm{d}t = 2\int \left(1-\frac{1}{t+1}\right)\mathrm{d}t$$

$$= 2\int \mathrm{d}t - 2\int \frac{1}{t+1}\mathrm{d}(t+1)$$

$$= 2t - 2\ln|t+1| + C = 2\sqrt{x} - 2\ln(\sqrt{x}+1) + C.$$

由此可见，对不能用基本公式、性质和凑微分法求解的积分，若能选择适当的变换 $x=\varphi(t)$ 将 $\int f(x)\mathrm{d}x$ 变为 $\int f[\varphi(t)]\varphi'(t)\mathrm{d}t$，而后者可用基本公式、性质及凑微分法求得，求出结果，这就是第二类换元积分法，用定理表述如下.

定理 4.2.2 设 $x=\varphi(t)$ 是单调可导函数，且 $\varphi'(t)\neq 0$. 如果 $f[\varphi(t)]\varphi'(t)$ 有原函数，则有换元公式

$$\int f(x)\mathrm{d}x = \left[\int f[\varphi(t)]\varphi'(t)\mathrm{d}t\right]_{t=\varphi^{-1}(x)}.$$

证明 设 $f[\varphi(t)]\varphi'(t)$ 的原函数为 $\Phi(t)$，记 $\Phi[\varphi^{-1}(x)]=F(x)$，利用复合函数及反函数的求导法则，得到

$$F'(x) = \frac{\mathrm{d}\Phi}{\mathrm{d}t}\cdot\frac{\mathrm{d}t}{\mathrm{d}x} = f[\varphi(t)]\varphi'(t)\cdot\frac{1}{\varphi'(t)} = f[\varphi(t)] = f(x),$$

即 $F(x)$ 是 $f(x)$ 的原函数，所以有

$$\int f(x)\mathrm{d}x = F(x)+C = \Phi[\varphi^{-1}(x)]+C$$

$$= \left[\int f[\varphi(t)]\varphi'(t)\mathrm{d}t\right]_{t=\varphi^{-1}(x)}.$$

定理得证.

应用第二类换元法求不定积分的步骤为如下：

$$\int f(x)\mathrm{d}x \xrightarrow[x=\varphi(t)]{\text{换元}} \int f[\varphi(t)]\varphi'(t)\mathrm{d}t = \int g(t)\mathrm{d}t \xrightarrow[\text{性质与凑微分等求}]{\text{能用基本公式}} \Phi(t)+C$$

$$\xrightarrow[\varphi(t)=x]{\text{还原}} \Phi[\varphi^{-1}(x)]+C.$$

例 4.2.17 求 $\int \frac{x}{\sqrt{2x+1}}\mathrm{d}x$.

解 将被积函数有理化，为此消去根式，令 $\sqrt{2x+1}=t$，则 $x=\frac{t^2-1}{2}$，$\mathrm{d}x=t\mathrm{d}t$，于是

$$\int \frac{x}{\sqrt{2x+1}}\mathrm{d}x = \int \frac{t^2-1}{2t}t\mathrm{d}t = \frac{1}{2}\int(t^2-1)\mathrm{d}t = \frac{1}{2}\left(\frac{1}{3}t^3-t\right)+C$$

$$= \frac{1}{6}(\sqrt{2x+1})^3 - \frac{1}{2}\sqrt{2x+1}+C.$$

例 4.2.18 求 $\int \frac{1}{\sqrt{\mathrm{e}^x-1}}\mathrm{d}x$.

解 令 $\sqrt{e^x - 1} = t$ ，则 $x = \ln(t^2 + 1)$ ， $dx = \dfrac{2t}{t^2 + 1}dt$ ，

于是

$$\int \frac{1}{\sqrt{e^x - 1}}dx = \int \frac{2}{t^2 + 1}dt$$

$$= 2\arctan t + C = 2\arctan \sqrt{e^x - 1} + C.$$

例 4.2.19 求 $\int \sqrt{a^2 - x^2}dx$ （$a > 0$）.

解 令 $x = a\sin t \left(-\dfrac{\pi}{2} < t < \dfrac{\pi}{2} \right)$ ，则 $dx = a\cos tdt, \sqrt{a^2 - x^2} = a\cos t$ ，于是

$$\int \sqrt{a^2 - x^2}dx = \int a\cos t \cdot a\cos tdt = \int a^2 \cos^2 tdt$$

$$= a^2 \int \frac{1 + \cos 2t}{2}dt = \frac{a^2}{2}t + \frac{a^2}{4}\sin 2t + C.$$

为把 t 还原成 x 的函数，可根据 $x = a\sin t$ 作一直角三角形，如图 4.3 所示，于是

$$\cos t = \frac{\sqrt{a^2 - x^2}}{a},$$

$$\sin 2t = 2\sin t \cdot \cos t = 2 \cdot \frac{x}{a} \cdot \frac{\sqrt{a^2 - x^2}}{a}.$$

因此

$$\int \sqrt{a^2 - x^2}\,dx = \frac{a^2}{2}\arcsin \frac{x}{a} + \frac{1}{2}x\sqrt{a^2 - x^2} + C.$$

例 4.2.20 求 $\int \dfrac{dx}{\sqrt{x^2 + a^2}}$ （$a > 0$）.

解 类似上例，令 $x = a\tan t \left(-\dfrac{\pi}{2} < t < \dfrac{\pi}{2} \right)$ ，

则

$$dx = a\sec^2 tdt, \quad \sqrt{x^2 + a^2} = a\sec t.$$

于是

$$\int \frac{dx}{\sqrt{x^2 + a^2}} = \int \frac{a\sec^2 t}{a\sec t}dt = \int \sec tdt = \ln|\sec t + \tan t| + C_1.$$

为还原成原积分变量，根据 $x = a\tan t$ 作直角三角形，如图 4.4 所示，于是

$$\sec t = \frac{1}{\cos t} = \frac{\sqrt{a^2 + x^2}}{a},$$

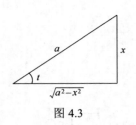 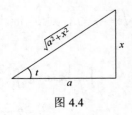

图 4.3 图 4.4

因此

$$\int \frac{\mathrm{d}x}{\sqrt{x^2+a^2}} = \ln\left|\frac{x}{a}+\frac{\sqrt{a^2+x^2}}{a}\right|+C_1$$

$$= \ln\left|x+\sqrt{x^2+a^2}\right|+C,$$

其中 $C = C_1 - \ln a$.

例 4.2.21 求 $\int \frac{\mathrm{d}x}{\sqrt{x^2-a^2}}$ （$a>0$）.

解 令 $x = a\sec t$ （$0 < t < \frac{\pi}{2}$），

则 $$\mathrm{d}x = a\sec t \cdot \tan t\mathrm{d}t,$$

于是 $$\int \frac{\mathrm{d}x}{\sqrt{x^2-a^2}} = \int \frac{a\sec t \cdot \tan t}{a\tan t}\mathrm{d}t = \int \sec t\mathrm{d}t$$

$$= \ln\left|\sec t + \tan t\right|+C_1.$$

由 $\sec t = \dfrac{x}{a}$ 作直角三角形，如图 4.5 所示. 于是

$$\tan t = \frac{\sqrt{x^2-a^2}}{a},$$

因此

$$\int \frac{\mathrm{d}x}{\sqrt{x^2-a^2}} = \ln\left|\frac{x}{a}+\frac{\sqrt{x^2-a^2}}{a}\right|+C_1 = \ln\left|x+\sqrt{x^2-a^2}\right|+C,$$

其中 $C = C_1 - \ln a$.

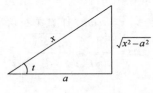

图 4.5

例 4.2.16～4.2.18 为根代换，例 4.2.19～4.2.21 所用的变换称为三角代换，主

要是去掉根号，这是第二类换元法常用的变量代换.

利用第二类换元法我们又得到几个不定积分公式：

（21）$\int \sqrt{a^2-x^2}\,\mathrm{d}x = \dfrac{a^2}{2}\arcsin\dfrac{x}{a}+\dfrac{1}{2}x\sqrt{a^2-x^2}+C$;

（22）$\int \dfrac{\mathrm{d}x}{\sqrt{x^2\pm a^2}} = \ln\left| x+\sqrt{x^2\pm a^2}\right|+C$.

习题 4.2

1．填空题：

（1）$\sin\dfrac{x}{3}\mathrm{d}x = =$ _____ $\mathrm{d}\left(\cos\dfrac{x}{3}\right)$;

（2）$xe^{-2x^2}\mathrm{d}x =$ _____ $\mathrm{d}(e^{-2x^2})$;

（3）$\dfrac{1}{1+9x^2}\mathrm{d}x =$ _____ $\mathrm{d}(\arctan 3x)$;

（4）$\dfrac{x\mathrm{d}x}{\sqrt{1-x^2}} =$ _____ $\mathrm{d}(\sqrt{1-x^2})$;

（5）$\mathrm{d}x =$ _____ $\mathrm{d}(3-2x)$;

（6）$\dfrac{\ln x}{x}\mathrm{d}x = 3\mathrm{d}$ _____ ;

（7）$x\mathrm{d}x =$ _____ $\mathrm{d}(1-x^2)$.

2．求下列不定积分：

（1）$\int (1-3x)^3\mathrm{d}x$;

（2）$\int \cos(3x-2)\mathrm{d}x$;

（3）$\int \dfrac{x}{\sqrt{3-x^2}}\mathrm{d}x$;

（4）$\int \dfrac{3x^2}{1+x^3}\mathrm{d}x$;

（5）$\int xe^{-x^2}\mathrm{d}x$;

（6）$\int 5^{2x+3}\mathrm{d}x$;

（7）$\int \dfrac{x}{\sqrt{x-1}}\mathrm{d}x$;

（8）$\int \dfrac{e^{\arcsin x}}{\sqrt{1-x^2}}\mathrm{d}x$;

（9）$\int \dfrac{\sec^2 x}{1+\tan x}\mathrm{d}x$;

（10）$\int \dfrac{1}{x\sqrt{1+\ln x}}\mathrm{d}x$;

（11）$\int \dfrac{x^2-x-2}{1+x^2}\mathrm{d}x$;

（12）$\int \dfrac{\sin 2x}{1+\cos x}\mathrm{d}x$.

（13）$\int \dfrac{e^{\sqrt{x}}}{5\sqrt{x}}\mathrm{d}x$;

（14）$\int \dfrac{1}{x^2}\tan\dfrac{1}{x}\mathrm{d}x$;

（15）$\int \dfrac{e^x}{e^{2x}+1}\mathrm{d}x$;

（16）$\int \dfrac{1}{e^x+e^{-x}}\mathrm{d}x$;

（17）$\displaystyle\int \frac{1}{e^x(e^x+1)}dx$;

（18）$\displaystyle\int \frac{1}{x^2-2x+5}dx$;

（19）$\displaystyle\int \frac{x}{x^4-1}dx$;

（20）$\displaystyle\int \frac{1}{x^2-2x-5}dx$;

（21）$\displaystyle\int \frac{\sin x-\cos x}{1+\sin 2x}dx$;

（22）$\displaystyle\int \frac{1+\ln x}{x\ln x}dx$;

（23）$\displaystyle\int \frac{1+\cos x}{x+\sin x}dx$;

（24）$\displaystyle\int \frac{\arctan \sqrt{x}}{(1+x)\sqrt{x}}dx$.

3．求下列不定积分：

（1）$\displaystyle\int \frac{1}{1+\sqrt{3x}}dx$;

（2）$\displaystyle\int \frac{x^2}{\sqrt{2-x}}dx$;

（3）$\displaystyle\int \frac{1}{(x^2+1)^2}dx$;

（4）$\displaystyle\int \frac{dx}{\sqrt{1+e^x}}$;

（5）$\displaystyle\int \frac{\sqrt{x^2+1}}{x}dx$;

（6）$\displaystyle\int \frac{\sqrt{x^2-9}}{x}dx$;

（7）$\displaystyle\int \frac{x^2}{\sqrt{a^2-x^2}}dx$ （$a>0$）;

（8）$\displaystyle\int \frac{1}{x\sqrt{x^2-1}}dx$.

4.3　分部积分法

　　换元积分法是一个很重要的积分方法，但这种方法对 $\int x^2 e^x dx$ ，$\int \sin x\cdot e^x dx$ 等类型的积分无能为力．为此我们介绍分部积分法．

　　分部积分法源于两个函数乘积的微分法则．设 $u=u(x)$ ，$v=v(x)$ 具有连续导数，由于

$$d(uv)=vdu+udv ,$$

移项，得

$$udv=d(uv)-vdu .$$

两边对 x 积分，得

$$\int udv=uv-\int vdu ,$$

或

$$\int uv'dx=uv-\int vu'dx .$$

　　这就是分部积分法公式，它把求形如 $\int uv'dx$ 的积分转化为求 $\int vu'dx$ 的积分．当然，这种转化必须是后者较前者积分容易求得才有意义．下面举例说明．

　　例 4.3.1　求 $\int x\cos x dx$.

　　解　$\int x\cos x dx=\int x d(\sin x)$ ，令 $u=x$ ，$v=\sin x$ ，由分部积分公式，得

$$\int x\cos x dx=x\sin x-\int \sin x dx=x\sin x+\cos x+C .$$

若将原式写为 $\displaystyle\int \cos x \, d\left(\frac{1}{2}x^2\right)$，即令 $u = \cos x$，$v = \frac{1}{2}x^2$，则

$$\int x \cos x dx = \frac{x^2}{2}\cos x + \int \frac{x^2}{2}\sin x dx .$$

显然上式右端的积分比原积分更难求，这种转化无意义.

由此可见，应用分部积分法的关键在于恰当地选取 u 和 v. 在运算熟练后，可不必写出 u、v.

例 4.3.2 求 $\displaystyle\int x^2 e^x dx$.

解 $\displaystyle\int x^2 e^x dx = \int x^2 \, d(e^x) = x^2 e^x - \int e^x \, d(x^2) = x^2 e^x - 2\int x e^x dx.$

其中对 $\displaystyle\int x e^x dx$ 再用一次分部积分公式，即

$$\int x e^x dx = \int x \, d(e^x) = x e^x - \int e^x dx = x e^x - e^x + C.$$

于是

$$\int x^2 e^x dx = x^2 e^x - 2x e^x + 2e^x + C = e^x(x^2 - 2x + 2) + C .$$

例 4.3.3 求 $\displaystyle\int x \ln x dx$.

解 $\displaystyle\int x \ln x dx = \int \ln x \, d\left(\frac{x^2}{2}\right) = \frac{x^2}{2}\ln x - \int \frac{x^2}{2} \, d(\ln x)$

$$= \frac{x^2}{2}\ln x - \int \frac{x}{2} dx = \frac{x^2}{2}\ln x - \frac{x^2}{4} + C .$$

例 4.3.4 求 $\displaystyle\int x \arctan x dx$.

解 $\displaystyle\int x \arctan x dx = \int \arctan x \, d\left(\frac{x^2}{2}\right) = \frac{x^2}{2}\arctan x - \int \frac{x^2}{2} \, d(\arctan x)$

$$= \frac{x^2}{2}\arctan x - \frac{1}{2}\int \left(1 - \frac{1}{1+x^2}\right) dx$$

$$= \frac{x^2}{2}\arctan x - \frac{1}{2}x + \frac{1}{2}\arctan x + C .$$

例 4.3.5 求 $\displaystyle\int e^x \cos x dx$.

解 $\displaystyle\int e^x \cos x dx = \int \cos x \, de^x = e^x \cos x - \int e^x \, d(\cos x)$

$$= e^x \cos x + \int e^x \sin x dx = e^x \cos x + \int \sin x \, de^x$$

$$= e^x \cos x + e^x \sin x - \int e^x \, d(\sin x)$$

$$= e^x(\cos x + \sin x) - \int e^x \cos x dx.$$

将等式右端的 $\int e^x \cos x dx$ 移到左端，得

$$2\int e^x \cos x dx = e^x(\cos x + \sin x) + C_1 ,$$

于是

$$\int e^x \cos x dx = \frac{1}{2}e^x(\cos x + \sin x) + C ,$$

其中 $C = \frac{1}{2}C_1$.

分部积分法的关键是选 " u "，如何选择有规律可循，即

（1）对于 $\int x^n \cdot e^{ax} dx$ ， $\int x^n \cdot \sin ax dx$ ， $\int x^n \cdot \cos bx dx$ ，可令 $u = x^n$ ；

（2）对于 $\int x^n \cdot \ln x dx$ ， $\int x^n \cdot \arcsin x dx$ ， $\int x^n \cdot \arctan x dx$ ，可令 $u = \ln x$ ， $u = \arcsin x$ ， $u = \arctan x$ ；

（3）对于 $\int e^{ax} \cdot \sin bx dx$ ， $\int e^{ax} \cdot \cos bx dx$ ，设 $u = e^{ax}$ ， $u = \sin bx$ ， $u = \cos bx$ 均可.

在计算积分时，有时需要同时使用换元积分法与分部积分法.

例 4.3.6 求 $\int \arcsin x dx$.

解 $\int \arcsin x dx = x \arcsin x - \int x d(\arcsin x) = x \arcsin x - \int \dfrac{x}{\sqrt{1-x^2}} dx$

$= x \arcsin x + \dfrac{1}{2}\int (1-x^2)^{-\frac{1}{2}} d(1-x^2) = x \arcsin x + \sqrt{1-x^2} + C$.

例 4.3.7 求 $\int \cos\sqrt{x} dx$.

解 令 $\sqrt{x} = u$ ，则 $x = u^2$ ， $dx = 2u du$ ，于是

$$\int \cos\sqrt{x} dx = \int \cos u \cdot 2u du = 2\int u d(\sin u)$$

$$= 2\left(u \sin u - \int \sin u du\right) = 2(u \sin u + \cos u) + C$$

$$= 2\left(\sqrt{x} \sin\sqrt{x} + \cos\sqrt{x}\right) + C .$$

例 4.3.8 求 $\int x^3 \cos x^2 dx$.

解 $\int x^3 \cos x^2 dx = \dfrac{1}{2}\int x^2 \cos x^2 dx^2 \xlongequal{x^2=u} \dfrac{1}{2}\int \cos u \cdot u du = \dfrac{1}{2}\int u d\sin u$

$= \dfrac{1}{2}\left(u \sin u - \int \sin u du\right) = \dfrac{1}{2}(u \sin u + \cos u) + C$

$\xlongequal{u=x^2} \dfrac{1}{2}(x^2 \sin x^2 + \cos x^2) + C .$

习题 4.3

1. 求下列不定积分：

(1) $\int x e^x dx$;

(2) $\int x \sin 2x dx$;

(3) $\int x^2 \ln x dx$;

(4) $\int \arctan x dx$;

(5) $\int x^2 e^x dx$;

(6) $\int e^{\sqrt[3]{x}} dx$;

(7) $\int x^2 \arctan x dx$;

(8) $\int x \sec^2 x dx$

(9) $\int (\arcsin x)^2 dx$;

(10) $\int \dfrac{\ln \ln x}{x} dx$;

(11) $\int \dfrac{x^2 \arctan x}{1+x^2} dx$;

(12) $\int \dfrac{\arctan x}{x^2(1+x^2)} dx$;

(13) $\int x^5 e^{x^3} dx$;

(14) $\int \dfrac{\ln \tan x}{\cos^2 x} dx$;

(15) $\int e^x \sin x dx$;

(16) $\int \cos \ln x dx$

2. 已知 $f(x)$ 的一个原函数为 e^{-x^2}，求 $\int x f'(x) dx$.

*4.4 简单有理函数的积分及积分表的使用

前文介绍了积分学中两种典型的积分方法，本节介绍简单有理函数的积分和积分表的使用.

4.4.1 简单有理函数的积分

对于某些特殊类型的被积函数的积分，如有理函数、三角函数有理式等，可通过恒等变形，应用上述两种方法进行求解. 下面举例说明.

例 4.4.1 求 $\int \dfrac{x+3}{x^2-5x+6} dx$.

解 这是一个被积函数为有理函数的积分. 由代数学可知，有理函数总可以在实数范围内分解为若干个最简分式之和的形式. 因 $x^2-5x+6=(x-2)(x-3)$，所以

$$\frac{x+3}{x^2-5x+6} = \frac{x+3}{(x-2)(x-3)} = \frac{A}{x-2} + \frac{B}{x-3} .$$

其中 A、B 为待定系数，用 $(x-2)(x-3)$ 同乘等式两边，得

$$(x+3) = A(x-3) + B(x-2) .$$

把上式展开并比较系数，即可确定 A、B. 也可采用对 x 取特殊值的方法确定

A、B，因为上式对 x 是恒等式，因此令 $x=2$ 得 $A=-5$，令 $x=3$ 得 $B=6$，于是

$$\int \frac{x+3}{x^2-5x+6}\mathrm{d}x = \int\left(\frac{-5}{x-2}+\frac{6}{x-3}\right)\mathrm{d}x$$

$$= -5\int\frac{\mathrm{d}x}{x-2}+6\int\frac{\mathrm{d}x}{x-3}$$

$$= -5\ln|x-2|+6\ln|x-3|+C.$$

注意：若分母中有一次因式的 k 重因子 $(x-a)^k$，则在部分分式中必须相应地有 k 项，分母分别为 $(x-a),\cdots,(x-a)^k$，分子均为待定常数.

例 4.4.2 求 $\displaystyle\int\frac{2x+1}{x^3-2x^2+x}\mathrm{d}x$.

解 将被积函数分解成部分分式之和

$$\frac{2x+1}{x^3-2x^2+x}=\frac{2x+1}{x(x-1)^2}=\frac{A}{x}+\frac{B}{x-1}+\frac{C}{(x-1)^2},$$

两端去分母得

$$2x+1=A(x-1)^2+Bx(x-1)+Cx.$$

令 $x=0$，得 $A=1$；令 $x=2$，得 $5=A+2B+2C$，得 $B=-1$，$C=3$. 于是

$$\int\frac{2x+1}{x^3-2x^2+x}\mathrm{d}x = \int\left[\frac{1}{x}+\frac{-1}{x-1}+\frac{3}{(x-1)^2}\right]\mathrm{d}x$$

$$= \int\frac{1}{x}\mathrm{d}x - \int\frac{1}{x-1}\mathrm{d}(x-1)+3\int\frac{1}{(x-1)^2}\mathrm{d}(x-1)$$

$$= \ln|x|-\ln|x-1|-\frac{3}{x-1}+C=\ln\left|\frac{x}{x-1}\right|-\frac{3}{x-1}+C.$$

如果分母中有二次质因式，则在部分分式中其分子应为一次多项式；如果有二次质因式的 k 重因式，则仿上例的做法进行，每个部分分式中其分子均为一次多项式.

例 4.4.3 求 $\displaystyle\int\frac{x+4}{x^3+2x-3}\mathrm{d}x$.

解 $\dfrac{x+4}{x^3+2x-3}=\dfrac{x+4}{(x-1)(x^2+x+3)}=\dfrac{A}{x-1}+\dfrac{Bx+C}{x^2+x+3}$，去分母，得

$$x+4=A(x^2+x+3)+(Bx+C)(x-1).$$

令 $x=1$，得 $A=1$；令 $x=0$，得 $4=3A-C$，$C=-1$；令 $x=2$，得 $6=9A+2B+C$，$B=-1$.

于是

$$\int\frac{x+4}{x^3+2x-3}\mathrm{d}x = \int\left(\frac{1}{x-1}+\frac{-x-1}{x^2+x+3}\right)\mathrm{d}x = \int\frac{\mathrm{d}(x-1)}{x-1}-\int\frac{\frac{1}{2}(2x+1)+\frac{1}{2}}{x^2+x+3}\mathrm{d}x$$

$$= \ln|x-1| - \frac{1}{2} \int \frac{1}{x^2+x+3} \mathrm{d}(x^2+x+3) - \frac{1}{2} \int \frac{\mathrm{d}x}{x^2+x+3}$$

$$= \ln|x-1| - \frac{1}{2}\ln|x^2+x+3| - \frac{1}{2} \int \frac{\mathrm{d}\left(x+\dfrac{1}{2}\right)}{\left(x+\dfrac{1}{2}\right)^2 + \left(\dfrac{\sqrt{11}}{2}\right)^2}$$

$$= \ln|x-1| - \frac{1}{2}\ln|x^2+x+3| - \frac{1}{\sqrt{11}}\arctan\frac{2x+1}{\sqrt{11}} + C .$$

注意： 由于 x^2+x+3 是二次质因式 x^2+px+q 的形式（p，q 为常数），所以可以配成 $\left(x+\dfrac{p}{2}\right)^2 + \left(\dfrac{\sqrt{4q-p^2}}{2}\right)^2$ 的形式.

例 4.4.4 求 $\displaystyle\int \frac{1+\sin x}{1+\cos x}\mathrm{d}x$.

解 这个积分的被积函数为三角函数有理式. 由三角函数关系可知，$\sin x$ 与 $\cos x$ 均可用 $\tan\dfrac{x}{2}$ 的有理式表示，即

$$\sin x = 2\sin\frac{x}{2}\cos\frac{x}{2} = \frac{2\tan\dfrac{x}{2}}{\sec^2\dfrac{x}{2}} = \frac{2\tan\dfrac{x}{2}}{1+\tan^2\dfrac{x}{2}} ,$$

$$\cos x = \cos^2\frac{x}{2} - \sin^2\frac{x}{2} = \frac{1-\tan^2\dfrac{x}{2}}{\sec^2\dfrac{x}{2}} = \frac{1-\tan^2\dfrac{x}{2}}{1+\tan^2\dfrac{x}{2}} ,$$

所以，若作变换 $t=\tan\dfrac{x}{2}$ ，则

$$\sin x = \frac{2t}{1+t^2} , \quad \cos x = \frac{1-t^2}{1+t^2} .$$

而 $x=2\arctan t$ ， $\mathrm{d}x = \dfrac{2}{1+t^2}\mathrm{d}t$ ， 于是

$$\int \frac{1+\sin x}{1+\cos x}\mathrm{d}x = \int \frac{1+\dfrac{2t}{1+t^2}}{1+\dfrac{1-t^2}{1+t^2}} \cdot \frac{2}{1+t^2}\mathrm{d}t$$

$$= \int \frac{t^2+1+2t}{2} \cdot \frac{2}{1+t^2}\mathrm{d}t = \int\left(1+\frac{2t}{1+t^2}\right)\mathrm{d}t$$

$$= \int\mathrm{d}t + \int \frac{1}{1+t^2}\mathrm{d}(1+t^2) = t + \ln(1+t^2) + C$$

$$= \tan \frac{x}{2} + \ln \left(\sec^2 \frac{x}{2} \right) + C = \tan \frac{x}{2} - 2 \ln \left| \cos \frac{x}{2} \right| + C .$$

由于任何三角函数都可用 $\sin x$， $\cos x$ 表示，所以变量代换 $t = \tan \frac{x}{2}$ 对于三角函数的有理式的积分均适用. 但这个方法对某些三角函数有理式的积分不一定是最简便的方法. 如上例

$$\int \frac{1 + \sin x}{1 + \cos x} dx = \int \frac{1 + 2 \sin \frac{x}{2} \cos \frac{x}{2}}{2 \cos^2 \frac{x}{2}} dx$$

$$= \frac{1}{2} \int \sec^2 \frac{x}{2} dx + \int \tan \frac{x}{2} dx = \tan \frac{x}{2} - 2 \ln \left| \cos \frac{x}{2} \right| + C .$$

4.4.2 积分表的使用

上面介绍了常见函数类型的积分方法. 对于更广泛的常用函数类型的积分，为使实际工作中的应用更加方便，常把它们的积分公式汇集成表（见附录I），称为积分表，这样对于较复杂的积分可从表中查得结果. 如果所求积分与积分表中的公式不完全相同，则可通过变量代换或恒等变形化为表中的类型.

例 4.4.5 求 $\int \frac{x}{(3x+4)^2} dx$.

解 被积函数含有形如 $ax + b$ 的因式，在积分表中查得公式

$$\int \frac{x}{(ax+b)^2} dx = \frac{1}{a^2} \left(\ln|ax+b| + \frac{b}{ax+b} \right) + C ,$$

在此， $a = 3$ ， $b = 4$ ，所以

$$\int \frac{x}{(3x+4)^2} dx = \frac{1}{9} \left(\ln|3x+4| + \frac{4}{3x+4} \right) + C .$$

例 4.4.6 $\int \frac{dx}{x \sqrt{4x^2+9}}$.

解 这个积分在表中不能直接查得，应先进行变量代换. 令 $2x = t$ ，则 $\sqrt{4x^2+9} = \sqrt{t^2+3^2}$ ， $dx = \frac{1}{2} dt$ ，于是

$$\int \frac{dx}{x \sqrt{4x^2+9}} = \int \frac{\frac{1}{2} dt}{\frac{t}{2} \sqrt{t^2+3^2}} = \int \frac{dt}{t \sqrt{t^2+3^2}} .$$

被积函数中含有形如 $\sqrt{x^2+a^2}$ 的因式，在积分表中查得

$$\int \frac{\mathrm{d}x}{x\sqrt{x^2+a^2}} = \frac{1}{a}\ln\frac{\sqrt{x^2+a^2}-a}{|x|} + C ,$$

此处 $a=3$，于是

$$\int \frac{\mathrm{d}t}{t\sqrt{t^2+3^2}} = \frac{1}{3}\ln\frac{\sqrt{t^2+3^2}-3}{|t|} + C ,$$

回代原积分变量，得

$$\int \frac{\mathrm{d}x}{x\sqrt{4x^2+9}} = \frac{1}{3}\ln\frac{\sqrt{4x^2+9}-3}{2|x|} + C .$$

*习题 4.4

1．求下列有理函数与三角函数有理式的积分：

（1） $\displaystyle\int \frac{x^2}{x+2}\mathrm{d}x$ ；

（2） $\displaystyle\int \frac{x+1}{x^2-3x+2}\mathrm{d}x$ ；

（3） $\displaystyle\int \frac{3\mathrm{d}x}{1+x^3}$ ；

（4） $\displaystyle\int \frac{x^2+1}{(x+1)^2(x-1)}\mathrm{d}x$ ；

（5） $\displaystyle\int \frac{\mathrm{d}x}{3+\cos x}$ ；

（6） $\displaystyle\int \frac{\mathrm{d}x}{x(x^2+1)}$ ；

（7） $\displaystyle\int \frac{\sin x}{1+\sin x}\mathrm{d}x$ ；

（8） $\displaystyle\int \frac{\mathrm{d}x}{3+\sin^2 x}$.

2．利用积分表求下列积分：

（1） $\displaystyle\int \frac{\sqrt{3+2x}}{x^2}\mathrm{d}x$ ；

（2） $\displaystyle\int \cos^4 2x\,\mathrm{d}x$.

本 章 小 结

1．原函数与不定积分的概念

设函数 $f(x)$ 定义在某区间上，如果存在一个函数 $F(x)$，使得对于该区间上每一点都有

$$F'(x) = f(x) \quad 或 \quad \mathrm{d}F(x) = f(x)\mathrm{d}x ,$$

则称 $F(x)$ 为 $f(x)$ 在该区间上的一个原函数.

$f(x)$ 的不定积分就是 $f(x)$ 的全部原函数，即

$$\int f(x)\mathrm{d}x = F(x) + C .$$

2．定积分的性质

（1）不定积分与求导数或微分互为逆运算，即

$$\left[\int f(x)\mathrm{d}x\right]' = f(x) \quad 或 \quad \mathrm{d}\left[\int f(x)\mathrm{d}x\right] = f(x)\mathrm{d}x ;$$

$$\int F'(x)\mathrm{d}x = F(x)+C \quad \text{或} \quad \int \mathrm{d}F(x) = F(x)+C.$$

（2）两个函数和的不定积分等于各自不定积分的和.

（3）被积函数的非零常数因子可提到积分号外.

3. 换元积分法

第一类换元积分法又叫凑微分法，即若 $\int f(u)\mathrm{d}u = F(u)+C$，则

$$\int f\big[\varphi(x)\big]\varphi'(x)\mathrm{d}x = \int f\big[\varphi(x)\big]\mathrm{d}\varphi(x) = F\big[\varphi(x)\big]+C.$$

凑微分的步骤如下：

$$\int g(x)\mathrm{d}x \xrightarrow{\text{拆分}} \int f\big[\varphi(x)\big]\varphi'(x)\mathrm{d}x \xrightarrow{\text{凑微分}} \int f\big[\varphi(x)\big]\mathrm{d}\varphi(x)$$

$$\xrightarrow[\varphi(x)=u]{\text{变量代换}} \int f(u)\mathrm{d}u \xrightarrow{\text{由基本公式}} F(u)+C \xrightarrow[u=\varphi(x)]{\text{变量回代}} F\big[\varphi(x)\big]+C$$

一些常见的凑微分情形如下：

（1） $\displaystyle\int f(ax+b)\mathrm{d}x = \frac{1}{a}\int f(ax+b)\mathrm{d}(ax+b)$ （ $a \neq 0$ ）；

（2） $\displaystyle\int x f(x^2)\mathrm{d}x = \frac{1}{2}\int f(x^2)\mathrm{d}x^2$ ；

（3） $\displaystyle\int x^{\mu} f(x^{\mu+1})\mathrm{d}x = \frac{1}{\mu+1}\int f(x^{\mu+1})\mathrm{d}x^{\mu+1}$ （ $\mu \neq -1$ ）；

（4） $\displaystyle\int \frac{1}{x} f(\ln x)\mathrm{d}x = \int f(\ln x)\mathrm{d}\ln x$ ；

（5） $\displaystyle\int \frac{1}{1+x^2} f(\arctan x)\mathrm{d}x = \int f(\arctan x)\mathrm{d}\arctan x$ ；

（6） $\displaystyle\int \frac{1}{\sqrt{1-x^2}} f(\arcsin x)\mathrm{d}x = \int f(\arcsin x)\mathrm{d}\arcsin x$ ；

（7） $\displaystyle\int \mathrm{e}^x f(\mathrm{e}^x)\mathrm{d}x = \int f(\mathrm{e}^x)\mathrm{d}\mathrm{e}^x$ ；

（8） $\displaystyle\int \sin x \cdot f(\cos x)\mathrm{d}x = -\int f(\cos x)\mathrm{d}\cos x$ ；

（9） $\displaystyle\int \cos x \cdot f(\sin x)\mathrm{d}x = \int f(\sin x)\mathrm{d}\sin x$ ；

（10） $\displaystyle\int \sec^2 x \cdot f(\tan x)\mathrm{d}x = \int f(\tan x)\mathrm{d}\tan x$ ；

（11） $\displaystyle\int \csc^2 x \cdot f(\cot x)\mathrm{d}x = -\int f(\cot x)\mathrm{d}\cot x$ ；

（12） $\displaystyle\int f'(x)g\big[f(x)\big]\mathrm{d}x = \int g\big[f(x)\big]\mathrm{d}f(x)$.

第二类换元积分法的主要作用是去根号：设 $x = \varphi(t)$ 是单调可导函数，且 $\varphi'(t) \neq 0$ ， $\int f\big[\varphi(t)\big]\varphi'(t)\mathrm{d}t = \Phi(t)+C$ ，则

$$\int f(x)\mathrm{d}x = \int f\left[\varphi(t)\right]\varphi'(t)\mathrm{d}t = \Phi(t) + C = \Phi\left[\varphi^{-1}(x)\right] + C.$$

应用第二类换元法求不定积分的步骤如下：

$$\int f(x)\mathrm{d}x \xrightarrow[x=\varphi(t)]{\text{换元}} \int f\left[\varphi(t)\right]\varphi'(t)\mathrm{d}t = \int g(t)\mathrm{d}t \xrightarrow[\text{凑微分}]{\text{能用基本公式性质}} \Phi(t) + C$$

$$\xrightarrow[\varphi(t)=x]{\text{还原}} \Phi\left[\varphi^{-1}(x)\right] + C.$$

第二类换元法主要包括三角代换和根代换，常用的替换方法如下：

（1）对于 $(a^2 - x^2)^{\alpha}$，令 $x = a\sin t$；

（2）对于 $(a^2 + x^2)^{\beta}$，令 $x = a\tan t$；

（3）对于 $(x^2 - a^2)^{\gamma}$，令 $x = a\sec t$；

（4）对于 $\sqrt{\dfrac{ax+b}{cx+d}}$，令 $\sqrt{\dfrac{ax+b}{cx+d}} = t$；

（5）对于 $\sqrt{\mathrm{e}^x + a}$，令 $\sqrt{\mathrm{e}^x + a} = t$.

4．分部积分法

分部积分法的关键是选 u，

$$\int f(x)\mathrm{d}x \xrightarrow[\text{其余部分凑微分}]{\text{选作}u\text{的部分不变}} \int u\mathrm{d}v = uv - \int v\mathrm{d}u.$$

选 u 的口诀：　指多弦多只选多，

　　　　　　　　反多对多不选多；

　　　　　　　　指弦同在可任选，

　　　　　　　　一旦选中要固定.

其中"指"是指数函数，"多"是多项式，"弦"是正弦、余弦，"反"是反三角函数，"对"是对数函数.

5．简单有理函数的积分与积分表的使用

应会求简单有理函数和三角函数有理式的积分，但应该尽量用简便求法.

通常不定积分的计算比较灵活，计算量较大，为此常把一些常用的积分公式汇集在一起，组成一个积分表（见附录Ⅰ），以备查找.

复习题 4

1．用适当的方法求下列不定积分：

（1）$\displaystyle\int \frac{\ln x}{x^3}\mathrm{d}x$；

（2）$\displaystyle\int \frac{\mathrm{d}x}{x\sqrt{1 + \ln^2 x}}$；

（3）$\displaystyle\int x^3\sqrt[5]{1 - 3x^4}\mathrm{d}x$；

（4）$\displaystyle\int \frac{\mathrm{e}^{\arctan x}}{1 + x^2}\mathrm{d}x$；

（5）$\int \ln(1+x^2)dx$；

（6）$\int \dfrac{\cos^2 x}{\sin x}dx$；

（7）$\int \dfrac{1}{1+2\tan x}dx$

（8）$\int e^x \sin 2x dx$；

（9）$\int \sin\sqrt[3]{x}dx$；

（10）$\int \dfrac{dx}{1+\cos x}$；

（11）$\int \dfrac{dx}{x\sqrt{1+2\ln x}}$；

（12）$\int e^{\sqrt{x}}dx$；

（13）$\int \dfrac{\sqrt{1+2\ln x}dx}{x}$；

（14）$\int xe^{-x}dx$；

（15）$\int \dfrac{1}{x^2}\sec^2\dfrac{1}{x}dx$；

（16）$\int \dfrac{dx}{\sqrt{x}(1+x)}$；

（17）$\int \dfrac{dx}{\sqrt{e^x-1}}$；

（18）$\int \dfrac{1}{\sqrt{x}+\sqrt[4]{x}}dx$；

（19）$\int \dfrac{dx}{4x^2+4x+5}$；

（20）$\int \dfrac{dx}{1+\sqrt[3]{x+2}}$；

（21）$\int x\ln x dx$；

（22）$\int \arcsin x dx$；

（23）$\int \sec^3 x dx$；

（24）$\int \dfrac{\arcsin\sqrt{x}}{\sqrt{x}}dx$；

（25）$\int x^3 \cos x^2 dx$；

（26）$\int \ln(1+x^2)dx$；

（27）$\int \dfrac{xe^x}{(e^x+1)^2}dx$；

（28）$\int \dfrac{x+\sin x}{1+\cos x}dx$．

2．设 $f(x)$ 有连续的导数，求 $\int [f(x)+xf'(x)]dx$．

3．利用积分表求下列积分：

（1）$\int \sqrt{16-3x^2}dx$；

（2）$\int e^{-2x}\sin 3x dx$；

（3）$\int \dfrac{dx}{2+5\cos x}$；

（4）$\int \ln^3 x dx$．

自 测 题 4

1．填空题：

（1）若 $\int f(x)dx = F(x)+C$，则 $\int xf(x^2)dx = $ _____；

（2）若 $\int f(x)dx = e^{-x^2}+C$，则 $f(x) = $ _____；

（3）若 $\int f(x)dx = \arctan e^x +C$，则 $f(x) = $ _____；

（4）$\int \dfrac{e^{\sqrt{x}}}{\sqrt{x}}dx = $ _____；

（5）$\int x\sin x\mathrm{d}x = $_____；

（6）若 $f(x)$ 的一个原函数为 $\dfrac{\sin x}{x}$，则 $\int xf'(x)\mathrm{d}x = $_____；

（7）$\int\ln x\mathrm{d}x = $_____；

（8）$\int x\sin x\cos x\mathrm{d}x = $_____；

（9）若 $\int xf(x)\mathrm{d}x = x^2\mathrm{e}^x + C$，则 $\int\dfrac{\mathrm{e}^x}{f(x)}\mathrm{d}x = $_____；

（10）$\int\dfrac{f'(\ln x)}{x\sqrt{f(\ln x)}}\mathrm{d}x = $_____．

2．单选题：

（1）若 $f(x)$ 的一个原函数为 $\ln x$，则 $f'(x) = $（　　）.

    A．$x\ln x$ B．$\ln x$

    C．$\dfrac{1}{x}$ D．$-\dfrac{1}{x^2}$

（2）如果 $f'(x)$ 存在，则 $\left[\int\mathrm{d}f(x)\right]' = $（　　）.

    A．$f(x)$ B．$f'(x)$

    C．$f(x)+C$ D．$f'(x)+C$

（3）$\sqrt{x}$ 是（　　）的一个原函数.

    A．$\dfrac{1}{\sqrt{x}}$ B．$2\sqrt{x}$

    C．$\dfrac{1}{2\sqrt{x}}$ D．$\sqrt{x^3}$

（4）下列等式中正确的是（　　）.

    A．$\mathrm{d}\left[\int f(x)\mathrm{d}x\right] = f(x)$ B．$\dfrac{\mathrm{d}}{\mathrm{d}x}\left[\int f(x)\mathrm{d}x\right] = f(x)\mathrm{d}x$

    C．$\int\mathrm{d}f(x) = f(x)$ D．$\int\mathrm{d}f(x) = f(x)+C$

（5）设 $f(x) = \mathrm{e}^{-x}$，则 $\int\dfrac{f(\ln x)}{x}\mathrm{d}x = $（　　）.

    A．$\dfrac{1}{x}+C$ B．$\ln x+C$

    C．$-\dfrac{1}{x}+C$ D．$-\ln x+C$

（6）$\int\mathrm{e}^x\left(1-\dfrac{\mathrm{e}^{-x}}{\sqrt{x}}\right)\mathrm{d}x = $（　　）.

    A．$\mathrm{e}^x-\sqrt{x}+C$ B．$\mathrm{e}^{-x}-2\sqrt{x}+C$

    C．$\mathrm{e}^x-2\sqrt{x}+C$ D．$\mathrm{e}^x-2\sqrt{x}$

（7）$\int 3^x e^x dx =$（　　）.

A.　$3^x e^x + C$

B.　$\dfrac{3^x e^x}{\ln 3} + C$

C.　$\dfrac{3^x e^x}{\ln 3 + 1} + C$

D.　$(\ln 3 + 1)3^x e^x + C$

（8）$\int f(x)dx = e^x \cos 2x + C$，则 $f(x) =$（　　）.

A.　$e^x(\cos 2x - 2\sin 2x)$

B.　$e^x(\cos 2x - 2\sin 2x) + C$

C.　$e^x \cos 2x$

D.　$-e^x \sin 2x$

3．计算下列不定积分．

（1）$\int x\sqrt{2 - 3x^2}\,dx$；

（2）$\int \dfrac{2 - \ln x}{x}dx$；

（3）$\int x^2 e^{-2x}dx$；

（4）$\int x\cos 2x\,dx$；

（5）$\int x\sec^2 x\,dx$；

（6）$\int \ln^2 x\,dx$；

（7）$\int \dfrac{1}{e^x - e^{-x}}dx$；

（8）$\int \dfrac{\sec^2 x}{1 + \tan x}dx$；

（9）$\int \dfrac{dx}{\sin^2 x\cos^2 x}$；

（10）$\int \dfrac{dx}{x^4 - 1}$；

（11）$\int \sqrt{\dfrac{1 + x}{1 - x}}dx$；

（12）$\int \cos^2 x\sin^3 x\,dx$；

（13）$\int \dfrac{dx}{\sqrt{x + 1} + \sqrt{x - 1}}$；

（14）$\int \dfrac{1}{x}\sqrt{\dfrac{1 + x}{x}}dx$；

（15）$\int \dfrac{x}{(1 - x)^3}dx$；

（16）$\int \dfrac{\sin x\cos x}{1 + \sin^4 x}dx$；

（17）$\int \dfrac{1}{\sqrt{1 + e^x}}dx$；

（18）$\int \ln(x + \sqrt{a^2 + x^2})dx$；

（19）$\int \dfrac{\ln \sin x}{\cos^2 x}dx$；

（20）$\int \dfrac{\ln(1 + e^x)}{e^x}dx$．

第 5 章　定积分

本章学习目标

● 　理解定积分的概念和几何意义
● 　理解定积分的基本性质，并能熟练地运用这些性质
● 　掌握变上限积分及其求导公式
● 　正确理解牛顿—莱布尼兹公式，能够应用公式计算定积分
● 　熟练掌握定积分的换元法和分部积分法
● 　了解广义积分及其敛散性的概念

　　本章将讨论积分学的第二个基本问题——定积分，它在几何学、物理学、经济学等领域中都有广泛的应用，许多问题——如求面积、体积、变力作功等，都可归结为定积分问题．我们先从几何与力学问题出发，引进定积分的概念，介绍定积分的基本性质，在解决定积分的计算问题的同时阐明微分与积分的关系，最后讨论定积分的求法以及两类广义积分．

5.1　定积分的概念与性质

5.1.1　引出定积分概念的两个实例

　　例 5.1.1　计算曲边梯形的面积．
　　在初等数学中，我们已学过计算三角形、矩形、圆、梯形等平面规则图形的面积，但是由任意曲线所围成的平面图形的面积如何计算？平面上任意曲线所围成的图形，可以用两组互相垂直的直线网格将它分成若干个部分，每一部分都是一个曲边梯形或矩形（如图 5.1 所示）．而曲边梯形是由三条直线段（其中两条相互平行并垂直于第三条直线），与一条曲线的一段弧所围成的封闭图形 *ABCD*（如图 5.2 所示）．这样，求平面上任意曲线所围图形的面积就归结为求曲边梯形的面积了．
　　下面讨论由三条直线 $x=a$，$x=b$（$a<b$），$y=0$（x

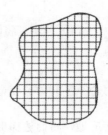

图 5.1

轴），以及连续曲线 $y=f(x)$（ $f(x)\geqslant 0$ ）所围成的曲边梯形 $aMNb$ 的面积 A 的求法（如图 5.3 所示）．

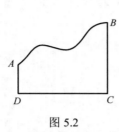

图 5.2

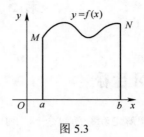

图 5.3

如果 $f(x)$ 在 $[a,b]$ 上恒为常数，则图形是一个矩形，其面积=底×高．

而对于一般的曲边梯形，其高度 $f(x)$ 在 $[a,b]$ 上是变化的，因而不能直接按矩形面积公式来计算．如果通过分割曲边梯形的底边 $[a,b]$ 将整个曲边梯形分成若干个小曲边梯形，则对于每一个小曲边梯形来讲，由于底边很小，高度变化不大，可以用某一个小矩形的面积来近似代替小曲边梯形的面积；再将所有的小矩形面积求和，就是曲边梯形面积 A 的近似值．显然，如果底边 $[a,b]$ 分割得越细，近似程度就越高，因此通过无限地细分 $[a,b]$，使每个小区间的长度都趋于零，面积的近似值就转化为其精确值．

根据上面的分析，曲边梯形的面积可按如下四步计算（如图 5.4 所示）：

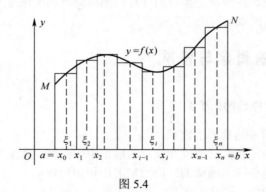

图 5.4

（1）分割：将区间 $[a,b]$ 任意分成 n 个小区间 $[x_{i-1},x_i]$（ $i=1,2,\cdots,n$ ），设分割点为

$$a=x_0<x_1<\cdots<x_{i-1}<x_i<\cdots x_{n-1}<x_n=b，$$

每个小区间的长度记为

$$\Delta x_i=x_i-x_{i-1}（i=1,2,\cdots,n）．$$

相应地，将曲边梯形分成 n 个小曲边梯形，设它们的面积为 ΔA_i（ $i=1,2,\cdots,n$ ）．

（2）近似：在每个小区间 $[x_{i-1},x_i]$ 上任取一点 $\xi_i\in[x_{i-1},x_i]$（ $i=1,2,\cdots,n$ ），作

以 $[x_{i-1}, x_i]$ 为底，$f(\xi_i)$ 为高的矩形，用其面积 $f(\xi_i)\Delta x_i$ 近似代替第 i 个小曲边梯形的面积 ΔA_i，即

$$\Delta A_i \approx f(\xi_i)\Delta x_i \quad (i = 1, 2, \cdots, n).$$

（3）求和：将所有小矩形面积相加，即得曲边梯形面积 A 的近似值，即

$$A \approx f(\xi_1)\Delta x_1 + f(\xi_2)\Delta x_2 + \cdots + f(\xi_n)\Delta x_n = \sum_{i=1}^{n} f(\xi_i)\Delta x_i.$$

（4）取极限：无限细分区间 $[a, b]$，使所有小区间的长度都趋于零．为此记 $\lambda = \max\limits_{1 \le i \le n}\{\Delta x_i\}$，如果当 $\lambda \to 0$ 时，和式 $\sum\limits_{i=1}^{n} f(\xi_i)\Delta x_i$ 的极限存在，则此极限值就是曲边梯形的面积 A，即

$$A = \lim_{\lambda \to 0} \sum_{i=1}^{n} f(\xi_i)\Delta x_i.$$

例 5.1.2 由总产量变化率求总产量．

设某产品总产量的变化率是时间 t 的函数 $p = p(t)$．假设从时间 a 到时间 b 这段时间区间 $[a, b]$ 内，生产是连续进行的，求这段时间内的总产量 Q．

当总产量的变化率是常数时，即单位时间内生产的产品数不变时，总产量就是它的变化率与时间的乘积，但在实际工作中，一般产量的变化率不是常数，而是随时间变化的．若时间间隔很小，则变化率的变动也很小，可以近似看作一个常数，所以可以仿照计算曲边梯形面积的思路和方法来求在 $[a, b]$ 内的总产量．

（1）分割：用分割点 $a = t_0 < t_1 < \cdots < t_{i-1} < t_i < \cdots < t_{n-1} < t_n = b$ 将 $[a, b]$ 任意分成 n 个小区间，其中第 i 个小区间为 $[t_{i-1}, t_i]$，每个小区间的长度为 $\Delta t_i = t_i - t_{i-1}$（$i = 1, 2, \cdots, n$），第 i 个小区间 $[t_{i-1}, t_i]$ 上的总产量记为 ΔQ_i，此时总产量分成了 n 个时段产量的和，即

$$Q = \Delta Q_1 + \Delta Q_2 + \cdots + \Delta Q_n = \sum_{i=1}^{n} \Delta Q_i.$$

（2）近似：在第 i 个小区间 $[t_{i-1}, t_i]$ 上任取一点 ξ_i，以 $p(\xi_i)$ 作为 $[t_{i-1}, t_i]$ 时段的产量变化率，当 Δt_i 很小时，$[t_{i-1}, t_i]$ 时段上的总产量 ΔQ_i 可用 $p(\xi_i)\Delta t_i$ 来近似，即

$$\Delta Q_i \approx p(\xi_i)\Delta t_i \quad (i = 1, 2, \cdots, n).$$

（3）求和：记 λ 为各时段中最大的时间区间长度，即 $\lambda = \max\limits_{1 \le i \le n}\{\Delta t_i\}$，则当 λ 充分小时，各个时段的产量总和就为总产量的近似值，即

$$Q \approx \sum_{i=1}^{n} p(\xi_i)\Delta t_i.$$

（4）取极限：若 $\lambda \to 0$ 时，和式 $\sum\limits_{i=1}^{n} p(\xi_i)\Delta t_i$ 的极限总存在，则可将其极限值定义为总产量的精确值，即

$$Q = \lim_{\lambda \to 0} \sum_{i=1}^{n} p(\xi_i) \Delta t_i .$$

5.1.2　定积分的概念

从上面两个实例可以看出，尽管两个问题的实际背景不同，但分析问题和解决问题的方法和步骤是完全相同的，并且最终结果都是相似的. 在自然科学和工程技术领域中，还有许多类似的问题，例如已知变速直线运动的速度而求路程，已知边际成本而求总成本等，都需要用这种方法解决. 因此，研究这种特定和式的极限问题具有重要意义. 抛开它们的具体背景，抓住其数量关系上的共同本质特性，可以抽象出定积分的定义.

定义 5.1.1　设函数 $f(x)$ 在闭区间 $[a,b]$ 上有界，用分割点 $a = x_0 < x_1 < \cdots < x_{i-1} < x_i < \cdots < x_{n-1} < x_n = b$ 将区间 $[a,b]$ 任意分成 n 个小区间 $[x_0,x_1]$，$[x_1,x_2]$，$\cdots$，$[x_{n-1},x_n]$，各小区间的长度记为 $\Delta x_i = x_i - x_{i-1}$（$i = 1,2,\cdots,n$），在每个小区间 $[x_{i-1},x_i]$ 上任取一点 ξ_i（$x_{i-1} \leqslant \xi_i \leqslant x_i$），作函数值 $f(\xi_i)$ 与小区间长度 Δx_i 的乘积 $f(\xi_i)\Delta x_i$（$i = 1,2,\cdots,n$），并作和式 $S_n = \sum_{i=1}^{n} f(\xi_i)\Delta x_i$，记 $\lambda = \max_{1 \leqslant i \leqslant n}\{\Delta x_i\}$，如果不论对 $[a,b]$ 怎样划分，也不论在小区间 $[x_{i-1},x_i]$ 上点 ξ_i 怎样选取，只要当 $\lambda \to 0$ 时，上述和式 S_n 的极限总存在，则称函数 $f(x)$ 在区间 $[a,b]$ 上可积，并称此极限值为 $f(x)$ 在区间 $[a,b]$ 上的定积分（简称积分），记为 $\int_a^b f(x)\mathrm{d}x$，即

$$\int_a^b f(x)\mathrm{d}x = \lim_{\lambda \to 0} \sum_{i=1}^{n} f(\xi_i)\Delta x_i ,$$

其中 $f(x)$ 称为被积函数，$f(x)\mathrm{d}x$ 称为被积表达式，x 称为积分变量，区间 $[a,b]$ 称为积分区间，a 和 b 分别称为积分的下限和上限，和式 $S_n = \sum_{i=1}^{n} f(\xi_i)\Delta x_i$ 称为 $f(x)$ 的积分和.

如果 $f(x)$ 在 $[a,b]$ 上的定积分存在，就说 $f(x)$ 在 $[a,b]$ 上可积. 如果和式 $S_n = \sum_{i=1}^{n} f(\xi_i)\Delta x_i$ 的极限不存在，则说函数 $f(x)$ 在 $[a,b]$ 上不可积.

对定积分定义的几点说明如下：

（1）显然，和式 $S_n = \sum_{i=1}^{n} f(\xi_i)\Delta x_i$ 的值与区间 $[a,b]$ 的分法及 ξ_i 的取法有关，而 $\lim_{\lambda \to 0} \sum_{i=1}^{n} f(\xi_i)\Delta x_i$ 存在，是指其极限值与区间 $[a,b]$ 的分法及 ξ_i 的取法无关.

（2）定积分 $\int_a^b f(x)\mathrm{d}x$ 表示一个数值，只取决于被积函数 $f(x)$ 和积分区间

[a,b]，与积分变量用什么字符表示无关，即

$$\int_a^b f(x)\mathrm{d}x = \int_a^b f(u)\mathrm{d}u = \int_a^b f(t)\mathrm{d}t .$$

（3）定义中"$\lim$"下的 $\lambda \to 0$ 表示所有小区间的长度都趋于零，必定包含着小区间数 $n \to \infty$，但 $n \to \infty$ 却不能保证 $\lambda \to 0$，因为小区间无限增多并不能保证每个小区间的长度都趋于零.

（4）在定义中曾假定 $a < b$，为今后运用方便，规定：

1）$\int_a^b f(x)\mathrm{d}x = -\int_b^a f(x)\mathrm{d}x$.

2）$\int_a^a f(x)\mathrm{d}x = 0$.

（5）常见的 $f(x)$ 在 [a,b] 上可积的充分条件有以下两种：

1）若 $f(x)$ 在 [a,b] 上连续，则必定可积.

2）在 [a,b] 上只有有限个第一类间断点的函数 $f(x)$ 必定可积.

（6）定义要求被积函数 $f(x)$ 在 [a,b] 上一定是有界的，当 $f(x)$ 在 [a,b] 上无界时，总可以选取点 ξ，使积分和成为无穷大，于是积分和的极限不存在. 因此，无界函数是不可积的，换言之，$f(x)$ 有界是 $f(x)$ 可积的必要条件.

根据定积分的定义，前面所讨论的两个实例都可以表示成定积分：

曲边梯形的面积 A 等于它的曲边方程 $y = f(x)$（$f(x) \geq 0$）在底边上从 a 到 b 的定积分，即

$$A = \int_a^b f(x)\mathrm{d}x ;$$

当总产量变化率为 $p(t)$ 时，从时间 $t = a$ 到 $t = b$ 的总产量 Q 等于变化率 $p(t)$ 在区间 [a,b] 上的定积分，即

$$Q = \int_a^b p(t)\mathrm{d}t .$$

5.1.3 定积分的几何意义

由例 5.1.1 及定积分定义可知：

（1）如果 $f(x) \geq 0$，则定积分 $\int_a^b f(x)\mathrm{d}x$ 在几何上表示由曲线 $y = f(x)$，直线 $x = a$，$x = b$ 与 x 轴所围曲边梯形的面积 A.

（2）如果 $f(x) \leq 0$，则曲线 $y = f(x)$，直线 $x = a$，$x = b$ 与 x 轴所围曲边梯形位于 x 轴下方（如图 5.5 所示），这时积分和 $\sum_{i=1}^{n} f(\xi_i)\Delta x_i$ 中 $f(\xi_i) < 0$，$\Delta x_i > 0$，每一 $f(\xi_i)\Delta x_i < 0$（$i = 1, 2, \cdots, n$），因此该和式小于零，根据极限性质有

$$\int_a^b f(x)\mathrm{d}x = -A ,$$

这里 A 仍然表示曲边梯形的面积.

（3）如果 $f(x)$ 在 $[a,b]$ 上的值有正有负，则定积分 $\int_a^b f(x)\mathrm{d}x$ 在几何上表示曲线 $y=f(x)$，直线 $x=a$，$x=b$ 与 x 轴围成的各个曲边梯形面积的代数和（如图 5.6 所示），即

$$\int_a^b f(x)\mathrm{d}x = A_1 - A_2 + A_3 ,$$

其中 A_1、A_2、A_3 表示各部分的面积.

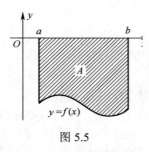
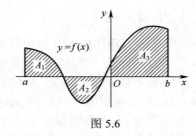

图 5.5   图 5.6

由上可见，计算曲边梯形面积时，不论是 $f(x)\geqslant 0$ 还是 $f(x)\leqslant 0$，或一部分大于零，一部分小于零，都可用

$$A = \int_a^b \left| f(x) \right| \mathrm{d}x$$

来计算.

定积分的经济意义：例 5.1.2 中由总产量变化率求总产量问题是定积分在经济中应用得最为典型的实例. 一般地，若已知经济指标 y 关于自变量的变化率是 $f(x)$，则当 x 由 a 变到 b 时，定积分 $\int_a^b f(x)\mathrm{d}x$ 就表示经济指标 y 在 $[a,b]$ 上的总量. 实际问题中用定积分求某经济指标总量时，自变量的经济意义大多是表示时间或产量，则由边际函数可以求出总量函数，由某经济变量的变化率可以求出该经济变量的总量. 例如，已知某产品的销量关于时间 t 的变化率是 $p(t)$，则在 $[a,b]$ 时段里销量的总量就是 $\int_a^b p(t)\mathrm{d}t$. 又例如人口数量关于时间的变化率是 $p_1(t)$，则在 $[t_1,t_2]$ 时段中，人口总量就是 $\int_{t_1}^{t_2} p_1(t)\mathrm{d}t$.

5.1.4 定积分的基本性质

在以下叙述中假定 $f(x)$、$g(x)$ 均可积.

性质 5.1.1 （线性性质）设 α、β 为两常数，则有

$$\int_a^b [\alpha f(x) \pm \beta g(x)]\mathrm{d}x = \alpha \int_a^b f(x)\mathrm{d}x \pm \beta \int_a^b g(x)\mathrm{d}x .$$

证明 由定积分定义和极限性质，有

$$\int_a^b [\alpha f(x) \pm \beta g(x)] dx = \lim_{\lambda \to 0} \sum_{i=1}^n [\alpha f(\xi_i) \pm \beta g(\xi_i)] \Delta x_i$$

$$= \lim_{\lambda \to 0} [\sum_{i=1}^n \alpha f(\xi_i) \Delta x_i \pm \sum_{i=1}^n \beta g(\xi_i) \Delta x_i]$$

$$= \alpha \lim_{\lambda \to 0} \sum_{i=1}^n f(\xi_i) \Delta x_i \pm \beta \lim_{\lambda \to 0} \sum_{i=1}^n g(\xi_i) \Delta x_i$$

$$= \alpha \int_a^b f(x) dx \pm \beta \int_a^b g(x) dx .$$

一般地，设 $\alpha_1, \alpha_2, \cdots, \alpha_n$ 为常数，则有

$$\int_a^b [\alpha_1 f_1(x) \pm \alpha_2 f_2(x) \pm \cdots \pm \alpha_n f_n(x)] dx$$

$$= \alpha_1 \int_a^b f_1(x) dx \pm \alpha_2 \int_a^b f_2(x) dx \pm \cdots \pm \alpha_n \int_a^b f_n(x) dx .$$

性质 5.1.2 设 a、b、c 为不同的常数，则有

$$\int_a^b f(x) dx = \int_a^c f(x) dx + \int_c^b f(x) dx .$$

证明 （1）若 $a < c < b$，则由于 $f(x)$ 在 $[a,b]$ 上可积知道，积分和 $S_n = \sum_{i=1}^n f(\xi_i) \Delta x_i$
的极限存在（$\lambda \to 0$），且此极限值与区间 $[a,b]$ 的分割无关. 因此在分割区间 $[a,b]$ 时，总可取 c 为一个分点，于是有

$$S_n = S_n' + S_n'' ,$$

其中 S_n' 和 S_n'' 分别为 $f(x)$ 在 $[a,c]$ 和 $[c,b]$ 上的积分和，再由定积分定义和极限性质可得

$$\int_a^b f(x) dx = \int_a^c f(x) dx + \int_c^b f(x) dx ;$$

（2）若 $c < a < b$，则由（1）有

$$\int_c^b f(x) dx = \int_c^a f(x) dx + \int_a^b f(x) dx ,$$

移项得

$$\int_a^b f(x) dx = \int_c^b f(x) dx - \int_c^a f(x) dx = \int_a^c f(x) dx + \int_c^b f(x) dx ,$$

至于 a、b、c 三数大小关系的其他情形，可做类似的讨论.

此性质表明：定积分对区间具有可加性.

性质 5.1.3 如果在区间 $[a,b]$ 上，$f(x) \equiv 1$，则

$$\int_a^b 1 dx = \int_a^b dx = b - a .$$

此性质由定积分定义可直接得到.

性质 5.1.4　如果在区间 $[a,b]$ 上，$f(x) \leqslant g(x)$，则

$$\int_a^b f(x)\mathrm{d}x \leqslant \int_a^b g(x)\mathrm{d}x .$$

证明　由条件和极限的性质有，

$$\int_a^b [f(x) - g(x)]\mathrm{d}x = \lim_{\lambda \to 0} \sum_{i=1}^n [f(\xi_i) - g(\xi_i)] , \quad \Delta x_i \leqslant 0 ,$$

又由性质 1，有

$$\int_a^b [f(x) - g(x)]\mathrm{d}x = \int_a^b f(x)\mathrm{d}x - \int_a^b g(x)\mathrm{d}x \leqslant 0 ,$$

故

$$\int_a^b f(x)\mathrm{d}x \leqslant \int_a^b g(x)\mathrm{d}x .$$

特别地，若在 $[a,b]$ 上 $f(x) \geqslant 0$，则 $\int_a^b f(x)\mathrm{d}x \geqslant 0$．

从性质 4 还可推得，如果 $a < b$，则

$$\left| \int_a^b f(x)\mathrm{d}x \right| \leqslant \int_a^b |f(x)|\mathrm{d}x .$$

性质 5.1.5　（定积分估值不等式）设 M 与 m 分别是函数 $f(x)$ 在区间 $[a,b]$ 上的最大值和最小值，则

$$m(b-a) \leqslant \int_a^b f(x)\mathrm{d}x \leqslant M(b-a) .$$

证明　因为 $m \leqslant f(x) \leqslant M$，所以由性质 4，得

$$\int_a^b m\mathrm{d}x \leqslant \int_a^b f(x)\mathrm{d}x \leqslant \int_a^b M\mathrm{d}x .$$

再由性质 1 和性质 3，即得

$$m(b-a) \leqslant \int_a^b f(x)\mathrm{d}x \leqslant M(b-a) .$$

例 5.1.3　估计定积分 $\int_{-1}^1 \mathrm{e}^{-x^2}\mathrm{d}x$ 的值．

解　先求被积函数 e^{-x^2} 在 $[-1,1]$ 上的最大值与最小值．

由

$$f'(x) = -2x\mathrm{e}^{-x^2} ,$$

令 $f'(x) = 0$，得驻点 $x = 0$，比较函数在驻点及区间端点处的值，有

$$f(0) = 1 , \quad f(\pm 1) = \mathrm{e}^{-1} = \frac{1}{\mathrm{e}} ,$$

故在 $[-1,1]$ 上 $f(x) = \mathrm{e}^{-x^2}$ 的最大值 $M = f(0) = 1$，最小值 $m = f(\pm 1) = \dfrac{1}{\mathrm{e}}$，于是

$$\frac{2}{\mathrm{e}} \leqslant \int_{-1}^1 \mathrm{e}^{-x^2}\mathrm{d}x \leqslant 2 .$$

性质 5.1.6　（定积分中值定理）　如果函数 $f(x)$ 在 $[a,b]$ 上连续，则在区间

$[a,b]$ 上至少存在一点 ξ，使得

$$\int_a^b f(x)\mathrm{d}x = f(\xi)(b-a) .$$

证明 将性质 5.1.5 中的不等式除以（$b-a$），得

$$m \leqslant \frac{1}{b-a}\int_a^b f(x)\mathrm{d}x \leqslant M .$$

由于 $f(x)$ 在 $[a,b]$ 上连读，由闭区间上连续函数的介值定理可知在 $[a,b]$ 上至少存在一点 ξ 使

$$\frac{1}{b-a}\int_a^b f(x)\mathrm{d}x = f(\xi) ,$$

从而得到

$$\int_a^b f(x)\mathrm{d}x = f(\xi)(b-a) .$$

积分中值定理的几何意义：在 $[a,b]$ 上至少存在一点 ξ，使得由曲线 $y = f(x)$（$f(x) \geqslant 0$），直线 $x=a$，$x=b$（$a<b$）和 x 轴所围成的曲边梯形面积恰好等于以 $f(\xi)$ 为高，以 $[a,b]$ 为底边的矩形的面积（如图 5.7 所示）。

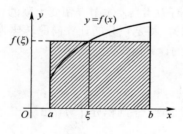

图 5.7

通常称这个高度 $f(\xi)$ 为该曲边梯形的"平均高度"，也称 $f(\xi)$ 为 $f(x)$ 在 $[a,b]$ 上的平均值，这是有限个数的算术平均值概念的推广，所以应用定积分可求连续函数 $f(x)$ 在闭区间 $[a,b]$ 上的平均值，即 $\frac{1}{b-a}\int_a^b f(x)\mathrm{d}x$.

习题 5.1

1. 根据定积分的几何意义，说明下列各式的正确性：

（1）$\int_0^1 x\mathrm{d}x = \frac{1}{2}$；

（2）$\int_{-1}^1 \sqrt{1-x^2}\mathrm{d}x = \frac{\pi}{2}$；

（3）$\int_{-\frac{\pi}{2}}^{\frac{\pi}{2}} \sin x\mathrm{d}x = 0$；

（4）$\int_{-\frac{\pi}{2}}^{\frac{\pi}{2}} \cos x\mathrm{d}x = 2\int_0^{\frac{\pi}{2}} \cos x\mathrm{d}x$.

2. 不计算积分，比较下列各积分值的大小：

（1）$\int_0^1 x^2 \mathrm{d}x$ 与 $\int_0^1 x^3 \mathrm{d}x$ ；　　　　（2）$\int_0^1 \mathrm{e}^x \mathrm{d}x$ 与 $\int_0^1 (1+x)\mathrm{d}x$ ；

（3）$\int_1^2 \ln x \mathrm{d}x$ 与 $\int_1^2 \ln^2 x \mathrm{d}x$ ；　　　（4）$\int_0^5 \mathrm{e}^{-x} \mathrm{d}x$ 与 $\int_0^5 \mathrm{e}^x \mathrm{d}x$ ；

（5）$\int_0^{\frac{\pi}{2}} \sin x \mathrm{d}x$ 与 $\int_0^{\frac{\pi}{2}} x \mathrm{d}x$ ；　　（6）$\int_0^{\frac{\pi}{2}} \sin^3 x \mathrm{d}x$ 与 $\int_0^{\frac{\pi}{2}} \sin^5 x \mathrm{d}x$ ．

3．利用定积分性质，估计下列积分值：

（1）$\int_2^5 (x^2+4)\mathrm{d}x$ ；　　　　　　（2）$\int_1^2 \frac{1}{x} \mathrm{d}x$ ；

（3）$\int_{\frac{\pi}{4}}^{\frac{5\pi}{4}} (1+\sin^2 x)\mathrm{d}x$ ；　　　（4）$\int_{\frac{\sqrt{3}}{3}}^{\sqrt{3}} x \arctan x \mathrm{d}x$ ．

5.2　微积分学基本定理

利用定义计算定积分的值是很困难的，有时甚至是不可能的．因此，必须寻求计算定积分的简便方法．17 世纪中叶，牛顿和莱布尼兹先后发现了定积分和不定积分之间的内在联系，得到了计算定积分的一般方法，从而才使定积分学真正成为解决各种实际问题的有力工具．本节介绍变上限的积分及微积分学基本定理（即牛顿—莱布尼兹公式），将定积分的计算问题转化为被积函数的不定积分问题，从而圆满解决定积分的计算问题．

5.2.1　变上限的积分

设函数 $f(x)$ 在闭区间上连续，则积分 $\int_a^x f(t)\mathrm{d}t$ 一定存在，其中 $a \leqslant x \leqslant b$ ．当积分上限 x 在 $[a,b]$ 上任取一值时，定积分 $\int_a^x f(t)\mathrm{d}t$ 就有一个确定的值和它对应，所以 $\int_a^x f(t)\mathrm{d}t$ 是上限 x 的一个函数，记作 $\Phi(x)$ ，即

$$\Phi(x) = \int_a^x f(t)\mathrm{d}t \quad (a \leqslant x \leqslant b),$$

此积分通常称为变上限积分（或变上限函数），其几何意义为图 5.8 中的阴影部分的面积．

定理 5.2.1　（原函数存在定理）　若函数 $f(x)$ 在区间 $[a,b]$ 上连续，则变上限函数 $\Phi(x)$ 是 $f(x)$ 在区间 $[a,b]$ 上的一个原函数，即

$$\Phi'(x) = \frac{\mathrm{d}}{\mathrm{d}x} \int_a^x f(t)\mathrm{d}t = f(x) . \tag{5.2.1}$$

此定理还可叙述为：若 $f(x)$ 在 $[a,b]$ 上连续，则变上限积分可导，且导数等于被积函数在上限的值，即　　　　$$\left[\int_a^x f(t)\mathrm{d}t \right]' = f(x) .$$

证明　设 $x \in [a,b]$，给自变量 x 以增量 Δx，且 $x + \Delta x \in (a,b)$，由图 5.9 知，函数 $\Phi(x)$ 相应的增量为

$$\Delta \Phi(x) = \Phi(x + \Delta x) - \Phi(x) = \int_a^{x+\Delta x} f(t)\mathrm{d}t - \int_a^x f(t)\mathrm{d}t$$

$$= \int_a^x f(t)\mathrm{d}t + \int_x^{x+\Delta x} f(t)\mathrm{d}t - \int_a^x f(t)\mathrm{d}t = \int_x^{x+\Delta x} f(t)\mathrm{d}t .$$

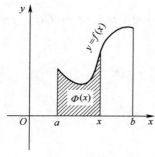

图 5.8

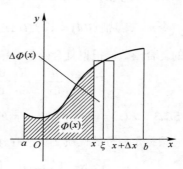

图 5.9

因 $f(x)$ 在 $[a,b]$ 上连续，故其在 $[x, x+\Delta x]$ 或 $[x+\Delta x, x]$ 上连续. 于是，应用定积分中值定理，在 $[x, x+\Delta x]$ 或 $[x+\Delta x, x]$ 中至少存在一点 ξ，使

$$\Delta \Phi(x) = \int_x^{x+\Delta x} f(t)\mathrm{d}t = f(\xi)\Delta x ,$$

于是有

$$\frac{\Delta \Phi(x)}{\Delta x} = f(\xi) ,$$

当 $\Delta x \to 0$ 时，$\xi \to x$，于是

$$\lim_{\Delta x \to 0} \frac{\Delta \Phi(x)}{\Delta x} = \lim_{\Delta x \to 0} \frac{f(\xi)\Delta x}{\Delta x} = \lim_{\xi \to x} f(\xi) = f(x) ,$$

即

$$\Phi'(x) = \left[\int_a^x f(t)\mathrm{d}t \right]' = f(x) , \quad x \in [a,b] .$$

证毕.

此定理说明了连续函数 $f(x)$ 的原函数一定存在，且变上限积分 $\Phi(x)$ 是 $f(x)$ 的一个原函数，同时也建立了微分和积分两类问题之间的联系，从而为解决积分的计算问题奠定了基础.

下面通过实例说明变上限积分导数的几种变化形式.

例 5.2.1　设 $f(x)$ 在 $[a,b]$ 上连续，对任意的 $x \in [a,b]$，证明

$$\left[\int_x^a f(t)\mathrm{d}t \right]' = -f(x) .$$

证明　因为

$$\int_x^a f(t)\mathrm{d}t = -\int_a^x f(t)\mathrm{d}t,$$

两端关于 x 求导，得

$$\left[\int_x^a f(t)\mathrm{d}t\right]' = -\left[\int_a^x f(t)\mathrm{d}t\right]' = -f(x).$$

例 5.2.2　设 $f(x)$ 为连续函数，令 $F(x)=\int_0^{e^x} f(t)\mathrm{d}t$，求 $F'(x)$.

解　令 $u=\mathrm{e}^x$，则 $G(u)=\int_0^u f(t)\mathrm{d}t$，所以 $F(x)$ 可看成是由 $y=G(u)$ 与 $u=\mathrm{e}^x$ 复合而成的复合函数，根据复合函数求导法则，有

$$F'(x) = \frac{\mathrm{d}F}{\mathrm{d}x} = \frac{\mathrm{d}G}{\mathrm{d}u}\cdot\frac{\mathrm{d}u}{\mathrm{d}x} = f(u)\mathrm{e}^x = f(\mathrm{e}^x)\mathrm{e}^x.$$

例 5.2.3　$F(x)=\int_x^{x^2}\sin t\,\mathrm{d}t$，求 $F'(x)$.

解　根据定积分的性质 2，将 $F(x)$ 改写为

$$F(x) = \int_x^a \sin t\mathrm{d}t + \int_a^{x^2}\sin t\mathrm{d}t \quad （a\text{ 为常数}），$$

再用例 5.2.1 和例 5.2.2 的方法有

$$F'(x) = \frac{\mathrm{d}}{\mathrm{d}x}\int_x^a\sin t\mathrm{d}t + \frac{\mathrm{d}}{\mathrm{d}x}\int_a^{x^2}\sin t\mathrm{d}t$$
$$= -\sin x + \sin x^2\cdot 2x = 2x\sin x^2 - \sin x.$$

根据例 5.2.2 和例 5.2.3 所采用的方法，对一般情形有如下结论：

设 $f(x)$ 在 $[a,b]$ 上连续，$\varphi(x)$ 和 $\psi(x)$ 都是可导函数，且 $\varphi(x)\in[a,b]$，$\psi(x)\in[a,b]$，则有

$$\left[\int_{\varphi(x)}^{\psi(x)} f(t)\mathrm{d}t\right]' = f[\psi(x)]\psi'(x) - f[\varphi(x)]\varphi'(x).$$

例 5.2.4　求极限 $\lim\limits_{x\to 0}\dfrac{\int_0^x\sin t^3\,\mathrm{d}t}{x^4}$.

解　所求极限为 $\dfrac{0}{0}$ 型未定式，由洛必达法则得

$$\lim_{x\to 0}\frac{\int_0^x\sin t^3\,\mathrm{d}t}{x^4} = \lim_{x\to 0}\frac{\sin x^3}{4x^3} = \frac{1}{4}.$$

5.2.2　微积分学基本定理

下面介绍利用原函数计算定积分的方法，这就是微积分学基本公式.

定理 5.2.2　（微积分学基本定理）　设函数 $f(x)$ 在区间 $[a,b]$ 上连续，而 $F(x)$

是 $f(x)$ 的任一原函数，则

$$\int_a^b f(x)\mathrm{d}x = F(b) - F(a). \qquad (5.2.2)$$

证明　因 $f(x)$ 在区间 $[a,b]$ 上连续，由定理 5.2.1 知，$\varPhi(x) = \int_a^x f(t)\mathrm{d}t$ 也是 $f(x)$ 的一个原函数，因而与 $F(x)$ 只相差一个常数 C，即

$$\int_a^x f(t)\mathrm{d}t = F(x) + C.$$

当 $x = a$ 时，$\int_a^a f(t)\mathrm{d}t = 0$，可得 $C = -F(a)$，于是

$$\int_a^x f(t)\mathrm{d}t = F(x) - F(a),$$

再令 $x = b$，得

$$\int_a^b f(t)\mathrm{d}t = F(b) - F(a),$$

即

$$\int_a^b f(x)\mathrm{d}x = F(b) - F(a).$$

通常，记

$$F(b) - F(a) = F(x)\Big|_a^b.$$

公式（5.2.2）称为牛顿（Newton）－莱布尼兹（Leibniz）公式，也称为微积分基本公式，简称 N-L 公式. 该公式将定积分与原函数联系在一起，它表明：一个连续函数 $f(x)$ 在区间 $[a,b]$ 上的定积分等于它的任一原函数 $F(x)$ 在 $[a,b]$ 上的改变量. 牛顿－莱布尼兹公式将定积分的计算问题转化为求原函数的问题，简化了定积分的计算.

例 5.2.5　计算下列定积分：

（1）$\int_1^4 \sqrt{x}\,\mathrm{d}x$；　　　　　　　　　（2）$\int_{\frac{1}{2}}^1 \dfrac{1}{x^2}\,\mathrm{d}x$.

解　由于 $\sqrt{x} = x^{\frac{1}{2}}$ 的一个原函数为 $\dfrac{x^{\frac{1}{2}+1}}{\frac{1}{2}+1} = \dfrac{2}{3}x^{\frac{3}{2}}$，

$\dfrac{1}{x^2} = x^{-2}$ 的一个原函数 $\dfrac{x^{-2+1}}{-2+1} = -\dfrac{1}{x}$，

由 N-L 公式得

（1）$\int_1^4 \sqrt{x}\,\mathrm{d}x = \dfrac{2}{3}x^{\frac{3}{2}}\Big|_1^4 = \dfrac{2}{3}(4^{\frac{3}{2}} - 1^{\frac{3}{2}}) = 4\dfrac{2}{3}$；

（2）$\int_{\frac{1}{2}}^1 \dfrac{1}{x^2}\,\mathrm{d}x = \left(-\dfrac{1}{x}\right)\Big|_{\frac{1}{2}}^1 = -(1-2) = 1$.

例 5.2.6 计算 $\int_0^1 \dfrac{1}{1+x^2}\mathrm{d}x$.

解 因为 $(\arctan x)' = \dfrac{1}{1+x^2}$ ，所以 $\int_0^1 \dfrac{1}{1+x^2}\mathrm{d}x = \arctan x\Big|_0^1 = \dfrac{\pi}{4}$.

例 5.2.7 计算 $\int_{-2}^{-1} \dfrac{1}{x}\mathrm{d}x$.

解 当 $x < 0$ 时， $\dfrac{1}{x}$ 的一个原函数是 $\ln|x|$ ，由 N-L 公式得

$$\int_{-2}^{-1} \frac{1}{x}\mathrm{d}x = (\ln|x|)\Big|_{-2}^{-1} = \ln 1 - \ln 2 = -\ln 2 .$$

由此例看到，N-L 公式中的函数 $F(x)$ 必须是 $f(x)$ 在该积分区间 $[a,b]$ 上的原函数. 若 $f(x)$ 在积分区间 $[a,b]$ 内只有有限个间断点，则 N-L 公式仍然成立. 只要将积分区间分为有限子区间 $[a,a_1],[a_1,a_2],\cdots,[a_n,b]$ ，使 $f(x)$ 在每个子区间上连续，由定积分对区间具有可加性，则有

$$\int_a^b f(x)\mathrm{d}x = \int_a^{a_1} f(x)\mathrm{d}x + \int_{a_1}^{a_2} f(x)\mathrm{d}x + \cdots + \int_{a_n}^b f(x)\mathrm{d}x ,$$

从而右端每个积分都可用 N-L 公式计算.

但若 $f(x)$ 在积分区间 $[a,b]$ 上不满足可积条件，则不能利用 N-L 公式计算. 例如，用 N-L 公式求 $\int_{-1}^1 \dfrac{1}{x^2}\mathrm{d}x$ ，有 $\int_{-1}^1 \dfrac{1}{x^2}\mathrm{d}x = -\dfrac{1}{x}\Big|_{-1}^1 = -1-1 = -2$. 这个结果是错误的，因为 $f(x)$ 在 $[-1,1]$ 是无界函数，当 $x \to 0$ 时， $f(x) \to \infty$ ，故 $f(x)$ 在 $[-1,1]$ 是不可积的，不能应用 N-L 公式.

例 5.2.8 计算 $\int_0^3 f(x)\mathrm{d}x$ ，其中 $f(x) = \begin{cases} \sqrt{x}, & 0 \leqslant x < 1, \\ \mathrm{e}^x, & 1 \leqslant x \leqslant 3. \end{cases}$

解 $f(x)$ 在 $[0,3]$ 上有一个间断点 $x = 1$ ，由定积分的性质 2，有

$$\int_0^3 f(x)\mathrm{d}x = \int_0^1 \sqrt{x}\mathrm{d}x + \int_1^3 \mathrm{e}^x\mathrm{d}x$$

$$= \frac{2}{3}x^{\frac{3}{2}}\Big|_0^1 + \mathrm{e}^x\Big|_1^3 = \frac{2}{3} + \mathrm{e}^3 - \mathrm{e} .$$

例 5.2.9 计算 $\int_{-\frac{\pi}{2}}^{\frac{\pi}{2}} \sqrt{\cos^3 x - \cos^5 x}\,\mathrm{d}x$.

解 $\displaystyle\int_{-\frac{\pi}{2}}^{\frac{\pi}{2}} \sqrt{\cos^3 x - \cos^5 x}\,\mathrm{d}x = \int_{-\frac{\pi}{2}}^{\frac{\pi}{2}} \sqrt{\cos^3 x \sin^2 x}\,\mathrm{d}x$

$$= \int_{-\frac{\pi}{2}}^{\frac{\pi}{2}} \cos^{\frac{3}{2}} x |\sin x|\,\mathrm{d}x = \int_{-\frac{\pi}{2}}^{0} \cos^{\frac{3}{2}} x(-\sin x)\mathrm{d}x + \int_0^{\frac{\pi}{2}} \cos^{\frac{3}{2}} x \sin x\,\mathrm{d}x$$

$$= \int_{-\frac{\pi}{2}}^{0} \cos^{\frac{3}{2}} x \, d \cos x - \int_{0}^{\frac{\pi}{2}} \cos^{\frac{3}{2}} x \, d \cos x = \frac{2}{5} \cos^{\frac{5}{2}} x \bigg|_{-\frac{\pi}{2}}^{0} - \frac{2}{5} \cos^{\frac{5}{2}} x \bigg|_{0}^{\frac{\pi}{2}}$$

$$= \frac{2}{5} - 0 - 0 + \frac{2}{5} = \frac{4}{5}.$$

习题 5.2

1. 求下列极限:

（1） $\lim\limits_{x \to 0} \dfrac{1}{x} \int_{0}^{x} (1 + \sin 2t)^{\frac{1}{t}} \, dt$;

（2） $\lim\limits_{x \to 0} \dfrac{1}{x^2} \int_{0}^{x} \arctan t \, dt$;

（3） $\lim\limits_{x \to 0} \dfrac{1}{x} \int_{0}^{x} \cos t^2 \, dt$;

（4） $\lim\limits_{x \to 0} \dfrac{\displaystyle\int_{x}^{0} t^2 \, dt}{\displaystyle\int_{0}^{x} t(t + \sin t) \, dt}$.

2. 求下列函数的导数:

（1） $\varPhi(x) = \int_{0}^{x} t \sqrt{1 + t^2} \, dt$;

（2） $\varPhi(x) = \int_{x^2}^{0} \ln(1 + t) \, dt$;

（3） $\varPhi(x) = \int_{\sqrt{x}}^{x^3} e^{-t^2} \, dt$;

（4） $\varPhi(x) = \int_{x^3}^{\sin x} t e^{t} \, dt$.

3. 设由方程 $\int_{0}^{y} e^{t^2} \, dt + \int_{x^2}^{1} \cos \sqrt{t} \, dt = 0$ 确定 y 为 x 的函数, 求 $\dfrac{dy}{dx}$.

4. 求函数 $F(x) = \int_{0}^{x} t e^{-t^2} \, dt$ 的极值.

5. 设 $f(x)$ 为连续函数, 且存在常数 a , 满足 $x^5 + 1 = \int_{a}^{x^3} f(t) \, dt$, 求 $f(x)$ 及常数 a .

6. 设 $f(x) = \dfrac{1}{1 + x^2} + e^x \int_{0}^{1} f(x) \, dx$, 求 $\int_{0}^{1} f(x) \, dx$.

7. 用牛顿－莱布尼兹公式计算下列定积分:

（1） $\int_{-\frac{1}{2}}^{\frac{1}{2}} \dfrac{1}{\sqrt{1 - x^2}} \, dx$;

（2） $\int_{\frac{\pi}{6}}^{\frac{\pi}{3}} \tan x \, dx$;

（3） $\int_{\frac{\pi}{4}}^{\frac{\pi}{3}} \dfrac{1}{\sin x \cos x} \, dx$;

（4） $\int_{\frac{\pi}{6}}^{\frac{\pi}{3}} \tan^2 x \, dx$;

（5） $\int_{2}^{3} \dfrac{1}{x^4 - x^2} \, dx$;

（6） $\int_{1}^{2} \left(x + \dfrac{1}{x} \right)^2 \, dx$;

（7） $\int_{1}^{\sqrt{3}} \dfrac{1 + 2x^2}{x^2(1 + x^2)} \, dx$;

（8） $\int_{0}^{\pi} \sqrt{1 - \sin 2x} \, dx$;

（9） $\int_{0}^{2} x |x - 1| \, dx$;

（10） $\int_{0}^{2\pi} |\sin x| \, dx$.

5.3　定积分的积分方法

牛顿—莱布尼兹公式已将定积分的问题归结为求原函数（或不定积分）的问题．利用换元积分法和分部积分法可以求出一些函数的原函数，因此，在一定条件下，也可以用换元积分法和分部积分法来计算定积分．本节讨论定积分的这两种计算方法，但必须注意计算定积分与计算不定积分的区别．

5.3.1　定积分的换元积分法

定理 5.3.1　设 $f(x)$ 在 $[a,b]$ 上连续，且函数 $x=\varphi(t)$ 满足：

（1）在区间 $[\alpha,\beta]$ 上单调且有连续导数 $\varphi'(t)$；

（2）当 t 在 $[\alpha,\beta]$ 上变化时，$x=\varphi(t)$ 在 $[a,b]$ 上变化；

（3）$\varphi(\alpha)=a$，$\varphi(\beta)=b$，则

$$\int_a^b f(x)\mathrm{d}x = \int_\alpha^\beta f[\varphi(t)]\varphi'(t)\mathrm{d}t\,. \tag{5.3.1}$$

上式称为定积分的换元积分公式．

应用定理时注意"换元必换限"，一般就能将 $f(x)$ 在 $[a,b]$ 上的定积分转化为 $f[\varphi(t)]\varphi'(t)$ 在 $[\alpha,\beta]$ 上的定积分（此时 α 不一定小于 β）．

定积分的换元积分公式与不定积分的换元积分公式很相似．从左到右使用公式（5.3.1）时，相当于不定积分的第二类换元积分法，从右到左使用公式时，相当于不定积分的第一类换元积分法，所不同的是不定积分换元时没有积分限的问题，因此最后需将积分变量还原，而定积分在换元时必须同时将积分限做相应改变，所以最后也不需要作变量还原．

例 5.3.1　计算 $\displaystyle\int_0^4 \frac{1}{1+\sqrt{x}}\mathrm{d}x$．

解　令 $\sqrt{x}=t$，则 $x=t^2$，$\mathrm{d}x=2t\mathrm{d}t$．当 $x=0$ 时，$t=0$；当 $x=4$ 时，$t=2$．于是

$$\int_0^4 \frac{1}{1+\sqrt{x}}\mathrm{d}x = \int_0^2 \frac{2t}{1+t}\mathrm{d}t = 2\int_0^2\left(1-\frac{1}{1+t}\right)\mathrm{d}t$$

$$= 2(t-\ln|1+t|)\big|_0^2 = 4-2\ln 3\,.$$

例 5.3.2　计算 $\displaystyle\int_0^a \sqrt{a^2-x^2}\mathrm{d}x$　（$a>0$）．

解　令 $x=a\sin t$，则 $\mathrm{d}x=a\cos t\mathrm{d}t$．当 $x=0$ 时，$t=0$；当 $x=a$ 时，$t=\dfrac{\pi}{2}$．

于是

$$\int_0^a \sqrt{a^2-x^2}\,\mathrm{d}x = a^2\int_0^{\frac{\pi}{2}}\cos^2 t\,\mathrm{d}t$$

$$= \frac{a^2}{2}\int_0^{\frac{\pi}{2}}(1+\cos 2t)\,\mathrm{d}t$$

$$= \frac{a^2}{2}\left(t + \frac{1}{2}\sin 2t\right)\Bigg|_0^{\frac{\pi}{2}} = \frac{1}{4}\pi a^2.$$

例 5.3.3 计算 $\int_0^{\ln 2}\sqrt{e^x - 1}dx$.

解 令 $\sqrt{e^x - 1} = t$，则 $x = \ln(1 + t^2)$，$dx = \dfrac{2tdt}{1 + t^2}$，当 $x = 0$ 时，$t = 0$；当 $x = \ln 2$ 时，$t = 1$.

于是

$$\int_0^{\ln 2}\sqrt{e^x - 1}dx = \int_0^1\frac{2t^2}{1 + t^2}dt = 2\int_0^1\left(1 - \frac{1}{1 + t^2}\right)dt$$

$$= 2(t - \arctan t)\Big|_0^1 = 2 - \frac{\pi}{2}.$$

用凑微分法可计算一些定积分，在计算时，一般不引入中间变量，只需将不定积分的结果（只取一个原函数）代入积分上下限作差即可.

例 5.3.4 计算 $\int_0^{\frac{\pi}{2}}\cos^5 x\sin xdx$.

解 $\int_0^{\frac{\pi}{2}}\cos^5 x\sin xdx = -\int_0^{\frac{\pi}{2}}\cos^5 x\,d(\cos x)$

$$= -\frac{\cos^6 x}{6}\Bigg|_0^{\frac{\pi}{2}} = -\left(0 - \frac{1}{6}\right) = \frac{1}{6}.$$

例 5.3.5 计算 $\int_1^e\dfrac{1}{x(1 + \ln x)}dx$.

解 $\int_1^e\dfrac{1}{x(1 + \ln x)}dx = \int_1^e\dfrac{1}{1 + \ln x}d(1 + \ln x)$

$$= \ln|1 + \ln x|\,\Bigg|_1^e = \ln 2.$$

例 5.3.6 计算 $\int_0^{\pi}\sqrt{\sin^3 x - \sin^5 x}dx$.

解 由于 $\sqrt{\sin^3 x - \sin^5 x} = \sqrt{\sin^3 x(1 - \sin^2 x)} = |\cos x|\sin^{\frac{3}{2}}x$，

而在 $[0, \dfrac{\pi}{2}]$ 上，$|\cos x| = \cos x$；在 $[\dfrac{\pi}{2}, \pi]$ 上，$|\cos x| = -\cos x$，故

$$\int_0^{\pi}\sqrt{\sin^3 x - \sin^5 x}dx = \int_0^{\frac{\pi}{2}}\cos x\sin^{\frac{3}{2}}xdx - \int_{\frac{\pi}{2}}^{\pi}\cos x\sin^{\frac{3}{2}}xdx$$

$$= \int_0^{\frac{\pi}{2}}\sin^{\frac{3}{2}}x\,d\sin x - \int_{\frac{\pi}{2}}^{\pi}\sin^{\frac{3}{2}}x\,d\sin x$$

$$= \left(\frac{2}{5}\sin^{\frac{5}{2}}x\right)\bigg|_0^{\frac{\pi}{2}} - \left(\frac{2}{5}\sin^{\frac{5}{2}}x\right)\bigg|_{\frac{\pi}{2}}^{\pi} = \frac{2}{5} - \left(-\frac{2}{5}\right) = \frac{4}{5}.$$

如果忽视了 $\cos x$ 在 $\left[\frac{\pi}{2}, \pi\right]$ 上非正，而按 $\sqrt{\sin^3 x - \sin^5 x} = \sin^{\frac{3}{2}}x \cos x$ 计算，将导致错误.

注意：在定积分的计算中若遇到开偶次方、取绝对值运算及分段函数等形式的被积函数时，一定要根据积分限来正确进行分段积分.

利用定积分的换元积分公式，可以得到奇、偶函数的一个重要性质，下面以例题形式给出这个重要性质.

例 5.3.7 设 $f(x)$ 在 $[-a, a]$ 上连续，试证明：

（1） $\displaystyle\int_{-a}^{a} f(x)\mathrm{d}x = \int_0^a [f(x) + f(-x)]\mathrm{d}x$ ；

（2） $\displaystyle\int_{-a}^{a} f(x)\mathrm{d}x = \begin{cases} 2\displaystyle\int_0^a f(x)\mathrm{d}x, & \text{若} f(x) \text{为偶函数,} \\ 0, & \text{若} f(x) \text{为奇函数.} \end{cases}$

证明 （1）由性质 2 得

$$\int_{-a}^{a} f(x)\mathrm{d}x = \int_{-a}^{0} f(x)\mathrm{d}x + \int_0^a f(x)\mathrm{d}x ,$$

对积分 $\displaystyle\int_{-a}^{0} f(x)\mathrm{d}x$ 作变量代换，令 $x = -t$ ，则

$$\int_{-a}^{0} f(x)\mathrm{d}x = -\int_a^0 f(-t)\mathrm{d}t = \int_0^a f(-t)\mathrm{d}t = \int_0^a f(-x)\mathrm{d}x ,$$

于是有

$$\int_{-a}^{a} f(x)\mathrm{d}x = \int_0^a [f(x) + f(-x)]\mathrm{d}x .$$

（2）若 $f(x)$ 为偶函数，则 $f(-x) = f(x)$ ，于是由本题（1）的结果有

$$\int_{-a}^{a} f(x)\mathrm{d}x = \int_0^a [f(x) + f(-x)]\mathrm{d}x = 2\int_0^a f(x)\mathrm{d}x ;$$

若 $f(x)$ 为奇函数，则 $f(-x) = -f(x)$ ，于是由本题（1）的结果有

$$\int_{-a}^{a} f(x)\mathrm{d}x = \int_0^a [f(x) + f(-x)]\mathrm{d}x$$

$$= \int_0^a [f(x) - f(x)]\mathrm{d}x = \int_0^a 0\,\mathrm{d}x = 0 .$$

若定积分的积分区间是对称区间且被积函数是奇、偶函数时，可直接利用此题的结果简化计算.

例如 $\displaystyle\int_{-\pi}^{\pi} x^3 \cos x\mathrm{d}x = 0$ ，是因为被积函数 $x^3 \cos x$ 是对称区间 $[-\pi, \pi]$ 上的奇函数；

又如 $\displaystyle\int_{-1}^{1} \frac{\sqrt{e^x + e^{-x}}}{1 + x^2}\sin x\mathrm{d}x = 0$ ，同样是因为此积分的被积函数是对称区间上的奇函数.

例 5.3.8 设 $f(x)$ 在 $[0,1]$ 上连续，证明

$$\int_0^\pi xf(\sin x)\mathrm{d}x = \frac{\pi}{2}\int_0^\pi f(\sin x)\mathrm{d}x \,,$$

并利用此结果计算定积分 $\int_0^\pi \dfrac{x\sin x}{1+\cos^2 x}\mathrm{d}x$.

证明 令 $x = \pi - t$ ，则 $\mathrm{d}x = -\mathrm{d}t$ ，且 $\sin x = \sin(\pi - t) = \sin t$ ，当 $x = 0$ 时， $t = \pi$ ，当 $x = \pi$ 时， $t = 0$.

于是

$$\int_0^\pi xf(\sin x)\mathrm{d}x = -\int_\pi^0 (\pi - t)f(\sin(\pi - t))\mathrm{d}t$$

$$= \int_0^\pi (\pi - t)f(\sin t)\mathrm{d}t = \pi\int_0^\pi f(\sin t)\mathrm{d}t - \int_0^\pi tf(\sin t)\mathrm{d}t$$

$$= \pi\int_0^\pi f(\sin x)\mathrm{d}x - \int_0^\pi xf(\sin x)\mathrm{d}x \,,$$

将上式移项后两边同除以 2，得

$$\int_0^\pi xf(\sin x)\mathrm{d}x = \frac{\pi}{2}\int_0^\pi f(\sin x)\mathrm{d}x \,.$$

利用上述结论，有

$$\int_0^\pi \frac{x\sin x}{1+\cos^2 x}\mathrm{d}x = \frac{\pi}{2}\int_0^\pi \frac{\sin x}{1+\cos^2 x}\mathrm{d}x$$

$$= -\frac{\pi}{2}\int_0^\pi \frac{1}{1+\cos^2 x}\mathrm{d}(\cos x)$$

$$= -\frac{\pi}{2}\arctan(\cos x)\Big|_0^\pi = \frac{\pi^2}{4} \,.$$

5.3.2 定积分的分部积分法

定理 5.3.2 若函数 $u'(x)$ 和 $v'(x)$ 均在区间 $[a,b]$ 上连续，则有

$$\int_a^b u(x)v'(x)\mathrm{d}x = u(x)v(x)\Big|_a^b - \int_a^b u'(x)v(x)\mathrm{d}x \,. \tag{5.3.2}$$

上式称为定积分的分部积分公式.

证明 由 $[u(x)v(x)]' = u'(x)v(x) + u(x)v'(x)$ ，有

$$\int_a^b [u'(x)v(x) + u(x)v'(x)]\mathrm{d}x$$

$$= \int_a^b u'(x)v(x)\mathrm{d}x + \int_a^b u(x)v'(x)\mathrm{d}x$$

$$= \int_a^b [u(x)v(x)]'\mathrm{d}x = u(x)v(x)\Big|_a^b \,,$$

移项得
$$\int_a^b u(x)v'(x)\mathrm{d}x = u(x)v(x)\Big|_a^b - \int_a^b u'(x)v(x)\mathrm{d}x\,.$$

证毕.

通常将定积分的分部积分公式简记为
$$\int_a^b u\mathrm{d}v = uv\Big|_a^b - \int_a^b v\mathrm{d}u\,.$$

例 5.3.9 计算 $\int_0^1 xe^{-x}\mathrm{d}x$.

解 $\displaystyle\int_0^1 xe^{-x}\mathrm{d}x = -\int_0^1 x\,\mathrm{d}(e^{-x}) = (-xe^{-x})\Big|_0^1 + \int_0^1 e^{-x}\mathrm{d}x$

$$= -e^{-1} + (-e^{-x})\Big|_0^1 = -e^{-1} - e^{-1} + 1 = 1 - \frac{2}{e}\,.$$

例 5.3.10 计算 $\int_0^1 x\arctan x\mathrm{d}x$.

解 $\displaystyle\int_0^1 x\arctan x\mathrm{d}x = \frac{1}{2}\int_0^1 \arctan x\,\mathrm{d}x^2$

$$= \left(\frac{x^2}{2}\arctan x\right)\Big|_0^1 - \frac{1}{2}\int_0^1 \frac{x^2}{1+x^2}\mathrm{d}x$$

$$= \frac{1}{2}\cdot\frac{\pi}{4} - \frac{1}{2}\left(\int_0^1 \mathrm{d}x - \int_0^1 \frac{1}{1+x^2}\mathrm{d}x\right)$$

$$= \frac{\pi}{8} - \frac{1}{2}(x - \arctan x)\Big|_0^1 = \frac{\pi}{8} - \frac{1}{2}\left(1 - \frac{\pi}{4}\right) = \frac{1}{4}(\pi - 2)\,.$$

例 5.3.11 计算 $\int_0^{\frac{\pi}{2}} e^x\sin x\mathrm{d}x$.

解 连续利用分部积分公式，

$$\int_0^{\frac{\pi}{2}} e^x\sin x\mathrm{d}x = \int_0^{\frac{\pi}{2}} \sin x\,\mathrm{d}e^x = e^x\sin x\Big|_0^{\frac{\pi}{2}} - \int_0^{\frac{\pi}{2}} e^x\cos x\mathrm{d}x$$

$$= e^{\frac{\pi}{2}} - \int_0^{\frac{\pi}{2}} \cos x\,\mathrm{d}e^x = e^{\frac{\pi}{2}} - e^x\cos x\Big|_0^{\frac{\pi}{2}} - \int_0^{\frac{\pi}{2}} e^x\sin x\mathrm{d}x$$

$$= e^{\frac{\pi}{2}} + 1 - \int_0^{\frac{\pi}{2}} e^x\sin x\mathrm{d}x\,,$$

移项得
$$\int_0^{\frac{\pi}{2}} e^x\sin x\mathrm{d}x = \frac{1}{2}\left(e^{\frac{\pi}{2}} + 1\right)\,.$$

例 5.3.12 计算 $\int_{\frac{1}{e}}^{e} \left| \ln x \right| dx$.

解 先应用定积分的性质去掉被积函数中的绝对值符号，再用分部积分公式计算.

$$\int_{\frac{1}{e}}^{e} \left| \ln x \right| dx = \int_{\frac{1}{e}}^{1} (-\ln x) dx + \int_{1}^{e} \ln x dx$$

$$= (-x \ln x) \Big|_{\frac{1}{e}}^{1} - \int_{\frac{1}{e}}^{1} x \cdot \left(-\frac{1}{x} \right) dx + (x \ln x) \Big|_{1}^{e} - \int_{1}^{e} x \cdot \frac{1}{x} dx$$

$$= -\frac{1}{e} + \int_{\frac{1}{e}}^{1} dx + e - \int_{1}^{e} dx = 2 - \frac{2}{e} .$$

例 5.3.13 计算 $\int_{0}^{1} e^{\sqrt{x}} dx$.

解 本例不能直接使用分部积分公式，要先去掉根式再计算. 为此，令 $\sqrt{x} = t$ ，即 $x = t^2$ ， $dx = 2tdt$. 当 $x = 0$ 时， $t = 0$ ；当 $x = 1$ 时， $t = 1$.
于是

$$\int_{0}^{1} e^{\sqrt{x}} dx = \int_{0}^{1} e^{t} \cdot 2t dt = 2 \int_{0}^{1} t e^{t} dt$$

$$= 2(t e^{t}) \Big|_{0}^{1} - 2 \int_{0}^{1} e^{t} dt = 2e - 2e^{t} \Big|_{0}^{1} = 2 .$$

最后，我们来看一个通过建立递推公式计算定积分的例子.

例 5.3.14 证明

$$I_n = \int_{0}^{\frac{\pi}{2}} \sin^n x dx = \int_{0}^{\frac{\pi}{2}} \cos^n x dx$$

$$= \begin{cases} \dfrac{n-1}{n} \cdot \dfrac{n-3}{n-2} \cdot \cdots \cdot \dfrac{3}{4} \cdot \dfrac{1}{2} \cdot \dfrac{\pi}{2} = \dfrac{\pi}{2} \cdot \dfrac{(n-1)!!}{n!!} & (n \text{为正偶数}), \\ \dfrac{n-1}{n} \cdot \dfrac{n-3}{n-2} \cdot \cdots \cdot \dfrac{4}{5} \cdot \dfrac{2}{3} = \dfrac{(n-1)!!}{n!!} & (n \text{为大于1的正奇数}). \end{cases}$$

证明 令 $x = \dfrac{\pi}{2} - t$ ，则 $dx = -dt$ ，当 $x = 0$ 时， $t = \dfrac{\pi}{2}$ ；当 $x = \dfrac{\pi}{2}$ 时， $t = 0$.
于是

$$I_n = \int_{0}^{\frac{\pi}{2}} \sin^n x dx = -\int_{\frac{\pi}{2}}^{0} \sin^n \left(\frac{\pi}{2} - t \right) dt = \int_{0}^{\frac{\pi}{2}} \cos^n x dx .$$

以下只需证明对于 $\int_{0}^{\frac{\pi}{2}} \cos^n x dx$ ，结论正确即可.

当 $n = 1$ 时， $I_1 = \int_{0}^{\frac{\pi}{2}} \cos x dx = \sin x \Big|_{0}^{\frac{\pi}{2}} = 1$ ，

当 $n > 1$ 时， $I_n = \int_0^{\frac{\pi}{2}} \cos^n x \mathrm{d}x = \int_0^{\frac{\pi}{2}} \cos^{n-1} x \cos x \mathrm{d}x$

$$= \int_0^{\frac{\pi}{2}} \cos^{n-1} x \, \mathrm{d}(\sin x)$$

$$= (\cos^{n-1} x \sin x) \Big|_0^{\frac{\pi}{2}} + \int_0^{\frac{\pi}{2}} (n-1) \sin^2 x \cos^{n-2} x \mathrm{d}x$$

$$= (n-1) \int_0^{\frac{\pi}{2}} (1 - \cos^2 x) \cos^{n-2} x \mathrm{d}x$$

$$= (n-1) \int_0^{\frac{\pi}{2}} \cos^{n-2} x \mathrm{d}x - (n-1) \int_0^{\frac{\pi}{2}} \cos^n x \mathrm{d}x ,$$

即

$$I_n = (n-1)I_{n-2} - (n-1)I_n .$$

移项整理得到 I 关于下标 n 的递推公式： $I_n = \dfrac{n-1}{n} I_{n-2}$. 如果将 n 换成 $n-2$ ，则得

$$I_{n-2} = \frac{n-3}{n-2} I_{n-4} ,$$

依次进行下去，直到 I_n 的下标递减到 0 或 1 为止.

于是

$$I_{2m} = \frac{2m-1}{2m} \cdot \frac{2m-3}{2m-2} \cdot \cdots \cdot \frac{5}{6} \cdot \frac{3}{4} \cdot \frac{1}{2} I_0 ,$$

$$I_{2m+1} = \frac{2m}{2m+1} \cdot \frac{2m-2}{2m-1} \cdot \cdots \cdot \frac{6}{7} \cdot \frac{4}{5} \cdot \frac{2}{3} I_1 \quad (m = 1, 2, \cdots) .$$

而

$$I_0 = \int_0^{\frac{\pi}{2}} \mathrm{d}x = \frac{\pi}{2} , \quad I_1 = 1 ,$$

所以

$$I_{2m} = \int_0^{\frac{\pi}{2}} \cos^{2m} x \mathrm{d}x = \frac{2m-1}{2m} \cdot \frac{2m-3}{2m-2} \cdot \cdots \cdot \frac{5}{6} \cdot \frac{3}{4} \cdot \frac{1}{2} \cdot \frac{\pi}{2} ,$$

$$I_{2m+1} = \int_0^{\frac{\pi}{2}} \cos^{2m+1} x \mathrm{d}x = \frac{2m}{2m+1} \cdot \frac{2m-2}{2m-1} \cdot \cdots \cdot \frac{6}{7} \cdot \frac{4}{5} \cdot \frac{2}{3} \quad (m = 1, 2, \cdots) ,$$

或写成

$$I_n = \int_0^{\frac{\pi}{2}} \sin^n x \mathrm{d}x = \int_0^{\frac{\pi}{2}} \cos^n x \mathrm{d}x$$

$$= \begin{cases} \dfrac{n-1}{n} \cdot \dfrac{n-3}{n-2} \cdot \cdots \cdot \dfrac{3}{4} \cdot \dfrac{1}{2} \cdot \dfrac{\pi}{2} = \dfrac{\pi}{2} \cdot \dfrac{(n-1)!!}{n!!} & (n \text{为正偶数}), \\[4mm] \dfrac{n-1}{n} \cdot \dfrac{n-3}{n-2} \cdot \cdots \cdot \dfrac{4}{5} \cdot \dfrac{2}{3} = \dfrac{(n-1)!!}{n!!} & (n \text{为大于} 1 \text{的正奇数}). \end{cases}$$

这个结果在计算定积分时可直接使用，如

$$\int_0^{\frac{\pi}{2}} \sin^5 x \mathrm{d}x = \frac{4}{5} \cdot \frac{2}{3} \cdot 1 = \frac{8}{15},$$

$$\int_0^{\frac{\pi}{2}} \cos^6 x \mathrm{d}x = \frac{5}{6} \cdot \frac{3}{4} \cdot \frac{1}{2} \cdot \frac{\pi}{2} = \frac{5}{32}\pi.$$

习题 5.3

1. 用换元法计算下列积分：

（1）$\displaystyle\int_0^{\frac{\pi}{2}} \cos\frac{x}{2}\cos\frac{3x}{2}\mathrm{d}x$；

（2）$\displaystyle\int_1^2 \frac{1}{(3x-1)^2}\mathrm{d}x$；

（3）$\displaystyle\int_0^{\frac{\sqrt{2}}{3}} \sqrt{2-9x^2}\mathrm{d}x$；

（4）$\displaystyle\int_{\frac{1}{\pi}}^{\frac{2}{\pi}} \frac{1}{x^2}\sin\frac{1}{x}\mathrm{d}x$；

（5）$\displaystyle\int_{e-1}^{e^2-1} \frac{1+\ln(1+x)}{1+x}\mathrm{d}x$；

（6）$\displaystyle\int_1^{\sqrt{3}} \frac{1}{x\sqrt{1+x^2}}\mathrm{d}x$；

（7）$\displaystyle\int_1^2 \sqrt{x-1}(x+1)^2\mathrm{d}x$；

（8）$\displaystyle\int_4^9 \frac{\sqrt{x}}{\sqrt{x}-1}\mathrm{d}x$；

（9）$\displaystyle\int_1^2 \frac{\sqrt{x^2-1}}{x}\mathrm{d}x$；

（10）$\displaystyle\int_0^a \frac{1}{(x^2+a^2)^{\frac{3}{2}}}\mathrm{d}x$　（$a>0$）；

（11）$\displaystyle\int_1^{e^2} \frac{1}{x\sqrt{1+\ln x}}\mathrm{d}x$；

（12）$\displaystyle\int_0^1 \frac{\sqrt{e^x}}{\sqrt{e^x+e^{-x}}}\mathrm{d}x$；

（13）$\displaystyle\int_0^\pi \sqrt{\sin x-\sin^3 x}\mathrm{d}x$；

（14）$\displaystyle\int_0^{\frac{\pi}{4}} \tan x\ln\cos x\mathrm{d}x$；

（15）$\displaystyle\int_e^{e^6} \frac{\sqrt{3\ln x-2}}{x}\mathrm{d}x$；

（16）$\displaystyle\int_0^{2\pi} \sin^7 x\mathrm{d}x$；

（17）$\displaystyle\int_1^e \frac{1}{x\sqrt{4-3\ln^2 x}}\mathrm{d}x$；

（18）$\displaystyle\int_{\sqrt{e}}^e \frac{1}{x\sqrt{(1+\ln x)\ln x}}\mathrm{d}x$；

（19）$\displaystyle\int_0^{\frac{\pi}{4}} \frac{\sin^2\theta\cos^2\theta}{(\cos^3\theta+\sin^3\theta)^2}\mathrm{d}\theta$；

（20）$\displaystyle\int_0^{\ln 5} \frac{e^x}{e^x+3}\sqrt{e^x-1}\mathrm{d}x$；

（21）$\displaystyle\int_{\sqrt{3}}^{\sqrt{8}} \frac{1}{\sqrt{1+x^2}}\left(x+\frac{1}{x}\right)\mathrm{d}x$；

（22）$\displaystyle\int_0^1 \frac{1+x^2}{(x^3+3x+1)^2}\mathrm{d}x$；

（23）$\displaystyle\int_0^2 \frac{x^3}{4+x^2}\mathrm{d}x$；

（24）$\displaystyle\int_\pi^{2\pi} \frac{x+\cos x}{x^2+2\sin x}\mathrm{d}x$；

（25）$\displaystyle\int_{-1}^1 \frac{x+3}{x^2+2x+5}\mathrm{d}x$；

（26）$\displaystyle\int_0^1 \frac{x}{1+x^4}\mathrm{d}x$；

（27）$\displaystyle\int_0^3 \sqrt{\frac{x}{1+x}}\mathrm{d}x$；

（28）$\displaystyle\int_{\frac{1}{2}}^1 \frac{1}{x^2}\sqrt{\frac{1-x}{1+x}}\mathrm{d}x$；

（29） $\displaystyle\int_{\frac{\pi}{4}}^{\frac{\pi}{2}} \frac{x\cos x+\sin x}{(x\sin x)^2}dx$ ；

（30） $\displaystyle\int_0^{\frac{1}{2}} \sqrt{2x-x^2}dx$.

2. 用分部积分法计算下列积分：

（1） $\displaystyle\int_0^1 (x-1)3^x dx$ ；

（2） $\displaystyle\int_0^1 t^2 e^t dt$ ；

（3） $\displaystyle\int_{-\frac{\pi}{3}}^{\frac{\pi}{3}} \frac{x\sin x}{\cos^2 x}dx$ ；

（4） $\displaystyle\int_0^{\frac{\pi}{4}} x\cos 2x dx$ ；

（5） $\displaystyle\int_0^{\frac{\pi}{2}} e^{-x}\sin 2x dx$ ；

（6） $\displaystyle\int_0^1 \ln(x+1)dx$ ；

（7） $\displaystyle\int_0^1 \ln(1+x^2)dx$ ；

（8） $\displaystyle\int_1^e x(\ln x)^2 dx$ ；

（9） $\displaystyle\int_1^{e^2} \frac{1}{\sqrt{x}}(\ln x)^2 dx$ ；

（10） $\displaystyle\int_e^{e^2} \frac{\ln x}{(x-1)^2}dx$ ；

（11） $\displaystyle\int_1^2 \ln(\sqrt{x+1}+\sqrt{x-1})dx$ ；

（12） $\displaystyle\int_1^{e^{\frac{\pi}{2}}} \frac{\sin\ln x}{x^2}dx$ ；

（13） $\displaystyle\int_0^{e-1} (1+x)\ln^2(1+x)dx$ ；

（14） $\displaystyle\int_0^{\sqrt{\ln 2}} x^3 e^{-x^2}dx$ ；

（15） $\displaystyle\int_0^{2\pi} |x\sin x|dx$ ；

（16） $\displaystyle\int_0^1 2x\sqrt{1-x^2}\arcsin x dx$.

3. 设 $f(x)$ 是连续函数，证明下列各题：

（1） $\displaystyle\int_a^b f(x)dx=(b-a)\int_0^1 f[a+(b-a)x]dx$ ；

（2） $\displaystyle\int_0^a x^3 f(x^2)dx=\frac{1}{2}\int_0^{a^2} xf(x)dx$ （ $a>0$ ）.

4. 当 $x>0$ 时， $f(x)$ 可导，且满足方程 $f(x)=1+\displaystyle\int_1^x \frac{1}{x}f(t)dt$ ，求 $f(x)$.

5. 设 $f(x)=\dfrac{1}{1+x^2}+\sqrt{1-x^2}\displaystyle\int_0^1 f(x)dx$ ，求 $\displaystyle\int_0^1 f(x)dx$.

6. 设 $f(x)$ 在 $[-a,a]$ 上连续，证明 $\displaystyle\int_{-a}^a f(x)dx=\int_0^a [f(x)+f(-x)]dx$ ，并计算 $\displaystyle\int_{-\frac{\pi}{4}}^{\frac{\pi}{4}} \frac{\sin^2 x}{1+e^{-x}}dx$.

7. 利用函数奇偶性计算下列积分：

（1） $\displaystyle\int_{-\pi}^\pi x^4\sin x dx$ ；

（2） $\displaystyle\int_{-\frac{\pi}{2}}^{\frac{\pi}{2}} 4\cos^4 x dx$ ；

（3） $\displaystyle\int_{-\frac{1}{2}}^{\frac{1}{2}} \frac{(\arcsin x)^2}{\sqrt{1-x^2}}dx$ ；

（4） $\displaystyle\int_{-5}^5 \frac{x^3\sin^2 x}{x^4+2x^2+1}dx$.

*5.4 广 义 积 分

在定积分的定义中，被积函数及积分区间是有一定要求的，积分区间 $[a,b]$ 是有限的，被积函数是有界的．但在许多实际问题中，积分区间并不一定是有限的，被积函数也可能是无界的，这就需要将定积分概念加以推广．研究无限区间上及无界函数的积分，统称为广义积分，前者称为无穷区间上的广义积分，后者称为无界函数的广义积分．

5.4.1 无穷区间上的广义积分

定义 5.4.1 设 $f(x)$ 在区间 $[a,+\infty)$ 上连续，若当 $b>a$ 时，极限 $\lim\limits_{b\to+\infty}\int_a^b f(x)\mathrm{d}x$ 存在，则称此极限值为函数 $f(x)$ 在无穷区间 $[a,+\infty)$ 上的广义积分，记作

$$\int_a^{+\infty} f(x)\mathrm{d}x = \lim_{b\to+\infty}\int_a^b f(x)\mathrm{d}x .$$

此时也称广义积分 $\int_a^{+\infty} f(x)\mathrm{d}x$ 收敛．

如果上述极限不存在，$\int_a^{+\infty} f(x)\mathrm{d}x$ 无意义，也不再表示数值，此时称广义积分 $\int_a^{+\infty} f(x)\mathrm{d}x$ 发散．

类似地，可以定义无穷区间 $(-\infty,b]$ 上的广义积分为

$$\int_{-\infty}^b f(x)\mathrm{d}x = \lim_{a\to-\infty}\int_a^b f(x)\mathrm{d}x \quad (a<b) .$$

无穷区间 $(-\infty,+\infty)$ 上的广义积分为

$$\int_{-\infty}^{+\infty} f(x)\mathrm{d}x = \int_{-\infty}^c f(x)\mathrm{d}x + \int_c^{+\infty} f(x)\mathrm{d}x$$

$$= \lim_{a\to-\infty}\int_a^c f(x)\mathrm{d}x + \lim_{b\to+\infty}\int_c^b f(x)\mathrm{d}x \quad (a<c<b) .$$

它们收敛与发散的定义同上，但无穷区间 $(-\infty,+\infty)$ 上的广义积分中的两个极限只要有一个不存在，就称广义积分发散．

在计算收敛的无穷区间上的广义积分时，可直接利用定积分的各种计算方法．即若 $F(x)$ 是 $f(x)$ 的一个原函数，则无穷区间上的广义积分可简记为

$$\int_a^{+\infty} f(x)\mathrm{d}x = F(x)\Big|_a^{+\infty} = \lim_{x\to+\infty} F(x) - F(a) = F(+\infty) - F(a) ,$$

$$\int_{-\infty}^b f(x)\mathrm{d}x = F(x)\Big|_{-\infty}^b = F(b) - \lim_{x\to-\infty} F(x) = F(b) - F(-\infty) ,$$

$$\int_{-\infty}^{+\infty} f(x)\mathrm{d}x = F(x)\Big|_{-\infty}^{+\infty} = \lim_{x\to+\infty} F(x) - \lim_{x\to-\infty} F(x) = F(+\infty) - F(-\infty) .$$

例 5.4.1 计算广义积分 $\int_0^{+\infty} x\mathrm{e}^{-x^2}\,\mathrm{d}x$.

解 $\int_0^{+\infty} x\mathrm{e}^{-x^2}\,\mathrm{d}x = -\dfrac{1}{2}\int_0^{+\infty} \mathrm{e}^{-x^2}\,\mathrm{d}(-x^2) = -\dfrac{1}{2}\mathrm{e}^{-x^2}\Big|_0^{+\infty}$

$$= -\frac{1}{2}\lim_{x\to+\infty}\mathrm{e}^{-x^2} + \frac{1}{2} = \frac{1}{2} .$$

例 5.4.2 计算广义积分 $\int_{-\infty}^{+\infty}\dfrac{1}{x^2+2x+2}\,\mathrm{d}x$.

解 令 $x+1=t$ ，则 t 的变化区间仍然是 $(-\infty,+\infty)$.

$$\int_{-\infty}^{+\infty}\frac{1}{x^2+2x+2}\,\mathrm{d}x = \int_{-\infty}^{+\infty}\frac{1}{1+(x+1)^2}\,\mathrm{d}(x+1) = \int_{-\infty}^{+\infty}\frac{1}{1+t^2}\,\mathrm{d}t$$

$$= \arctan t\Big|_{-\infty}^{+\infty} = \lim_{t\to+\infty}\arctan t - \lim_{t\to-\infty}\arctan t = \frac{\pi}{2} - \left(-\frac{\pi}{2}\right) = \pi .$$

例 5.4.3 讨论广义积分 $\int_1^{+\infty}\dfrac{1}{x^p}\,\mathrm{d}x$ 的敛散性.

解 对任意实数 $b>1$ ，有

$$\int_1^b \frac{1}{x^p}\,\mathrm{d}x = \begin{cases} \dfrac{1}{1-p}(b^{1-p}-1), & p\neq 1, \\[2mm] \ln b, & p = 1. \end{cases}$$

于是有

$$\lim_{b\to+\infty}\int_1^b \frac{1}{x^p}\,\mathrm{d}x = \begin{cases} \dfrac{1}{p-1}, & p>1, \\[2mm] +\infty, & p\leqslant 1. \end{cases}$$

因此，当 $p>1$ 时， $\int_1^{+\infty}\dfrac{1}{x^p}\,\mathrm{d}x$ 收敛，且 $\int_1^{+\infty}\dfrac{1}{x^p}\,\mathrm{d}x = \dfrac{1}{p-1}$ ；

当 $p\leqslant 1$ 时， $\int_1^{+\infty}\dfrac{1}{x^p}\,\mathrm{d}x$ 发散.

5.4.2 无界函数的广义积分

无界函数的广义积分是指积分区间有限，但被积函数在积分区间上是无界的．仿照将定积分由有限区间推广到无穷区间的方法，先考虑有界部分的积分，再利用极限加以处理.

如果 $f(x)$ 在点 $x=a$ 的任一邻域都无界，则称点 a 为函数 $f(x)$ 的瑕点，通常称无界函数的广义积分为瑕积分.

定义 5.4.2 设函数 $f(x)$ 在 $(a,b]$ 上是可积的，点 a 为 $f(x)$ 的瑕点，即 $\lim\limits_{x\to a^+} f(x) = \infty$ ．取 $\varepsilon>0$ ，如果极限 $\lim\limits_{\varepsilon\to 0^+}\int_{a+\varepsilon}^b f(x)\,\mathrm{d}x$ 存在，则称此极限为无界函数 $f(x)$ 在 $(a,b]$ 上的广义积分，记为 $\int_a^b f(x)\,\mathrm{d}x$ ，即

$$\int_a^b f(x)\mathrm{d}x = \lim_{\varepsilon \to 0^+} \int_{a+\varepsilon}^b f(x)\mathrm{d}x .$$

此时也称广义积分是收敛的，如果上述极限不存在，则称广义积分发散.

类似地，如果 $f(x)$ 在区间 $[a,b)$ 上是可积的，点 b 为 $f(x)$ 的瑕点，即

$\lim_{x \to b^-} f(x) = \infty$ ．取 $\varepsilon > 0$ ，如果 $\lim_{\varepsilon \to 0^+} \int_a^{b-\varepsilon} f(x)\mathrm{d}x$ 存在，则定义 $\int_a^b f(x)\mathrm{d}x =$

$\lim_{\varepsilon \to 0^+} \int_a^{b-\varepsilon} f(x)\mathrm{d}x$ ，并称广义积分 $\int_a^b f(x)\mathrm{d}x$ 收敛，否则，称广义积分发散.

如果 $f(x)$ 在 $[a,b]$ 上除 c（$a < c < b$）点外是可积的，点 c 为 $f(x)$ 的瑕点，即

$\lim_{x \to c} f(x) = \infty$ ，则定义 $\int_a^b f(x)\mathrm{d}x = \int_a^c f(x)\mathrm{d}x + \int_c^b f(x)\mathrm{d}x$

$$= \lim_{\varepsilon_1 \to 0^+} \int_a^{c-\varepsilon_1} f(x)\mathrm{d}x + \lim_{\varepsilon_2 \to 0^+} \int_{c+\varepsilon_2}^b f(x)\mathrm{d}x ,$$

上式右端两个极限都存在（即 $\int_a^c f(x)\mathrm{d}x$ 与 $\int_c^b f(x)\mathrm{d}x$ 都收敛）时，称以点 c 为 $f(x)$ 瑕点的广义积分收敛，否则称其为发散. 注意上式右端两个极限只要有一个不存在，就说广义积分发散.

计算无界函数的广义积分时，也可直接利用定积分的各种计算方法，即若 $x = a$ 是 $f(x)$ 的瑕点，$F(x)$ 是 $f(x)$ 的一个原函数，则广义积分形式可记为

$$\int_a^b f(x)\mathrm{d}x = F(x)\Big|_a^b = F(b) - \lim_{x \to a^+} F(x) .$$

对于 b 和 c（$a < c < b$）是瑕点的情况，也有类似的表达形式.

例 5.4.4 判断广义积分 $\int_0^2 \dfrac{1}{(2-x)^2}\mathrm{d}x$ 的敛散性.

解 因为 $\lim\limits_{x \to 2} \dfrac{1}{(2-x)^2} = \infty$ ，所以 $x = 2$ 是被积函数的瑕点，于是

$$\int_0^2 \frac{1}{(2-x)^2}\mathrm{d}x = \lim_{x \to 2^-} \frac{1}{2-x} - \frac{1}{2} = +\infty ,$$

故该广义积分是发散的.

例 5.4.5 讨论广义积分 $\int_0^1 \dfrac{1}{x^p}\mathrm{d}x$ （$p > 0$）的敛散性.

解 因为当 $p > 0$ 时，$\quad \lim\limits_{x \to 0} \dfrac{1}{x^p} = \infty$ ，

所以 $x = 0$ 是被积函数的瑕点，于是当 $p \neq 1$ 时，有

$$\int_0^1 \frac{1}{x^p}\mathrm{d}x = \frac{x^{1-p}}{1-p}\Big|_0^1 = \frac{1}{1-p} - \lim_{x \to 0^+} \frac{x^{1-p}}{1-p} .$$

当 $0 < p < 1$ 时，$1-p > 0$ ，$\lim\limits_{x \to 0^+} \dfrac{x^{1-p}}{1-p} = 0$ ，所以 $\int_0^1 \dfrac{1}{x^p}\mathrm{d}x = \dfrac{1}{1-p}$ ；

当 $p > 1$ 时，$1 - p < 0$，$\lim\limits_{x \to 0^+} \dfrac{x^{1-p}}{1-p} = -\infty$，所以 $\int_0^1 \dfrac{1}{x^p} \mathrm{d}x = -\infty$；

当 $p = 1$ 时，$\int_0^1 \dfrac{1}{x^p} \mathrm{d}x = \int_0^1 \dfrac{1}{x} \mathrm{d}x = \ln x \Big|_0^1 = 0 - \lim\limits_{x \to 0^+} \ln x = +\infty$.

故广义积分 $\int_0^1 \dfrac{1}{x^p} \mathrm{d}x$ 当 $0 < p < 1$ 时收敛，当 $p \geqslant 1$ 时发散.

例 5.4.6 计算广义积分 $\int_0^{+\infty} \dfrac{1}{\sqrt{x(x+1)^3}} \mathrm{d}x$.

解 此广义积分既是无穷区间上的广义积分，又是无界函数的广义积分（$x = 0$ 是被积函数的瑕点），只要变量替换后的函数单调，就可以像定积分一样作换元处理.

令 $\sqrt{x} = t$，则 $x = t^2$，当 $x \to 0^+$ 时，$t \to 0$；$x \to +\infty$ 时，$t \to +\infty$，于是

$$\int_0^{+\infty} \frac{1}{\sqrt{x(x+1)^3}} \mathrm{d}x = \int_0^{+\infty} \frac{2t}{t(t^2+1)^{3/2}} \mathrm{d}t = 2 \int_0^{+\infty} \frac{1}{(t^2+1)^{3/2}} \mathrm{d}t.$$

再令 $t = \tan u$，$u = \arctan t$，当 $t = 0$ 时，$u = 0$；当 $t \to +\infty$ 时，$u \to \dfrac{\pi}{2}$，所以

$$\int_0^{+\infty} \frac{1}{\sqrt{x(x+1)^3}} \mathrm{d}x = 2 \int_0^{\frac{\pi}{2}} \frac{\sec^2 u}{\sec^3 u} \mathrm{d}u = 2 \int_0^{\frac{\pi}{2}} \cos u \mathrm{d}u = 2.$$

*习题 5.4

1. 按定义判断下列广义积分的敛散性；若收敛，求其值.

(1) $\int_{-\infty}^0 \cos x \mathrm{d}x$；

(2) $\int_0^{+\infty} x \mathrm{e}^{-x} \mathrm{d}x$；

(3) $\int_{-\infty}^{+\infty} \dfrac{\mathrm{e}^x}{1 + \mathrm{e}^{2x}} \mathrm{d}x$；

(4) $\int_1^{+\infty} \dfrac{\arctan x}{x^2} \mathrm{d}x$；

(5) $\int_0^1 \ln x \mathrm{d}x$；

(6) $\int_1^2 \dfrac{x}{\sqrt{x-1}} \mathrm{d}x$；

(7) $\int_{-1}^1 \dfrac{x}{\sqrt{1-x^2}} \mathrm{d}x$；

(8) $\int_0^2 \dfrac{1}{x^2 - 4x + 3} \mathrm{d}x$.

2. 讨论广义积分 $\int_2^{+\infty} \dfrac{1}{x(\ln x)^p} \mathrm{d}x$ 在 p 取何值时收敛；p 取何值时发散.

3. 已知 $\int_0^{+\infty} \dfrac{\sin x}{x} \mathrm{d}x = \dfrac{\pi}{2}$，试证 $\int_0^{+\infty} \dfrac{\sin x \cos x}{x} \mathrm{d}x = \dfrac{\pi}{4}$.

4. 已知 $\lim\limits_{x \to +\infty} \left(\dfrac{x+c}{x-c} \right)^x = \int_{-\infty}^c t \mathrm{e}^{2t} \mathrm{d}t$（$c \neq 0$），求 c.

5. 讨论广义积分 $\int_a^b \dfrac{1}{(x-a)^p} \mathrm{d}x$（$p > 0$，$a < b$），当 p 取何值时收敛；p 取何值时发散.

本章小结

一、定积分

1. 基本概念

（1）定积分的定义：$\displaystyle\int_a^b f(x)\mathrm{d}x = \lim_{\lambda \to 0}\sum_{i=1}^n f(\xi_i)\Delta x_i$．

说明：1）$\displaystyle\int_a^b f(x)\mathrm{d}x$ 是一个数值，它只与积分区间 $[a,b]$ 及被积函数 $f(x)$ 有关，与积分变量的记号无关．

2）规定：$\displaystyle\int_a^b f(x)\mathrm{d}x = -\int_b^a f(x)\mathrm{d}x$，$\displaystyle\int_a^a f(x)\mathrm{d}x = 0$．

（2）定积分的几何意义：$\displaystyle\int_a^b f(x)\mathrm{d}x$ 的值等于介于 x 轴、曲线 $y = f(x)$ 及直线 $x = a$、$x = b$ 之间的各部分面积的代数和．

（3）定积分存在的充分条件：$f(x)$ 在 $[a,b]$ 上连续或 $f(x)$ 在 $[a,b]$ 上有界且只有有限个第一类间断点．

2. 定积分的性质

性质 5.1.1　（线性性质）设 α、β 为两常数，则有

$$\int_a^b [\alpha f(x) \pm \beta g(x)]\mathrm{d}x = \alpha \int_a^b f(x)\mathrm{d}x \pm \beta \int_a^b g(x)\mathrm{d}x．$$

一般地，设 $\alpha_1, \alpha_2, \cdots, \alpha_n$ 为常数，则有

$$\int_a^b [\alpha_1 f_1(x) \pm \alpha_2 f_2(x) \pm \cdots \pm \alpha_n f_n(x)]\mathrm{d}x$$

$$= \alpha_1 \int_a^b f_1(x)\mathrm{d}x \pm \alpha_2 \int_a^b f_2(x)\mathrm{d}x \pm \cdots \pm \alpha_n \int_a^b f_n(x)\mathrm{d}x．$$

性质 5.1.2　设 a、b、c 为不同的常数，则有

$$\int_a^b f(x)\mathrm{d}x = \int_a^c f(x)\mathrm{d}x + \int_c^b f(x)\mathrm{d}x．$$

性质 5.1.3　如果在区间 $[a,b]$ 上 $f(x) \equiv 1$，则

$$\int_a^b 1\mathrm{d}x = \int_a^b \mathrm{d}x = b - a．$$

性质 5.1.4　如果在区间 $[a,b]$ 上 $f(x) \leqslant g(x)$，则

$$\int_a^b f(x)\mathrm{d}x \leqslant \int_a^b g(x)\mathrm{d}x．$$

特别地，若在 $[a,b]$ 上 $f(x) \geqslant 0$，则 $\displaystyle\int_a^b f(x)\mathrm{d}x \geqslant 0$．

由此性质得

$$\left| \int_a^b f(x)\mathrm{d}x \right| \leqslant \int_a^b |f(x)|\mathrm{d}x．$$

性质 5.1.5 （定积分估值不等式） 设 M 与 m 分别是函数 $f(x)$ 在区间 $[a,b]$ 上的最大和最小值，则

$$m(b-a) \leqslant \int_a^b f(x)\mathrm{d}x \leqslant M(b-a).$$

性质 5.1.6 （定积分中值定理） 如果函数 $f(x)$ 在 $[a,b]$ 上连续，则在区间 $[a,b]$ 上至少存在一点 ξ，使得 $\int_a^b f(x)\mathrm{d}x = f(\xi)(b-a)$.

3. 定积分的几个常用公式

（1）若 $f(x)$ 为对称区间 $[-a,a]$ 上的偶函数，则 $\int_{-a}^a f(x)\mathrm{d}x = 2\int_0^a f(x)\mathrm{d}x$.

（2）若 $f(x)$ 为对称区间 $[-a,a]$ 上的奇函数，则 $\int_{-a}^a f(x)\mathrm{d}x = 0$.

（3）若 $f(x)$ 是以 T 为周期的周期函数，则 $\int_a^{a+T} f(x)\mathrm{d}x = \int_0^T f(x)\mathrm{d}x$ （a 为任意实数）.

（4）$\int_0^\pi xf(\sin x)\mathrm{d}x = \dfrac{\pi}{2}\int_0^\pi f(\sin x)\mathrm{d}x$.

（5）$\int_0^{\frac{\pi}{2}} f(\sin x)\mathrm{d}x = \int_0^{\frac{\pi}{2}} f(\cos x)\mathrm{d}x$.

（6）$\int_0^{\frac{\pi}{2}} \sin^n x\,\mathrm{d}x = \int_0^{\frac{\pi}{2}} \cos^n x\,\mathrm{d}x$

$$= \begin{cases} \dfrac{n-1}{n}\cdot\dfrac{n-3}{n-2}\cdots\cdots\dfrac{3}{4}\cdot\dfrac{1}{2}\cdot\dfrac{\pi}{2} = \dfrac{\pi}{2}\dfrac{(n-1)!!}{n!!}, & n\text{ 为正偶数}, \\ \dfrac{n-1}{n}\cdot\dfrac{n-3}{n-2}\cdots\cdots\dfrac{4}{5}\cdot\dfrac{2}{3} = \dfrac{(n-1)!!}{n!!}, & n>1, \text{ 为正奇数}. \end{cases}$$

4. 方法与技巧

（1）牛顿—莱布尼兹公式.

设函数 $f(x)$ 在区间 $[a,b]$ 上连续，$F(x)$ 是 $f(x)$ 的一个原函数，则

$$\int_a^b f(x)\mathrm{d}x = F(x)\Big|_a^b = F(b) - F(a).$$

（2）定积分的换元法.

设 $f(x)$ 在 $[a,b]$ 上连续，如果函数 $x = \varphi(t)$ 满足条件：

① 在区间 $[\alpha,\beta]$ 上单调且有连续导数 $\varphi'(t)$；

② 当 t 在 $[\alpha,\beta]$ 上变化时，$x = \varphi(t)$ 在 $[a,b]$ 上变化；

③ $\varphi(\alpha) = a$，$\varphi(\beta) = b$，则

$$\int_a^b f(x)\mathrm{d}x = \int_\alpha^\beta f[\varphi(t)]\varphi'(t)\mathrm{d}t.$$

注意：

1）代换 $x = \varphi(t)$ 要有意义.

2）用换元法求定积分时，换元的同时要相应改变积分的上下限.

3）定积分换元公式从左→右为第二类换元法，反过来使用从右→左为第一类换元法.

当反过来使用时，如果不明显地引进新变量 t，定积分的上、下限就不要改变.

（3）定积分的分部积分法.

若函数 $u'(x)$ 和 $v'(x)$ 均在区间 $[a,b]$ 上连续，则有

$$\int_a^b u(x)v'(x)\mathrm{d}x = u(x)v(x)\Big|_a^b - \int_a^b u'(x)v(x)\mathrm{d}x ,$$

或

$$\int_a^b u\mathrm{d}v = (uv)\Big|_a^b - \int_a^b v\mathrm{d}u .$$

二、积分上限的函数

1. 基本概念

设函数 $f(x)$ 在 $[a,b]$ 上连续，$x \in [a,b]$，则称

$$\Phi(x) = \int_a^x f(t)\mathrm{d}t \quad （ a \leqslant x \leqslant b ）$$

为积分上限的函数或变上限积分.

2. 重要结论

若函数 $f(x)$ 在 $[a,b]$ 上连续，则积分上限的函数 $\Phi(x) = \int_a^x f(t)\mathrm{d}t$ 在 $[a,b]$ 上可导，且

$$\Phi'(x) = \frac{\mathrm{d}}{\mathrm{d}x} \int_a^x f(t)\mathrm{d}t = f(x) \quad （ a \leqslant x \leqslant b ）.$$

说明：

1）用变动积分限的定积分定义函数是一种表示函数的方法，要注意分清在 $\int_a^x f(t)\mathrm{d}t$ 中两个变量 x 和 t 的不同作用：x 是积分上限的函数的自变量，它是积分区间 $[a,x]$ 的右端点；而 t 是积分变量，t 在区间 $[a,x]$ 上变化. 如果遇到积分变量仍用 x 表示的情形，即 $\Phi(x) = \int_a^x f(x)\mathrm{d}x$，一定要将作为积分上限的变量 x 与作为积分变量的 x 区别开，不要混淆.

2）上述结论表明，积分上限的函数的导数 $\Phi'(x)$ 等于被积函数 $f(t)$ 在积分上限 x 处的函数值 $f(x)$，因此 $\int_a^x f(t)\mathrm{d}t$ 是连续函数 $f(x)$ 的一个原函数，它揭示了定积分与原函数之间的本质联系.

3）如果 $f(x)$ 在 $[a,b]$ 上连续，则

$$\frac{\mathrm{d}}{\mathrm{d}x} \int_x^b f(t)\mathrm{d}t = \frac{\mathrm{d}}{\mathrm{d}x}[-\int_b^x f(t)\mathrm{d}t] = -f(x) .$$

如果 $g(x)$ 可微，则

$$\frac{\mathrm{d}}{\mathrm{d}x}\int_a^{g(x)}f(t)\mathrm{d}t = f[g(x)]g'(x).$$

如果 $\varphi(x)$ 和 $\psi(x)$ 都可微，且 $\varphi(x)\in[a,b]$，$\psi(x)\in[a,b]$，则

$$\frac{\mathrm{d}}{\mathrm{d}x}\int_{\varphi(x)}^{\psi(x)}f(t)\mathrm{d}t = f[\psi(x)]\,\psi'(x) - f[\varphi(x)]\varphi'(x).$$

三、广义积分

1. 基本概念

（1）无穷区间的广义积分定义.

无穷区间 $[a,+\infty)$ 上的广义积分为

$$\int_a^{+\infty}f(x)\mathrm{d}x = \lim_{b\to+\infty}\int_a^b f(x)\mathrm{d}x \quad (a<b);$$

无穷区间 $(-\infty,b]$ 上的广义积分为

$$\int_{-\infty}^b f(x)\mathrm{d}x = \lim_{a\to-\infty}\int_a^b f(x)\mathrm{d}x \quad (a<b);$$

无穷区间 $(-\infty,+\infty)$ 上的广义积分为

$$\int_{-\infty}^{+\infty}f(x)\mathrm{d}x = \int_{-\infty}^c f(x)\mathrm{d}x + \int_c^{+\infty}f(x)\mathrm{d}x$$

$$= \lim_{a\to-\infty}\int_a^c f(x)\mathrm{d}x + \lim_{b\to+\infty}\int_c^b f(x)\mathrm{d}x \quad (a<c<b).$$

（2）无界函数的广义积分的定义.

区间 $(a,b]$ 上的广义积分为（点 a 为 $f(x)$ 的瑕点，即 $\lim\limits_{x\to a^+}f(x)=\infty$ ）

$$\int_a^b f(x)\mathrm{d}x = \lim_{\varepsilon\to 0^+}\int_{a+\varepsilon}^b f(x)\mathrm{d}x;$$

区间 $[a,b)$ 的广义积分为（点 b 为 $f(x)$ 的瑕点，即 $\lim\limits_{x\to b^-}f(x)=\infty$ ）

$$\int_a^b f(x)\mathrm{d}x = \lim_{\varepsilon\to 0^+}\int_a^{b-\varepsilon}f(x)\mathrm{d}x;$$

若区间 $[a,b]$ 上除 c（$a<c<b$）点外是可积的，点 c 为 $f(x)$ 的瑕点，即 $\lim\limits_{x\to c}f(x)=\infty$，则

$$\int_a^b f(x)\mathrm{d}x = \lim_{\varepsilon_1\to 0^+}\int_a^{c-\varepsilon_1}f(x)\mathrm{d}x + \lim_{\varepsilon_2\to 0^+}\int_{c+\varepsilon_2}^b f(x)\mathrm{d}x.$$

（3）广义积分收敛与发散的定义.

1）无穷区间上的广义积分收敛、发散的定义.

如果极限 $\lim\limits_{b\to+\infty}\int_a^b f(x)\mathrm{d}x$（$a<b$）存在，则称广义积分 $\int_a^{+\infty}f(x)\mathrm{d}x$ 收敛，否则称 $\int_a^{+\infty}f(x)\mathrm{d}x$ 发散，此时 $\int_a^{+\infty}f(x)\mathrm{d}x$ 无意义，也不再表示数值；

如果极限 $\lim\limits_{a\to-\infty}\int_a^b f(x)\mathrm{d}x$（$a<b$）存在，则称广义积分 $\int_{-\infty}^b f(x)\mathrm{d}x$ 收敛，否则

称 $\int_{-\infty}^{b} f(x)\mathrm{d}x$ 发散；

如果极限 $\lim\limits_{a \to -\infty} \int_{a}^{b} f(x)\mathrm{d}x$（$a < b$）与 $\lim\limits_{b \to +\infty} \int_{a}^{b} f(x)\mathrm{d}x$（$a < b$）都存在，则称广义积分 $\int_{-\infty}^{+\infty} f(x)\mathrm{d}x$ 收敛，只要其中有一个不存在，就称广义积分 $\int_{-\infty}^{+\infty} f(x)\mathrm{d}x$ 发散.

2）无界函数的广义积分收敛、发散的定义.

如果极限 $\lim\limits_{\varepsilon \to 0^{+}} \int_{a+\varepsilon}^{b} f(x)\mathrm{d}x$ 存在，则称以点 a 为 $f(x)$ 瑕点的无界函数的广义积分 $\int_{a}^{b} f(x)\mathrm{d}x$ 收敛，否则称广义积分发散；

如果 $\lim\limits_{\varepsilon \to 0^{+}} \int_{a}^{b-\varepsilon} f(x)\mathrm{d}x$ 存在，则称以点 b 为 $f(x)$ 瑕点的无界函数的广义积分 $\int_{a}^{b} f(x)\mathrm{d}x$ 收敛，否则称广义积分发散；

如果极限 $\lim\limits_{\varepsilon_1 \to 0^{+}} \int_{a}^{c-\varepsilon_1} f(x)\mathrm{d}x$ 与 $\lim\limits_{\varepsilon_2 \to 0^{+}} \int_{c+\varepsilon_2}^{b} f(x)\mathrm{d}x$ 都存在，则称以点 c 为 $f(x)$ 瑕点的无界函数的广义积分 $\int_{a}^{b} f(x)\mathrm{d}x$ 收敛，否则称广义积分发散，即只要两个极限中有一个不存在，广义积分 $\int_{a}^{b} f(x)\mathrm{d}x$ 就发散.

2. 重要结论

（1）广义积分 $\int_{a}^{+\infty} \dfrac{\mathrm{d}x}{x^{p}}$（$a > 0$）当 $p > 1$ 时收敛，当 $p \leqslant 1$ 时发散.

（2）广义积分 $\int_{a}^{b} \dfrac{1}{(x-a)^{q}}\mathrm{d}x$（$q > 0$，$a < b$）当 $q < 1$ 时收敛，当 $q \geqslant 1$ 时发散.

复习题 5

1．单选题.

（1）函数 $f(x)$ 在闭区间 $[a,b]$ 上可积的必要条件是 $f(x)$ 在 $[a,b]$ 上（　　）.

  A．有界　　　　　　　　　　B．无界

  C．单调　　　　　　　　　　D．连续

（2）函数 $f(x)$ 在闭区间 $[a,b]$ 上连续是 $f(x)$ 在 $[a,b]$ 上可积的（　　）.

  A．必要条件非充分条件　　　B．充分条件非必要条件

  C．充分必要条件　　　　　　D．无关条件

（3）初等函数 $f(x)$ 在其有定义的区间 $[a,b]$ 上未必（　　）.

  A．连续　　　　　　　　　　B．可导

  C．存在原函数　　　　　　　D．可积

（4）设函数 $f(x)$ 在 $(-\infty,+\infty)$ 内为奇函数，且可导，则下列选项中是奇函数的是（　　）.

A. $\sin f'(x)$ B. $\displaystyle\int_0^x \sin x f(t)\,dt$

C. $\displaystyle\int_0^x f(\sin t)\,dt$ D. $\displaystyle\int_0^x [\sin t + f(t)]\,dt$

（5）$\dfrac{d}{dx}\displaystyle\int_a^b \arctan x\,dx = $（　　）.

A. $\arctan x$ B. $\arctan b - \arctan a$

C. 0 D. $\dfrac{1}{1+x^2}$

（6）设 $f(x)$ 在 $[a,b]$ 上连续，则 $\displaystyle\int_a^b f(x)\,dx = $（　　）.

A. $\dfrac{1}{k}\displaystyle\int_a^b f\left(\dfrac{x}{k}\right)dx$ B. $k\displaystyle\int_{ka}^{kb} f\left(\dfrac{x}{k}\right)dx$

C. $\dfrac{1}{k}\displaystyle\int_{ka}^{kb} f\left(\dfrac{x}{k}\right)dx$ D. $k\displaystyle\int_{\frac{a}{k}}^{\frac{b}{k}} f\left(\dfrac{x}{k}\right)dx$

（7）设 $M = \displaystyle\int_{-\frac{\pi}{4}}^{\frac{\pi}{4}} \dfrac{1}{\sqrt{1-x^2}}\left(\dfrac{1}{1+e^x} - \dfrac{1}{2}\right)dx$，$N = \displaystyle\int_{-\frac{\pi}{4}}^{\frac{\pi}{4}} \left(\dfrac{2^x - 2^{-x}}{2} + x\tan x\right)dx$，

$P = \displaystyle\int_{-\frac{\pi}{4}}^{\frac{\pi}{4}} [\sin^2 x \cdot \ln(x + \sqrt{1+x^2}) - 1]\,dx$，则有不等式关系（　　）.

A. $N < P < M$ B. $M < P < N$

C. $N < M < P$ D. $P < M < N$

（8）已知 n 和 k 为正整数，则 $\displaystyle\int_{\frac{(k-1)\pi}{n}}^{\frac{k\pi}{n}} |\sin nx|\,dx = $（　　）.

A. $\dfrac{1}{n}$ B. $\dfrac{2}{n}$

C. $\dfrac{4}{n}$ D. 2

2. 设函数 $F(x) = \displaystyle\int_0^x tf(x^2 - t^2)\,dt$，其中函数 $f(x)$ 连续，求 $F'(x)$.

3. 求下列极限：

（1）$\displaystyle\lim_{x\to 0} \dfrac{\displaystyle\int_{x^2}^x \dfrac{\sin xt}{t}\,dt}{x^2}$；   （2）$\displaystyle\lim_{x\to +\infty} \dfrac{\left(\displaystyle\int_0^x e^{t^2}\,dt\right)^2}{\displaystyle\int_0^{x^2} e^t\,dt}$.

4. 设 $f(x)$ 在闭区间 $[a,b]$ 上连续且 $f(x) > 0$，求 $\displaystyle\lim_{n\to\infty}\int_a^b x^2 \sqrt[n]{f(x)}\,dx$.

5. 计算 $I_1 = \displaystyle\int_0^\pi (x\sin x)^2\,dx$，$I_2 = \displaystyle\int_0^\pi (x\cos x)^2\,dx$.

6. 设函数 $f(x)$，$g(x)$ 在区间 $[a,b]$ 上连续，试证：至少存在一点 $\xi \in (a,b)$，使得

$$f(\xi)\int_{\xi}^{b}g(x)\mathrm{d}x = g(\xi)\int_{a}^{\xi}f(x)\mathrm{d}x .$$

7. 设函数 $f(x)$ 在 $[0,1]$ 上连续，且 $f(x)<1$. 试证：方程 $2x - \int_{0}^{x}f(t)\mathrm{d}t = 1$ 在 $(0,1)$ 内有且仅有一个根.

8. 设函数 $f(x)$ 在 $[0,b]$ 上有连续的导数，且 $f(0)=0$ ，记 $M = \max\limits_{0\le x\le b}\left|f'(x)\right|$ ，试证：

$$\left|\int_{0}^{b}f(x)\mathrm{d}x\right| \le \frac{Mb^2}{2} .$$

9. 已知 $\int_{0}^{+\infty}\mathrm{e}^{-x^2}\mathrm{d}x = \frac{\sqrt{\pi}}{2}$ ，对任何实数 x ，求 $\lim\limits_{n\to\infty}\int_{0}^{x}\sqrt{n}\mathrm{e}^{-nt^2}\mathrm{d}t$.

10. 设 $f(x) = \int_{1}^{\sqrt{x}}\mathrm{e}^{-t^2}\mathrm{d}t$ ，求 $\int_{0}^{1}\frac{f(x)}{\sqrt{x}}\mathrm{d}x$.

自测题 5

1. 填空题.

（1）定积分 $\int_{\frac{1}{2}}^{1}x^2\ln x\mathrm{d}x$ 值的符号是_____;

（2）比较 $\int_{0}^{1}\sqrt{1+x^3}\mathrm{d}x$ 与 $\int_{0}^{1}\sqrt{1+x^4}\mathrm{d}x$ 值的大小，结果是_____;

（3） $\int_{-\frac{\pi}{2}}^{\frac{\pi}{2}}\cos x\mathrm{e}^{\sin x}\mathrm{d}x = $ _____;

（4） $\int_{-\frac{1}{2}}^{\frac{1}{2}}\frac{\arcsin x}{\sqrt{1-x^2}}\mathrm{d}x = $ _____;

（5）设 $f'(x)$ 在 $[1,3]$ 上连续，则 $\int_{1}^{3}\frac{f'(x)}{1+[f(x)]^2}\mathrm{d}x = $ _____;

（6）设 $f(x)$ 在 $(-\infty,+\infty)$ 内有一阶导数， $F(x) = x\int_{0}^{\frac{1}{x}}f(t)\mathrm{d}t$ ， $x\ne 0$ ，则 $F''(x) = $ _____;

（7） $\lim\limits_{x\to 0}\dfrac{2\int_{0}^{x}\sin t\mathrm{d}t}{\int_{0}^{x}3t\mathrm{d}t} = $ _____;

（8）设 $f(x)$ 有一个原函数 $\tan x$ ，则 $\int_{-\frac{\pi}{4}}^{\frac{\pi}{4}}f(x)\mathrm{d}x = $ _____;

（9） $\int_{0}^{\pi}\sqrt{1-\sin^2 x}\mathrm{d}x = $ _____;

（10）$\int_{-1}^{1} \dfrac{x \arcsin x}{\sqrt{1-x^2}} dx = \underline{\hspace{3cm}}$.

2. 单选题.

（1）若 $f(x)$ 为可导函数，且已知 $f(0)=0$，$f'(0)=2$，则 $\lim\limits_{x \to 0} \dfrac{\int_0^x f(t)dt}{x^2}$ 的值为（　　）.

  A. 0   B. 1

  C. 2   D. 不存在

（2）设 $f(x)$ 连续，则 $\lim\limits_{x \to a} \dfrac{x}{x-a} \int_a^x f(t)dt$ 的值为（　　）.

  A. 0   B. a

  C. $af(a)$ D. $f(a)$

（3）若连续曲线 $y=f_1(x)$ 与 $y=f_2(x)$ 在 $[a,b]$ 上关于 x 轴对称，则 $\int_a^b f_1(x)dx + \int_a^b f_2(x)dx$ 的值为（　　）.

  A. $2\int_a^b f_1(x)dx$ B. $2\int_a^b f_2(x)dx$

  C. 0   D. $2\int_a^b [f_1(x)-f_2(x)]dx$

（4）设 $f(x)$ 在 $[a,b]$ 上连续，且 $\int_a^b f(x)dx = 0$，则（　　）.

  A. $f(x) \equiv 0$

  B. 存在 $x \in (a,b)$，使 $f(x)=0$

  C. 存在唯一的 $x \in [a,b]$，使 $f(x)=0$

  D. 任意 $x \in [a,b]$，都使 $f(x) \neq 0$

（5）设 $F(x) = \int_0^x f(t)dt$，则 $\Delta F(x) = $（　　）.

  A. $\int_0^x f'(x+y)dx$ B. $\int_0^{x+\Delta x} f(t)dt$

  C. $f(x)\Delta x$ D. $\int_x^{x+\Delta x} f(t)dt$

3. 计算题.

（1）$\int_0^1 \dfrac{dx}{e^x + e^{-x}}$；   （2）$\int_1^e \dfrac{dx}{x(2+\ln^2 x)}$；

（3）$\int_{-2}^0 \dfrac{x+2}{x^2+2x+2}dx$；   （4）$\int_0^{\frac{\pi}{4}} \tan x \cdot \ln\cos x\, dx$；

（5）$\int_1^e \sin(\ln x)dx$；   （6）$\int_{-\infty}^{+\infty} \dfrac{dx}{x^2+4x+8}$；

（7）$I_n = \int_0^{+\infty} x^n e^{-x}dx$；

（8）设函数 $f(x)$ 连续，且 $f(0) \neq 0$，求极限 $\lim\limits_{x \to 0} \dfrac{\int_0^x (x-t)f(t)\mathrm{d}t}{x\int_0^x f(x-t)\mathrm{d}t}$；

（9）设函数 $y = y(x)$ 由方程 $\int_0^{y^2} \mathrm{e}^{-t}\mathrm{d}t + \int_x^0 \cos(t^2)\mathrm{d}t = a$ 所确定，求 $\dfrac{\mathrm{d}y}{\mathrm{d}x}$；

（10）在区间 $[0,1]$ 上给定函数 $y = x^2$，过曲线上一点 C 做平行于 x 轴的直线 AB，设点 C 的横坐标为 t，则由曲线 $y = x^2$，直线 AB，$x = 1$ 及 y 轴所围成的图形，当 t 为何值时该图形的面积最小？何时最大？

第 6 章 定积分的应用

本章学习目标

- 掌握建立在定积分概念基础上的微元分析法（微元法）
- 掌握定积分在求平面图形的面积、旋转体的体积等几何问题中的应用
- 掌握定积分在经济问题中的应用

6.1 定积分的几何应用

6.1.1 定积分的微元法

微元法是运用定积分解决实际问题的常用方法，我们回顾一下解决曲边梯形面积的四个步骤，其中关键是第二步，即确定 $\Delta A_i \approx f(\xi_i) \cdot \Delta x_i$，其形式 $f(\xi_i) \cdot \Delta x_i$ 与积分式中的被积式 $f(x)dx$ 相同. 如果把 ξ_i 用 x 替代，Δx_i 用 dx 替代，这样我们把求曲边梯形面积的四个步骤简化成为两步：

第一步，选取积分变量，例如选取 x，并确定其范围，例如 $x \in [a,b]$，在其上任取一个子区间 $[x, x+dx]$；

第二步，以点 x 处的函数值 $f(x)$ 为高，dx 为底的矩形面积为 ΔA 的近似值（如图 6.1 中阴影部分所示），即

$$\Delta A \approx f(x)dx .$$

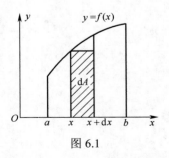

图 6.1

上式右端 $f(x)dx$ 叫做面积微元，记为 $dA = f(x)dx$，于是面积 A 就是将这些微元在区间 $[a,b]$ 上的"无限累加"，即从 a 到 b 的定积分

$$A = \int_a^b \mathrm{d}A = \int_a^b f(x)\mathrm{d}x .$$

概括上述过程，对一般的定积分问题，所求量 A 的积分表达式可按以下步骤确定：

（1）根据问题的实际情况，建立适当的坐标系，并选定一个变量（如 x）作为积分变量，确定它的变化区间 $[a,b]$.

（2）找出 A 在 $[a,b]$ 内任意小区间 $[x,x+\mathrm{d}x]$ 上部分量 ΔA 的近似值 $\mathrm{d}A = f(x)\mathrm{d}x$.

（3）将 $\mathrm{d}A$ 在 $[a,b]$ 上求定积分，即 A 的积分表达式为 $A = \int_a^b \mathrm{d}A = \int_a^b f(x)\mathrm{d}x$.

这个方法通常称为微元分析法，简称微元法．微元法在自然科学研究和生产实践中有着广泛的应用——凡是具有可加性连续分布的非均匀量的求和问题，一般均可通过微元法得到解决．

6.1.2　用定积分求平面图形的面积

1．在直角坐标系中计算平面图形的面积

我们利用微元法求平面图形的面积．

例 6.1.1　计算由两条抛物线 $y^2 = x$ 和 $x^2 = y$ 所围成图形的面积.

解　这两条抛物线所围成的图形（如图 6.2）所示，利用微元法求其面积的步骤如下：

（1）确定积分变量 x，解方程组 $\begin{cases} y^2 = x, \\ y = x^2, \end{cases}$

得　$\begin{cases} x_1 = 0, \\ y_1 = 0, \end{cases}$　$\begin{cases} x_2 = 1, \\ y_2 = 1, \end{cases}$ 两条抛物线的交点为 $(0,0)$ 和 $(1,1)$，

积分区间为 $[0,1]$.

（2）在区间 $[0,1]$ 上任取一小区间 $[x,x+\mathrm{d}x]$，与之相应的窄条的面积近似地等于高为 $\sqrt{x}-x^2$，底为 $\mathrm{d}x$ 的矩形面积（图 6.2 中阴影部分的面积），从而得面积微元

$$\mathrm{d}A = (\sqrt{x}-x^2)\mathrm{d}x .$$

（3）所求面积为

$$A = \int_0^1 \mathrm{d}A = \int_0^1 (\sqrt{x}-x^2)\mathrm{d}x = \left(\frac{2}{3}x^{\frac{3}{2}} - \frac{1}{3}x^3 \right)\Big|_0^1 = \frac{1}{3} .$$

一般地，由曲线 $y = f(x)$，$y = g(x)$（$f(x) \geqslant g(x)$）及直线 $x = a$，$x = b$ 所围的图形（如图 6.3 所示）的面积为

$$A = \int_a^b [f(x) - g(x)]\mathrm{d}x ,$$

其中面积微元为 $\mathrm{d}A = \left[f(x) - g(x) \right] \mathrm{d}x$.

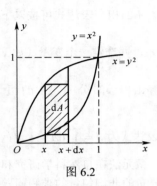

图 6.2

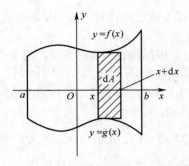

图 6.3

类似地，如图6.4所示，由曲线 $x = \psi(y)$ ，$x = \varphi(y)$（$\psi(y) \geqslant \varphi(y)$）及直线 $y = c$ ，$y = d$ 所围成的平面图形的面积为

$$A = \int_c^d \left[\psi(y) - \varphi(y) \right] \mathrm{d}y ,$$

其中面积的微元 $\mathrm{d}A = \left[\psi(y) - \varphi(y) \right] \mathrm{d}y$.

例 6.1.2 求曲线 $y = x$ ，$y = 2$ ，$y = \dfrac{1}{x}$ 围成平面图形的面积.

解 （1）选定 y 为积分变量，解方程组 $\begin{cases} y = x, \\ y = \dfrac{1}{x}, \end{cases}$ 得两曲线的交点为 $(1,1)$ ，由此可知所求图形在 $y = 1$ 及 $y = 2$ 两条直线之间，即积分区间为 $[1,2]$，如图6.5所示.

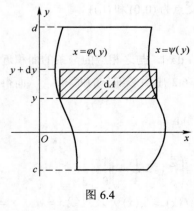

图 6.4

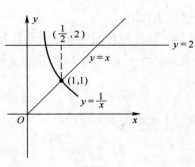

图 6.5

（2）面积微元为

$$\mathrm{d}A = \left(y - \frac{1}{y} \right) \mathrm{d}y .$$

（3）所求图形的面积为

$$A = \int_1^2 \left(y - \frac{1}{y} \right) \mathrm{d}y = \left(\frac{y^2}{2} - \ln y \right) \Bigg|_1^2 = \frac{3}{2} - \ln 2 \ .$$

例 6.1.3 求曲线 $y = x^2$，$y = (x-2)^2$ 与 x 轴围成平面图形的面积.

解 （1）选定 y 为积分变量，解方程组 $\begin{cases} y = x^2, \\ y = (x-2)^2, \end{cases}$ 得两曲线的交点为 $(1,1)$，

由此可知所求图形在 $y = 0$ 及 $y = 1$ 两条直线之间，即积分区间为 $[0,1]$，如图 6.6 所示.

（2）在区间 $[0,1]$ 上任取小区间 $[y, y+\mathrm{d}y]$，对应的窄条面积近似于高为 $(2-\sqrt{y}) - \sqrt{y}$，底为 $\mathrm{d}y$ 的矩形面积，从而面积微元为

$$\mathrm{d}A = \left[(2-\sqrt{y}) - \sqrt{y} \right] \mathrm{d}y = 2(1-\sqrt{y})\mathrm{d}y \ .$$

（3）所求图形的面积为

$$A = \int_0^1 2(1-\sqrt{y})\mathrm{d}y = \left(2y - \frac{4}{3} y^{\frac{3}{2}} \right) \Bigg|_0^1 = \frac{2}{3} \ .$$

此例若选取 x 作为积分变量，容易得出积分区间为 $[0,2]$，但要注意，面积微元在 $[0,1]$ 和 $[1,2]$ 两部分区间上的表达式不同，如图 6.7 所示.

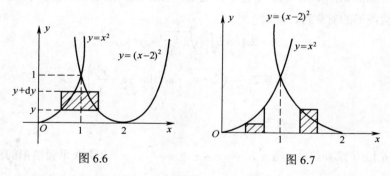

图 6.6　　　　　　　　图 6.7

在 $[0,1]$ 上的微元为 $\mathrm{d}A_1 = x^2 \mathrm{d}x$；在 $[1,2]$ 上的微元为 $\mathrm{d}A_2 = (x-2)^2 \mathrm{d}x$；所求面积为

$$A = \int_0^1 \mathrm{d}A_1 + \int_1^2 \mathrm{d}A_2 = \int_0^1 x^2 \mathrm{d}x + \int_1^2 (x-2)^2 \mathrm{d}x = \frac{2}{3} \ .$$

这种解法比较烦琐，因此，选取适当的积分变量，可使问题简化. 另外，还应注意利用图形的对称性，以简化分析、运算.

例 6.1.4 求曲线 $y = x$，$y = 1$，$y = \dfrac{x}{2}$ 围成的平面图形的面积.

解 （1）选定 y 为积分变量，所求图形在 $y = 0$ 及 $y = 1$ 两条直线之间，即积分区间为 $[0,1]$（如图 6.8 所示）.

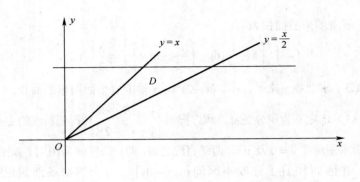

图 6.8

（2）面积微元为

$$\mathrm{d}A = (2y - y)\mathrm{d}y .$$

（3）所求图形的面积为

$$A = \int_0^1 (2y - y)\mathrm{d}y = \left(\frac{y^2}{2}\right)\bigg|_0^1 = \frac{1}{2} .$$

例 6.1.5　求 $y^2 = x$ 与半圆 $x^2 + y^2 = 2$（$x > 0$）所围图形的面积.

解　如图 6.9 所示，选取 y 为积分变量，记第一象限内阴影部分的面积为 A_1，利用函数图形的对称性，可得

$$A = 2A_1 = 2\int_0^1 (\sqrt{2 - y^2} - y^2)\mathrm{d}y$$

$$= 2\left(\frac{y}{2} \cdot \sqrt{2 - y^2} + \arcsin\frac{y}{\sqrt{2}} - \frac{y^3}{3}\right)\bigg|_0^1$$

$$= \frac{\pi}{2} + \frac{1}{3} .$$

例 6.1.6　求曲线 $y = \sin x$，$y = \cos x$，$x = \dfrac{\pi}{2}$，$x = 0$ 围成平面图形的面积.

解　（1）$y = \sin x$，$y = \cos x$ 交点的横坐标为 $\left(\dfrac{\pi}{4}, \dfrac{\sqrt{2}}{2}\right)$，如图 6.10 所示.

（2）所求图形的面积为

$$A = \int_0^{\frac{\pi}{2}} |\sin x - \cos x|\mathrm{d}x = \int_0^{\frac{\pi}{4}} (\cos x - \sin x)\mathrm{d}x + \int_{\frac{\pi}{4}}^{\frac{\pi}{2}} (\sin x - \cos x)\mathrm{d}x$$

$$= (\sin x + \cos x)\bigg|_0^{\frac{\pi}{4}} + (-\cos x - \sin x)\bigg|_{\frac{\pi}{4}}^{\frac{\pi}{2}} = 2(\sqrt{2} - 1) .$$

例 6.1.7　求曲线 $\dfrac{x^2}{a^2} + \dfrac{y^2}{b^2} = 1$（$a > 0$，$b > 0$）围成的平面图形的面积.

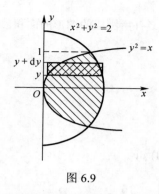

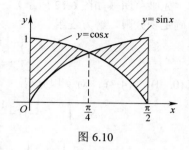

图 6.9　　　　　　　　　　　　　　　　图 6.10

解　所求的面积是椭圆曲线

$$\frac{x^2}{a^2}+\frac{y^2}{b^2}=1$$

所围成的平面图形的面积（如图 6.11 所示）.

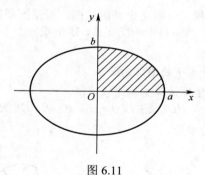

图 6.11

它相当于由曲线

$$y=b\sqrt{1-\frac{x^2}{a^2}}, \ \ y=-b\sqrt{1-\frac{x^2}{a^2}}$$

所围成的封闭图形的面积，两曲线的交点坐标为 $(-a,0)$ 和 $(a,0)$. 由图形的对称性，所求的面积为

$$S = 4\int_0^a b\sqrt{1-\frac{x^2}{a^2}}\mathrm{d}x .$$

为了求定积分，令 $x=a\sin t$，则 $x=0$ 时，$t=0$；$x=a$ 时，$t=\frac{\pi}{2}$，

$\sqrt{1-\dfrac{x^2}{a^2}}=\cos t$，$\mathrm{d}x=a\cos t\,\mathrm{d}t$，因此

$$S = 4ab\int_0^{\frac{\pi}{2}}\cos^2 t\,\mathrm{d}t = 4ab\frac{\pi}{4} = \pi ab .$$

例 6.1.8 求由曲线 $y^2 = 2x + 1$ 与直线 $y = x - 1$ 所围成的图形的面积.

解 先画草图（如图 6.12 所示）.

为确定积分限，解方程组

$$\begin{cases} y^2 = 2x + 1, \\ y = x - 1, \end{cases}$$

得交点 $(0, -1)$，$(4, 3)$. 对 y 积分得

$$S = \int_{-1}^{3} \left[(y+1) - \frac{1}{2}(y^2 - 1) \right] \mathrm{d}y$$

$$= \left(\frac{1}{2}y^2 - \frac{1}{6}y^3 + \frac{3}{2}y \right) \Bigg|_{-1}^{3} = \frac{16}{3}.$$

此题如果选 x 作积分变量，则必须分成两部分，即

$$S = 2 \int_{-\frac{1}{2}}^{0} \sqrt{2x+1} \, \mathrm{d}x + \int_{0}^{4} \left[\sqrt{2x+1} - (x-1) \right] \mathrm{d}x.$$

利用定积分计算面积，一般是先画出草图，根据图形特点选择积分变量，即对 y 积分还是对 x 积分，然后再求曲线交点，定出积分上下限，写出面积的积分表达式，最后计算定积分.

2. 在极坐标系下计算平面图形的面积

有些平面图形用极坐标计算面积比较方便.

例如，计算由曲线 $r = r(\theta)$ 及射线 $\theta = \alpha$，$\theta = \beta$ 围成的图形的面积（如图 6.13 所示），此图形称为曲边扇形.

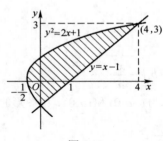

图 6.12

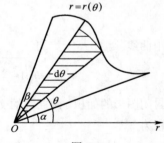

图 6.13

利用微元法，取极角 θ 为积分变量，它的变化区间为 $[\alpha, \beta]$. 在任意小区间 $[\theta, \theta + \mathrm{d}\theta]$ 上相应的小曲边扇形的面积可用半径为 $r = r(\theta)$，中心角为 $\mathrm{d}\theta$ 的圆扇形的面积近似代替，即曲边扇形的面积微元为

$$\mathrm{d}A = \frac{1}{2}[r(\theta)]^2 \, \mathrm{d}\theta,$$

曲边扇形的面积为

$$A = \frac{1}{2}\int_a^\beta \left[r(\theta)\right]^2 \mathrm{d}\theta \quad (a < \beta).$$

例 6.1.9 计算阿基米德螺线 $r = a\theta$（$a > 0$）上对应于 θ 从 0 变到 2π 的一段曲线与极轴所围成图形的面积（如图 6.14 所示）.

解 取 θ 为积分变量，面积微元为

$$\mathrm{d}A = \frac{1}{2}(a\theta)^2 \mathrm{d}\theta,$$

于是

$$A = \int_0^{2\pi} \frac{1}{2}(a\theta)^2 \mathrm{d}\theta = \frac{a^2}{2} \cdot \frac{\theta^3}{3}\Bigg|_0^{2\pi} = \frac{4}{3}a^2\pi^3.$$

例 6.1.10 计算双纽线 $r^2 = a^2 \cos 2\theta$（$a > 0$）所围成的平面图形的面积（如图 6.15 所示）.

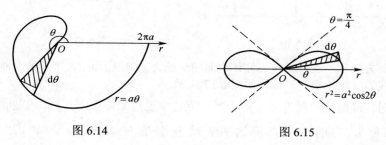

图 6.14   图 6.15

解 因 $r^2 \geq 0$，故 θ 的变化范围是 $\left[-\dfrac{\pi}{4}, \dfrac{\pi}{4}\right] \cup \left[\dfrac{3}{4}\pi, \dfrac{5}{4}\pi\right]$，图形关于极点和极轴均对称. 面积微元为

$$\mathrm{d}A = \frac{1}{2}a^2 \cos 2\theta \mathrm{d}\theta,$$

故所求面积为 $\quad A = 4\int_0^{\frac{\pi}{4}} \frac{1}{2}a^2 \cos 2\theta \mathrm{d}\theta = 4 \cdot \frac{a^2}{2} \cdot \frac{1}{2}\sin 2\theta \Bigg|_0^{\frac{\pi}{4}} = a^2.$

6.1.3 用定积分求体积

1. 平行截面面积已知的立体体积

设一立体介于过点 $x = a$，$x = b$ 且垂直于 x 轴的两平面之间，如果立体过 $x \in [a, b]$ 且垂直于 x 轴的截面面积 $A(x)$ 为 x 的已知连续函数，则称此立体为平行截面面积已知的立体，如图 6.16 所示. 下面利用微元法计算它的体积.

取 x 为积分变量，它的变化区间为 $[a, b]$，立体中相应于 $[a, b]$ 上任一小区间 $[x, x+\mathrm{d}x]$ 的薄片的体积近似等于底面积为 $A(x)$，高为 $\mathrm{d}x$ 的扁柱体的体积（如图 6.16 所示），即体积微元为

$$dV = A(x)dx ,$$

于是所求立体的体积为

$$V = \int_a^b A(x)dx .$$

例 6.1.11 一平面经过半径为 R 的圆柱体的底圆中心，并与底面交成角 α（如图 6.17 所示），计算这个平面截圆柱所得立体的体积.

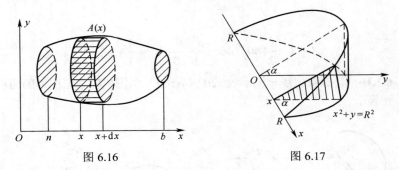

图 6.16　　　　　　　　　图 6.17

解　方法一 取平面与圆柱体底面的交线为 x 轴，底面上过圆中心且垂直于 x 轴的直线为 y 轴，建立坐标系如图 6.17 所示.

此时，底圆的方程为 $x^2 + y^2 = R^2$，立体中过点 x 且垂直于 x 轴的截面是一个直角三角形. 它的两条直角边的长度分别是 y 及 $y\tan\alpha$，即 $\sqrt{R^2 - x^2}$ 及 $\sqrt{R^2 - x^2}\tan\alpha$，于是截面面积

$$A(x) = \frac{1}{2}(R^2 - x^2)\tan\alpha ,$$

故所求立体的体积为

$$V = \int_{-R}^{R} \frac{1}{2}(R^2 - x^2)\tan\alpha\, dx = \frac{1}{2}\tan\alpha\left(R^2 x - \frac{x^3}{3}\right)\bigg|_{-R}^{R} = \frac{2}{3}R^3\tan\alpha .$$

方法二 取坐标系同上（如图 6.18 所示），过 y 轴上点 y 作垂直于 y 轴的截面，则截得矩形，其高为 $y\tan\alpha$，底为 $2\sqrt{R^2 - y^2}$，从而截面面积为

$$A(y) = 2\tan\alpha \cdot y\sqrt{R^2 - y^2} .$$

于是

$$V = \int_0^R A(y)dy = \int_0^R 2\tan\alpha \cdot y\sqrt{R^2 - y^2}\,dy$$

$$= -\tan\alpha \int_0^R \sqrt{R^2 - y^2}\,d(R^2 - y^2)$$

$$= -\tan\alpha \cdot \frac{2}{3}(R^2 - y^2)^{\frac{3}{2}}\bigg|_0^R = \frac{2}{3}R^3\tan\alpha .$$

例 6.1.12 求椭球 $\dfrac{x^2}{a^2}+\dfrac{y^2}{b^2}+\dfrac{z^2}{c^2}\leqslant 1$（ $a>0$，$b>0$，$c>0$ ）的体积.

解 如图 6.19 所示，取 x 为积分变量，则 $x\in[-a,a]$；与 x 轴垂直的平面截得椭球截面为椭圆（在 x 处）

$$\frac{y^2}{b^2(1-\dfrac{x^2}{a^2})}+\frac{z^2}{c^2(1-\dfrac{x^2}{a^2})}\leqslant 1\,,$$

由例 6.1.7 知道该椭圆的面积为

$$S(x)=\pi bc(1-\frac{x^2}{a^2})\,,$$

从而由（图 6.19）知道所求体积为

$$\begin{aligned}V&=\int_{-a}^{a}S(x)\,\mathrm{d}x=\int_{-a}^{a}\pi bc(1-\frac{x^2}{a^2})\mathrm{d}x\\&=2\pi bc\int_{0}^{a}(1-\frac{x^2}{a^2})\mathrm{d}x\\&=\frac{4}{3}\pi abc\,.\end{aligned}$$

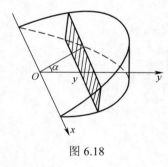

图 6.18

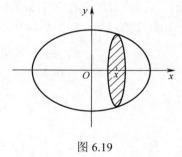

图 6.19

2. 旋转体的体积

我们所熟悉的圆柱、圆锥、圆台、球体等都是由一个平面图形绕这平面内的一条直线旋转形成的，它们统称为旋转体，这条直线叫做旋转轴.

下面应用定积分计算由曲线 $y=f(x)$，直线 $x=a$，$x=b$ 及 x 轴所围成的曲边梯形绕 x 轴旋转一周而形成的立体的体积（如图 6.20 所示）.

取 x 为积分变量，其变化区间为 $[a,b]$，由于过点 x 且垂直于 x 轴的平面截得旋转体的截面是半径为 $|f(x)|$ 的圆，其面积为

$$A(x)=\pi\left[f(x)\right]^2\,,$$

从而所求的体积为

$$V = \int_a^b A(x)\mathrm{d}x = \pi \int_a^b \big[f(x)\big]^2 \mathrm{d}x \,.$$

类似地，若旋转体是由连续曲线 $x = \varphi(y)$，直线 $y = c$，$y = d$（$c < d$）及 y 轴所围成的曲边梯形，绕 y 轴旋转一周而成（图 6.21），该旋转体的体积为

$$V = \pi \int_c^d \big[\varphi(y)\big]^2 \mathrm{d}y \,.$$

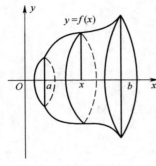
图 6.20

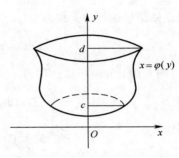
图 6.21

例 6.1.13　求由曲线 $xy = a$（$a > 0$）与直线 $x = a$，$x = 2a$ 及 x 轴所围成的图形绕 x 轴旋转一周所形成的旋转体的体积.

解　由前面的讨论，如图 6.22 所示，所求体积

$$V = \pi \int_a^{2a} y^2 \mathrm{d}x = \pi \int_a^{2a} \left(\frac{a}{x}\right)^2 \mathrm{d}x$$

$$= \pi a^2 \left(-\frac{1}{x}\right)\bigg|_a^{2a} = \frac{1}{2}\pi a \,.$$

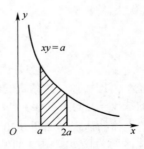
图 6.22

例 6.1.14　求底圆半径为 r，高为 h 的圆锥体的体积.

解　以圆锥体的轴线为 x 轴，顶点为原点建立直角坐标系（如图 6.23 所示），过原点及点 $P(h, r)$ 的直线方程为 $y = \dfrac{r}{h}x$.

此圆锥可看成由直线 $y = \dfrac{r}{h}x$，$x = h$ 及 x 轴所围成的三角形绕 x 轴旋转而成，其体积为

$$V = \pi \int_0^h y^2 \mathrm{d}x = \pi \int_0^h \left(\frac{r}{h}x\right)^2 \mathrm{d}x = \frac{\pi r^2}{h^2} \cdot \frac{x^3}{3} \ \bigg|_0^h = \frac{1}{3}\pi r^2 h .$$

例 6.1.15 求 $y = \sqrt{x-1}$ 的过原点的切线与 x 轴和 $y = \sqrt{x-1}$ 所围成的平面图形（如图 6.24 所示）绕 x 轴及 y 轴旋转一周所得旋转体的体积.

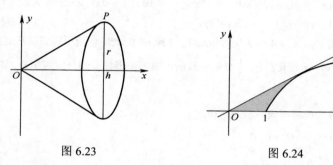

图 6.23　　　　　　　　　图 6.24

解 设 $y = \sqrt{x-1}$ 的过原点的切线方程为 $y = kx$，由于 $y = \sqrt{x-1}$ 在 $(x, \sqrt{x-1})$ 处切线斜率为

$$(\sqrt{x-1})' = \frac{1}{2\sqrt{x-1}} ,$$

因此在切点 $(x, \sqrt{x-1})$ 处有关系式

$$\sqrt{x-1} = kx = \frac{x}{2\sqrt{x-1}} .$$

由此可得到 $x = 2$，$k = \dfrac{1}{2}$，从而切线方程为 $y = \dfrac{1}{2}x$，切点坐标为 $(2,1)$.

由直线 $y = \dfrac{1}{2}x$，曲线 $y = \sqrt{x-1}$ 及 x 轴所围成的平面图形绕 x 轴旋转一周所得旋转体的体积

$$V_x = \pi \int_0^2 \left(\frac{1}{2}x\right)^2 \mathrm{d}x - \pi \int_1^2 (\sqrt{x-1})^2 \mathrm{d}x = \frac{\pi x^3}{12} \ \bigg|_0^2 - \frac{\pi(x-1)^2}{2} \ \bigg|_1^2 = \frac{\pi}{6} .$$

由直线 $y = \dfrac{1}{2}x$，曲线 $y = \sqrt{x-1}$ 及 x 轴所围成的平面图形绕 y 轴旋转一周所得旋转体的体积

$$V_y = \pi \int_0^1 \left[(y^2+1)^2 - (2y)^2\right] \mathrm{d}y = \pi \int_0^1 (y^4 - 2y^2 + 1)\mathrm{d}y = \frac{8\pi}{15} .$$

习题 6.1

1. 计算下列各曲线所围成图形的面积：

（1）$y = x^3$，$y = x$；

（2）$y = \ln x$，$y = \ln 2$，$y = \ln 7$，$x = 0$；

（3）$y = e^x$，$x = 0$，$y = e$；

（4）$y = e^x$，$y = e^{-x}$，$x = 1$；

（5）$y = x^3 - 4x$，$y = 0$；

（6）$y^2 = 2x + 1$，$y = x - 1$；

（7）$y = x^2$，$y = x$，$y = 2x$；

（8）$y = x(x-1)(x-2)$，$y = 0$；

（9）$y = \sin x$，$y = \cos x$，$x = 0$，$x = 2\pi$；

（10）$y = \sqrt{x}$，$y = x$，$y = 2x$；

（11）$y^2 = 12(x+3)$，$y^2 = -12(x-3)$．

2. 求抛物线 $y = -x^2 + 4x - 3$ 及其在点 $(0,-3)$ 和 $(3,0)$ 处的切线所围成图形的面积．

3. 曲线 $y = x^3 - x$ 与其在 $x = \dfrac{1}{3}$ 处的切线所围成的图形被 y 轴分成两部分，求两部分面积的比．

4. 求下列各曲线所围成图形的面积：

（1）$r = 2a\cos\theta$，$\theta = 0$，$\theta = \dfrac{\pi}{6}$；

（2）$r = ae^{\theta}$，$\theta = -\pi$，$\theta = \pi$；

（3）$r = 2a(1 - \cos\theta)$，$\theta = 0$，$\theta = 2\pi$．

5. 考虑函数 $y = \sin x$，$0 \leqslant x \leqslant \dfrac{\pi}{2}$，问

（1）t 取何值时，图中阴影部分的面积 S_1 与 S_2 之和 $S = S_1 + S_2$ 最小？

（2）t 取何值时，面积 $S = S_1 + S_2$ 最大？

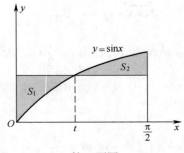

第 5 题图

6. 设直线 $y = ax$ 与抛物线 $y = x^2$ 所围成的图形的面积为 S_1，它们与直线 $x = 1$ 所围成的图形的面积为 S_2，并且 $a < 1$．

（1）试确定 a 的值，使 $S_1 + S_2$ 达到最小，并求出最小值；

（2）求该最小值所对应的平面图形绕 x 轴旋转一周所得旋转体的体积．

7. 有一立体以长半轴 $a = 10$，短半轴 $b = 5$ 的椭圆为底，而垂直于长轴的截面都是等边三角形，试求其体积．

8. 求下列曲线所围图形绕指定轴旋转所得旋转体的体积:

（1）$2x - y + 4 = 0$，$x = 0$ 及 $y = 0$，绕 x 轴;

（2）$y = x^2$，$x \in [0, 2]$，绕 x 轴及 y 轴;

（3）$y = \ln x$，$y = 0$，$x = \mathrm{e}$，绕 x 轴;

（4）$x^2 + y^2 = 4$，$x^2 = -4(y-1)$，$y > 0$，绕 x 轴;

（5）$xy = 5$，$x + y = 6$，绕 x 轴;

（6）$y = \cos x$，$x = 0$，$x = \pi$，$y = 0$ 绕 y 轴.

9. 曲线 $xy = a$，$x = a$，$x = 2a$，$y = 0$ 所围的平面图形绕 x 轴和 y 轴旋转所得到的旋转体体积分别记为 V_x 和 V_y，问 a 取何值时，$V_x = V_y$.

*6.2 定积分在经济问题中的应用

6.2.1 由边际函数求总函数

已知总成本函数 $C = C(q)$，总收益函数 $R = R(q)$，总利润函数 $L = L(q)$，由微分学可得:

边际成本函数 $\qquad MC = \dfrac{\mathrm{d}C}{\mathrm{d}q}$;

边际收益函数 $\qquad MR = \dfrac{\mathrm{d}R}{\mathrm{d}q}$;

边际利润函数 $\qquad ML = \dfrac{\mathrm{d}L}{\mathrm{d}q}$;

总成本函数可以表示为 $\quad C(q) = \displaystyle\int_0^q (MC)\mathrm{d}q + C_0$;

总收益函数可以表示为 $\quad R(q) = \displaystyle\int_0^q (MR)\mathrm{d}q$;

总利润函数可以表示为 $\quad L(q) = \displaystyle\int_0^q (MR - MC)\mathrm{d}q - C_0$.

（其中 C_0 为固定成本.）

例 6.2.1 设某种商品每天生产 x 单位时固定成本为 20 元，边际成本函数为 $C'(x) = 0.4x + 2$（元/单位），求总成本函数 $C(x)$. 如果这种商品规定的销售单价为 18 元，且产品可以全部售出，求总利润函数 $L(x)$，并问每天生产多少单位时才能获得最大利润.

解 因为变上限的定积分是被积函数的一个原函数，因此可变成本就是边际成本函数在 $[0, x]$ 上的定积分，又已知固定成本为 20 元，即 $C(0) = 20$，所以每天生产 x 单位时总成本函数为

$$C(x) = \int_0^x (0.4t + 2)\mathrm{d}t + C(0) = (0.2t^2 + 2t)\Big|_0^x + 20 = 0.2x^2 + 2x + 20.$$

设销售 x 单位商品得到的总收益为 $R(x)$，根据题意有

$$R(x) = 18x .$$

因为
$$L(x) = R(x) - C(x) ,$$

所以 $L(x) = 18x - (0.2x^2 + 2x + 20) = -0.2x^2 + 16x - 20 = -0.2x^2 + 16x - 20 ,$

由
$$L'(x) = -0.4x + 16 = 0 ,$$

得 $x = 40$，而 $L''(40) = -0.4 < 0$，所以每天生产 40 单位时才能获得最大利润. 最大利润为

$$L(40) = -0.2 \times 40^2 + 16 \times 40 - 20 = 300 \text{（元）}.$$

例 6.2.2   生产某产品的固定成本为 50 万元，边际成本与边际收益分别为

$$MC = q^2 - 14q + 111 \text{（万元/单位）},$$
$$MR = 100 - 2q \text{（万元/单位）},$$

试确定厂商的最大利润.

解   先确定获得最大利润的产出水平 q_0. 由极值存在的必要条件 $MC = MR$，

得
$$q^2 - 14q + 111 = 100 - 2q ,$$

解方程可得
$$q_1 = 1 , \quad q_2 = 11 .$$

由极值存在的充分条件

$$\frac{\mathrm{d}(MR - MC)}{\mathrm{d}q} < 0 ,$$

即
$$\frac{\mathrm{d}(MR)}{\mathrm{d}q} - \frac{\mathrm{d}(MC)}{\mathrm{d}q} = -2 - 2q + 14 < 0 ,$$

显然 $q_2 = 11$ 满足充分条件，即获得最大利润的产出水平是 $q_0 = 11$.

最大利润为 $L = \int_0^q (MR - MC)\mathrm{d}q - C_0$

$$= \int_0^{11} \left[(100 - 2q) - (q^2 - 14q + 111) \right] \mathrm{d}q - 50 = \frac{334}{3} \text{（万元）}.$$

例 6.2.2 是利润关于产出水平的最大化问题，还有与此相类似的利润关于时间的最大化问题，它是具有特别性质的开发模型，如石油钻探、矿物开采等有耗竭性开发，收益率一般是时间的减函数，即开始收益率较高,过一段时间就会降低. 另一方面，开发成本率随时间逐渐上升，是时间的增函数（如图 6.25 所示）.

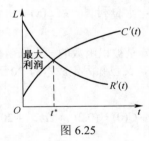

图 6.25

作为开发者，面临的问题是如何定出 t^*，使利润 $L(t)$ 最大.

由于
$$L(t) = R(t) - C(t),$$

当 $L'(t) = R'(t) - C'(t) = 0$ 时，L 取最大值，故有 t^* 满足
$$R'(t^*) = C'(t^*),$$

而利润
$$L(t) = \int_0^t [R'(t) - C'(t)]\mathrm{d}t - C_0,$$

当 $t = t^*$ 时，$L(t)$ 最大.

例 6.2.3 某煤矿投资 2000 万元建成，在时刻 t 的追加成本和增加收益分别为
$$C'(t) = 6 + 2t^{\frac{2}{3}} \text{（百万元 / 年）}, \quad R'(t) = 18 - t^{\frac{2}{3}} \text{（百万元 / 年）},$$
试确定该矿在何时停止生产可获最大利润？最大利润是多少？

解 由极值存在的必要条件 $R'(t) - C'(t) = 0$，

即
$$18 - t^{\frac{2}{3}} - (6 + 2t^{\frac{2}{3}}) = 0,$$

可解得
$$t = 8,$$

又因
$$R''(t) - C''(t) = -\frac{2}{3}t^{-\frac{1}{3}} - \frac{4}{3}t^{-\frac{1}{3}},$$
$$R''(8) - C''(8) < 0,$$

故 $t^* = 8$ 是最佳终止时间. 此时的利润为
$$L = \int_0^8 [R'(t) - C'(t)]\mathrm{d}t - 20 = \int_0^8 \left[(18 - t^{\frac{2}{3}}) - (6 + 2t^{\frac{2}{3}}) \right]\mathrm{d}t - 20$$
$$= (12t - \frac{9}{5}t^{\frac{5}{3}}) \Big|_0^8 - 20 = 38.4 - 20 = 18.4 \text{（百万元）}.$$

6.2.2 消费者剩余和生产者剩余

在市场经济中，生产并销售某一商品的数量可由这一商品的供给曲线与需求曲线来描述. 供给曲线描述的是生产者根据不同的价格水平所提供的商品数量，一般假定价格上涨时，供应量将会增加；因此，把供应量看成价格的函数，这是一个增函数，即供给曲线是单调递增的. 需求曲线则反映了顾客的购买行为，通常假定价格上涨，购买的数量下降，即需求曲线随价格的上升而单调递减（如图 6.26 所示）.

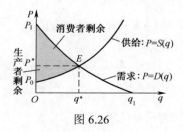

图 6.26

需求量与供给量都是价格的函数，但经济学家习惯用纵坐标表示价格，横坐标表示需求量或供给量．在市场经济下，价格和数量在不断调整，最后趋向于平衡价格和平衡数量，分别用 p^* 和 q^* 表示，也即供给曲线与需求曲线的交点 E．

在图 6.26 中，p_0 是供给曲线在价格坐标轴上的截距，也就是当价格为 p_0 时，供给量是零，只有价格高于 p_0 时，才有供给量．而 p_1 是需求曲线的截距，当价格为 p_1 时，需求量是零，只有价格低于 p_1 时，才有需求．q_1 则表示当商品免费赠送时的最大需求量．

在市场经济中，有时一些消费者愿意对某种商品付出比他们实际所付出的市场价格 p^* 更高的价格，由此他们所得到的好处称为**消费者剩余**（CS）．由图 6.26 可以看出

$$CS = \int_0^{q^*} D(q)\mathrm{d}q - p^* q^*,$$

其中 $\int_0^{q^*} D(q)\mathrm{d}q$ 表示由一些愿意付出比 p^* 更高价格的消费者的总消费量，而 $p^* q^*$ 表示实际的消费额，两者之差为消费者省下来的钱，即消费者剩余．

同理，对生产者来说，有时也有一些生产者愿意以比市场价格 p^* 低的的价格出售他们的商品，由此他们所得到的好处称为**生产者剩余**（PS），如图 6.26 所示，有

$$PS = p^* q^* - \int_0^{q^*} S(q)\mathrm{d}q.$$

例 6.2.4 设需求函数 $D(q) = 24 - 3q$，供给函数 $S(q) = 2q + 9$，求消费者剩余和生产者剩余．

解 首先求出均衡价格与供需量

$$24 - 3q = 2q + 9,$$

得
$$p^* = 3, \quad q^* = 15,$$

$$CS = \int_0^3 (24 - 3q)\mathrm{d}q - 15 \times 3 = \left(24q - \frac{3}{2}q^2\right)\Big|_0^3 - 45 = \frac{27}{2},$$

$$PS = 15 \times 3 - \int_0^3 (2q + 9)\mathrm{d}q = 45 - (q^2 + 9q)\Big|_0^3 = 9.$$

*习题 6.2

1．已知某产品总产量的变化率是时间 t 的函数 $f(t) = 2t + 5$（单位/年），$t \geqslant 0$，求第一个五年和第二个五年的总产量各为多少？

2．已知某产品生产 x 个单位时，总收益 R 的变化率（边际收益）为

$$R'(x) = 200 - \frac{x}{100} \qquad (x \geqslant 0),$$

（1）求生产了 50 个单位时的总收益；

（2）如果已经生产了 100 个单位，求再生产 100 个单位时的总收益.

3. 某产品的总成本 C（万元）的变化率（边际成本）$C' = 1$，总收益 R（万元）的变化率（边际收益）为生产量 x（百台）的函数 $R' = R'(x) = 5 - x$.

（1）求生产量等于多少时，总利润 $L = R - C$ 为最大？

（2）在利润最大的生产量基础上又生产了 100 台，总利润减少了多少？

4. 已知某产品总产量的变化率是时间 t 的函数

$$f(t) = 100 + 10t - 0.45t^2 \ （吨/小时），\ t \geqslant 0.$$

求（1）总产量函数；（2）从 $t_0 = 4$ 到 $t_1 = 8$ 这段时间内的总产量.

5. 已知某产品生产 x 个单位（百台）时，边际成本函数和边际收益函数分别为

$$C'(x) = 3 + \frac{1}{3}x \ （万元/百台），\quad R'(x) = 7 - x \ （万元/百台）.$$

（1）若固定成本为 $C(0) = 1$（万元），求总成本函数、总收益函数和总利润函数；

（2）当产量从 100 台增加到 500 台时，求总成本与总收益；

（3）产量为多少时，总利润最大？最大利润是多少？

本 章 小 结

1. 定积分在几何上的应用

（1）平面图形的面积.

直角坐标系中，在区间 $[a, b]$ 上，

若 $f(x) \geqslant 0$，则面积 $A = \int_a^b f(x) \mathrm{d}x$；

若 $f(x) \geqslant g(x)$，则面积 $A = \int_a^b [f(x) - g(x)] \mathrm{d}x$；

若在区间 $[c, d]$ 上，$\varphi(y) \geqslant \psi(y)$，则面积 $A = \int_c^d [\varphi(y) - \psi(y)] \mathrm{d}y$；

极坐标系中，由曲线 $r = r(\theta)$ 及射线 $\theta = \alpha, \theta = \beta$ 围成的图形的面积

$$A = \frac{1}{2} \int_a^\beta \left[r(\theta) \right]^2 \mathrm{d}\theta \ （a < \beta）.$$

（2）旋转体的体积.

由连续曲线 $y = f(x)$，直线 $x = a$，$x = b$（$a < b$）及 x 轴所围成的曲边梯形绕 x 轴旋转一周而形成的旋转体体积为

$$V = \pi \int_a^b \left[f(x) \right]^2 \mathrm{d}x.$$

由连续曲线 $x = \varphi(y)$，直线 $y = c$，$y = d$（$c < d$）及 y 轴所围成的曲边梯形绕 y 轴旋转一周而成的旋转体的体积为

$$V = \pi \int_c^d \left[\varphi(y) \right]^2 \mathrm{d}y.$$

2. 定积分在经济问题中的应用

（1）由边际函数求总函数.

已知总成本函数 $C = C(q)$，总收益函数 $R = R(q)$，总利润函数 $L = L(q)$，则

边际成本函数 $\qquad MC = \dfrac{\mathrm{d}C}{\mathrm{d}q}$；

边际收益函数 $\qquad MR = \dfrac{\mathrm{d}R}{\mathrm{d}q}$；

边际利润函数 $\qquad ML = \dfrac{\mathrm{d}L}{\mathrm{d}q}$；

总成本函数 $\qquad C(q) = \displaystyle\int_0^q (MC)\mathrm{d}q + C_0$；

总收益函数 $\qquad R(q) = \displaystyle\int_0^q (MR)\mathrm{d}q$；

总利润函数 $\qquad L(q) = \displaystyle\int_0^q (MR - MC)\mathrm{d}q - C_0$，

其中 C_0 为固定成本.

（2）消费者剩余和生产者剩余.

在市场经济中，有时一些消费者愿意对某种商品付出比他们实际所付出的市场价格 p^* 更高的价格，由此他们所得到的好处称为**消费者剩余**（CS）.

$$CS = \int_0^{q^*} D(q)\mathrm{d}q - p^* q^*,$$

其中 $\displaystyle\int_0^{q^*} D(q)\mathrm{d}q$ 表示由一些愿意付出比 p^* 更高价格的消费者的总消费量，而 $p^* q^*$ 表示实际的消费额，两者之差为消费者省下来的钱，即消费者剩余.

同理，对生产者来说，有时也有一些生产者愿意以比市场价格 p^* 低的的价格出售他们的商品，由此他们所得到的好处称为**生产者剩余**（PS），有

$$PS = p^* q^* - \int_0^{q^*} S(q)\mathrm{d}q.$$

复习题 6

1. 计算下列各曲线所围成图形的面积：

（1）$y = \dfrac{1}{x}$，$y = x$，$x = 2$；

（2）$y = \ln x$，$x = 0$，$y = \ln a$，$y = \ln b$（$0 < a < b$）；

（3）$y = \dfrac{1}{2}x^2$，$x^2 + y^2 = 8$（仅要 $y > 0$ 部分）；

（4）$y^2 = x$，$2x^2 + y^2 = 1$（$x > 0$）；

（5）$y^2 = 2x$，$x - y = 4$.

2．求抛物线 $y^2 = 2px$ 及其在点 $(\frac{p}{2}, p)$ （ $p > 0$ ）处的法线所围成图形的面积.

3．求下列各曲线所围成图形的公共部分的面积：

（1） $r = 3\cos\theta$ ， $r = 1 + \cos\theta$ ；（2） $r = \sqrt{2}\sin\theta$ ， $r^2 = \cos 2\theta$.

4．计算底面半径是 R 的圆，而垂直于底面上一条固定直径的所有截面都是等边三角形的立体的体积.

5．求下列曲线所围图形绕指定轴旋转所得旋转体的体积：

（1） $y = x^2$ 与 $y^2 = 8x$ 相交部分的图形分别绕 x 轴和 y 轴旋转.

（2） $x^2 + (y - 2)^2 = 1$ 分别绕 x 轴和 y 轴旋转.

（3） $y = x^3$ ， $x = 2$ ， $y = 0$ 所围成的图形分别绕 x 轴和 y 轴旋转.

6．证明半径为 R 的球的体积为 $V = \frac{4}{3}\pi R^3$.

7．已知某产品的边际收益函数为 $R'(q) = 10(10 - q)\mathrm{e}^{-\frac{q}{10}}$ ，其中 q 为销售量， $R = R(q)$ 为总收益，求该产品的总收益函数 $R(q)$.

8．已知生产某产品 q 个单位时，收入 R （单位：万元）的变化率（即边际收益）为 $R'(q) = 200 - R(q)$.

（1）求开工生产 50 个单位时的收入；

（2）如果已经生产了 50 个单位，求再生产 50 个单位时收入的增加量.

自 测 题 6

1．单选题.

（1）由曲线 $y = f(x)$ 与直线 $x = a$ ， $x = b$ （ $a < b$ ）所围成的平面图形的面积为（   ）.

A． $\int_a^b f(x)\mathrm{d}x$　　　　　　B． $\left|\int_a^b f(x)\mathrm{d}x\right|$

C． $\int_a^b |f(x)|\mathrm{d}x$　　　　　　D． $\int_b^a f(x)\mathrm{d}x$

（2）由 x 轴、 y 轴及 $y = (x + 1)^2$ 所围成的平面图形的面积为（   ）.

A． $\int_0^1 (x + 1)^2 \mathrm{d}x$　　　　　　B． $\int_1^0 (x + 1)^2 \mathrm{d}x$

C． $\int_0^{-1} (x + 1)^2 \mathrm{d}x$　　　　　　D． $\int_{-1}^0 (x + 1)^2 \mathrm{d}x$

（3）由曲边梯形 D ： $a \leqslant x \leqslant b$ ， $0 \leqslant y \leqslant f(x)$ 绕 x 轴旋转一周所产生的旋转体的体积是（   ）.

A． $\int_a^b f^2(x)\mathrm{d}x$　　　　　　B． $\int_b^a f^2(x)\mathrm{d}x$

C． $\int_a^b \pi f^2(x)\mathrm{d}x$　　　　　　D． $\int_b^a \pi f^2(x)\mathrm{d}x$.

2．计算题．

（1）求抛物线 $y^2 = 2x$ 与圆 $x^2 + y^2 = 8$ 围成的两部分的面积．

（2）求抛物线 $y = x^2$ 与直线 $y = 2x + 3$ 围成的图形的面积．

（3）求 $x = y^2$，$y = x - 2$ 所围成的图形的面积．

（4）求由曲线 $y = x$，$y = \dfrac{1}{x}$，$x = 2$ 围成的图形的面积．

（5）求由曲线 $y = x$，$y = \dfrac{1}{x}$，$x = 2$，$y = 0$ 围成的图形的面积．

（6）求由曲线 $y = x$，$y = \dfrac{1}{x}$，$x = 2$，$y = 0$ 围成的图形绕 x 轴旋转一周所得旋转体的体积．

（7）设抛物线 $y = ax^2 + bx + c$ 通过原点，且 $x \in [0,1]$ 时 $y \geqslant 0$，试确定 a、b、c 的值，使得抛物线 $y = ax^2 + bx + c$ 与直线 $y = 0$，$x = 1$ 围成的图形的面积为 $\dfrac{4}{9}$ 且使该图形绕 x 轴旋转一周所得旋转体的体积最小．

（8）求 $\rho = 1 + \cos\theta$ 所围成的图形的面积．

（9）已知生产某产品 q 个单位时的边际成本和边际收益函数分别为

$$C'(q) = q^2 - 4q + 6 \text{（单位/万元），} \quad R'(q) = 105 - 2q \text{（单位/万元），}$$

固定成本为 100 万元，$C(q)$ 为总成本，$R(q)$ 为总收益，求最大利润；

（10）已知生产某产品 q 个单位时边际成本和边际收益函数分别为

$$C'(q) = 24 + 2q \text{（单位/万元），} \quad R'(q) = 48 - 4q \text{（单位/万元），}$$

固定成本为 20 万元，求总利润函数 $L(q)$，且判断产量 q 为多少时利润 $L(q)$ 最大？

附录 I　积分表

说明：公式中的 α、a、$b\cdots$ 均为实数，n 为正整数.

1. 含有 $a+bx$ 的积分

（1）$\displaystyle\int (a+bx)^{\alpha}\,\mathrm{d}x = \begin{cases} \dfrac{(a+bx)^{\alpha+1}}{b(\alpha+1)}+C, & \alpha \neq -1; \\[3mm] \dfrac{1}{b}\ln|a+bx|+C, & \alpha = -1. \end{cases}$

（2）$\displaystyle\int \frac{x}{a+bx}\,\mathrm{d}x = \frac{x}{b} - \frac{a}{b^2}\ln|a+bx|+C$.

（3）$\displaystyle\int \frac{x^2}{a+bx}\,\mathrm{d}x = \frac{1}{b^3}\left[\frac{1}{2}(a+bx)^2 - 2a(a+bx) + a^2\ln|a+bx|\right]+C$.

（4）$\displaystyle\int \frac{x}{(a+bx)^2}\,\mathrm{d}x = \frac{1}{b^2}\left(\frac{a}{a+bx} + \ln|a+bx|\right)+C$.

（5）$\displaystyle\int \frac{x^2}{(a+bx)^2}\,\mathrm{d}x = \frac{x}{b^2} - \frac{a^2}{b^3(a+bx)} - \frac{2a}{b^3}\ln|a+bx|+C$.

（6）$\displaystyle\int \frac{\mathrm{d}x}{x(a+bx)} = \frac{1}{a}\ln\left|\frac{x}{a+bx}\right|+C$.

（7）$\displaystyle\int \frac{\mathrm{d}x}{x^2(a+bx)} = -\frac{1}{ax} + \frac{b}{a^2}\ln\left|\frac{a+bx}{x}\right|+C$.

（8）$\displaystyle\int \frac{\mathrm{d}x}{x(a+bx)^2} = \frac{1}{a(a+bx)} - \frac{1}{a^2}\ln\left|\frac{a+bx}{x}\right|+C$.

2. 含有 $\sqrt{a+bx}$ 的积分

（9）$\displaystyle\int x\sqrt{a+bx}\,\mathrm{d}x = \frac{2(3bx-2a)(a+bx)^{\frac{3}{2}}}{15b^2}+C$.

（10）$\displaystyle\int x^2\sqrt{a+bx}\,\mathrm{d}x = \frac{2(15b^2x^2-12abx+8a^2)(a+bx)^{\frac{3}{2}}}{105b^3}+C$.

（11）$\displaystyle\int \frac{x}{\sqrt{a+bx}}\,\mathrm{d}x = \frac{2(bx-2a)\sqrt{a+bx}}{3b^2}+C$.

（12）$\displaystyle\int \frac{x^2}{\sqrt{a+bx}}\,\mathrm{d}x = \frac{2(3b^2x^2-4abx+8a^2)\sqrt{a+bx}}{15b^3}+C$.

（13）$\displaystyle\int\frac{\mathrm{d}x}{x\sqrt{a+bx}}=\begin{cases}\dfrac{1}{\sqrt{a}}\ln\dfrac{\left|\sqrt{a+bx}-\sqrt{a}\right|}{\sqrt{a+bx}+\sqrt{a}}+C,\ a>0,\\[3mm]\dfrac{2}{\sqrt{-a}}\arctan\sqrt{\dfrac{a+bx}{-a}}+C,\ a<0.\end{cases}$

（14）$\displaystyle\int\frac{\mathrm{d}x}{x^2\sqrt{a+bx}}=\frac{-\sqrt{a+bx}}{ax}-\frac{b}{2a}\int\frac{\mathrm{d}x}{x\sqrt{a+bx}}+C.$

（15）$\displaystyle\int\frac{\sqrt{a+bx}}{x}\mathrm{d}x=2\sqrt{a+bx}+a\int\frac{\mathrm{d}x}{x\sqrt{a+bx}}+C.$

（16）$\displaystyle\int\frac{\sqrt{a+bx}}{x^2}\mathrm{d}x=\frac{-\sqrt{a+bx}}{x}+\frac{b}{2}\int\frac{\mathrm{d}x}{x\sqrt{a+bx}}+C.$

3. 含有 $a^2\pm x^2$ 的积分

（17）$\displaystyle\int\frac{\mathrm{d}x}{(a^2+x^2)^n}=\begin{cases}\dfrac{1}{a}\arctan\dfrac{x}{a}+C,\ n=1,\\[3mm]\dfrac{x}{2(n-1)a^2(a^2+x^2)^{n-1}}+\dfrac{2n-3}{2(n-1)a^2}\displaystyle\int\frac{\mathrm{d}x}{(a^2+x^2)^{n-1}}+C,\ n>1.\end{cases}$

（18）$\displaystyle\int\frac{x\mathrm{d}x}{(a^2+x^2)^n}=\begin{cases}\dfrac{1}{2}\ln(a^2+x^2)+C,\ n=1,\\[3mm]-\dfrac{1}{2(n-1)(a^2+x^2)^{n-1}}+C,\ n>1.\end{cases}$

（19）$\displaystyle\int\frac{\mathrm{d}x}{a^2-x^2}=\frac{1}{2a}\ln\left|\frac{a+x}{a-x}\right|+C.$

4. 含有 $\sqrt{a^2-x^2}$ （$a>0$）的积分

（20）$\displaystyle\int\sqrt{a^2-x^2}\,\mathrm{d}x=\frac{x}{2}\sqrt{a^2-x^2}+\frac{a^2}{2}\arcsin\frac{x}{a}+C.$

（21）$\displaystyle\int x\sqrt{a^2-x^2}\,\mathrm{d}x=-\frac{1}{3}(a^2-x^2)^{\frac{3}{2}}+C.$

（22）$\displaystyle\int x^2\sqrt{a^2-x^2}\,\mathrm{d}x=\frac{x}{8}(2x^2-a^2)\sqrt{a^2-x^2}+\frac{a^4}{8}\arcsin\frac{x}{a}+C.$

（23）$\displaystyle\int\frac{\mathrm{d}x}{\sqrt{a^2-x^2}}=\arcsin\frac{x}{a}+C.$

（24）$\displaystyle\int\frac{x\mathrm{d}x}{\sqrt{a^2-x^2}}=-\sqrt{a^2-x^2}+C.$

（25）$\displaystyle\int\frac{x^2\mathrm{d}x}{\sqrt{a^2-x^2}}=-\frac{x}{2}\sqrt{a^2-x^2}+\frac{a^2}{2}\arcsin\frac{x}{a}+C.$

（26）$\displaystyle\int (a^2-x^2)^{\frac{3}{2}}\mathrm{d}x=\frac{x}{8}(5a^2-2x^2)\sqrt{a^2-x^2}+\frac{3a^4}{8}\arcsin\frac{x}{a}+C$．

（27）$\displaystyle\int\frac{\mathrm{d}x}{(a^2-x^2)^{\frac{3}{2}}}=\frac{x}{a^2\sqrt{a^2-x^2}}+C$．

（28）$\displaystyle\int\frac{x\mathrm{d}x}{(a^2-x^2)^{\frac{3}{2}}}=\frac{1}{\sqrt{a^2-x^2}}+C$．

（29）$\displaystyle\int\frac{x^2\mathrm{d}x}{(a^2-x^2)^{\frac{3}{2}}}=\frac{x}{\sqrt{a^2-x^2}}-\arcsin\frac{x}{a}+C$．

（30）$\displaystyle\int\frac{\mathrm{d}x}{x\sqrt{a^2-x^2}}=\frac{1}{a}\ln\left|\frac{a-\sqrt{a^2-x^2}}{x}\right|+C$．

（31）$\displaystyle\int\frac{\mathrm{d}x}{x^2\sqrt{a^2-x^2}}=-\frac{\sqrt{a^2-x^2}}{a^2x}+C$．

（32）$\displaystyle\int\frac{\mathrm{d}x}{x^3\sqrt{a^2-x^2}}=-\frac{\sqrt{a^2-x^2}}{2a^2x^2}-\frac{1}{2a^3}\ln\left|\frac{a+\sqrt{a^2-x^2}}{x}\right|+C$．

（33）$\displaystyle\int\frac{\sqrt{a^2-x^2}}{x}\mathrm{d}x=\sqrt{a^2-x^2}-a\ln\left|\frac{a+\sqrt{a^2-x^2}}{x}\right|+C$．

（34）$\displaystyle\int\frac{\sqrt{a^2-x^2}}{x^2}\mathrm{d}x=-\frac{\sqrt{a^2-x^2}}{x}-\arcsin\frac{x}{a}+C$．

5. 含有 $\sqrt{x^2\pm a^2}$（$a>0$）的积分

（35）$\displaystyle\int\sqrt{x^2\pm a^2}\mathrm{d}x=\frac{x}{2}\sqrt{x^2\pm a^2}\pm\frac{a^2}{2}\ln\left|x+\sqrt{x^2\pm a^2}\right|+C$．

（36）$\displaystyle\int x\sqrt{x^2\pm a^2}\mathrm{d}x=\frac{1}{3}(x^2\pm a^2)^{\frac{3}{2}}+C$．

（37）$\displaystyle\int x^2\sqrt{x^2\pm a^2}\mathrm{d}x=\frac{x}{8}(2x^2\pm a^2)\sqrt{x^2\pm a^2}-\frac{a^4}{8}\ln\left|x+\sqrt{x^2\pm a^2}\right|+C$．

（38）$\displaystyle\int\frac{\mathrm{d}x}{\sqrt{x^2\pm a^2}}=\ln\left|x+\sqrt{x^2\pm a^2}\right|+C$．

（39）$\displaystyle\int\frac{x\mathrm{d}x}{\sqrt{x^2\pm a^2}}=\sqrt{x^2\pm a^2}+C$．

（40）$\displaystyle\int\frac{x^2\mathrm{d}x}{\sqrt{x^2\pm a^2}}=\frac{x}{2}\sqrt{x^2\pm a^2}\mp\frac{a^2}{2}\mp\left|x+\sqrt{x^2\pm a^2}\right|+C$．

（41） $\displaystyle\int (x^2 \pm a^2)^{\frac{3}{2}}\,\mathrm{d}x = \frac{x}{8}(2x^2 \pm 5a^2)\sqrt{x^2 \pm a^2} + \frac{3a^4}{8}\ln\left|x + \sqrt{x^2 \pm a^2}\right| + C$.

（42） $\displaystyle\int \frac{\mathrm{d}x}{(x^2 \pm a^2)^{\frac{3}{2}}} = \pm\frac{1}{a^2\sqrt{x^2 \pm a^2}} + C$.

（43） $\displaystyle\int \frac{x\mathrm{d}x}{(x^2 \pm a^2)^{\frac{3}{2}}} = -\frac{1}{\sqrt{x^2 \pm a^2}} + C$.

（44） $\displaystyle\int \frac{x^2\mathrm{d}x}{(x^2 \pm a^2)^{\frac{3}{2}}} = -\frac{x}{\sqrt{x^2 \pm a^2}} + \ln\left|x + \sqrt{x^2 \pm a^2}\right| + C$.

（45） $\displaystyle\int \frac{\mathrm{d}x}{x^2\sqrt{x^2 \pm a^2}} = \mp\frac{\sqrt{x^2 \pm a^2}}{a^2 x} + C$.

（46） $\displaystyle\int \frac{\mathrm{d}x}{x^3\sqrt{x^2 + a^2}} = -\frac{\sqrt{x^2 + a^2}}{2a^2 x^2} + \frac{1}{2a^3}\ln\frac{x + \sqrt{x^2 + a^2}}{|x|} + C$.

（47） $\displaystyle\int \frac{\mathrm{d}x}{x^3\sqrt{x^2 - a^2}} = \frac{\sqrt{x^2 - a^2}}{2a^2 x^2} + \frac{1}{2a^3}\arccos\frac{a}{|x|} + C$.

（48） $\displaystyle\int \frac{\sqrt{x^2 + a^2}}{x}\,\mathrm{d}x = \sqrt{x^2 + a^2} + a\ln\frac{\sqrt{x^2 + a^2} - a}{|x|} + C$.

（49） $\displaystyle\int \frac{\sqrt{x^2 - a^2}}{x}\,\mathrm{d}x = \sqrt{x^2 - a^2} - a\arccos\frac{a}{|x|} + C$.

（50） $\displaystyle\int \frac{\sqrt{x^2 \pm a^2}}{x^2}\,\mathrm{d}x = -\frac{\sqrt{x^2 \pm a^2}}{x} + \ln\left|x + \sqrt{x^2 \pm a^2}\right| + C$.

（51） $\displaystyle\int \frac{\mathrm{d}x}{x\sqrt{x^2 + a^2}} = -\frac{1}{a}\ln\frac{x + \sqrt{x^2 + a^2}}{|x|} + C$.

（52） $\displaystyle\int \frac{\mathrm{d}x}{x\sqrt{x^2 - a^2}} = \begin{cases} \dfrac{1}{a}\arccos\dfrac{a}{x} + C, & x > a, \\[2mm] -\dfrac{1}{a}\arccos\dfrac{a}{x} + C, & x < -a. \end{cases}$

6. 含有 $a + bx + cx^2$（$c > 0$）的积分

（53） $\displaystyle\int \frac{\mathrm{d}x}{a + bx + cx^2} = \begin{cases} \dfrac{2}{\sqrt{4ac - b^2}}\arctan\dfrac{2cx + b}{\sqrt{4ac - b^2}} + C, & b^2 < 4ac, \\[3mm] \dfrac{1}{\sqrt{b^2 - 4ac}}\ln\left|\dfrac{\sqrt{b^2 - 4ac} - b - 2cx}{\sqrt{b^2 - 4ac} + b + 2cx}\right| + C, & b^2 > 4ac. \end{cases}$

7. 含有 $\sqrt{a+bx+cx^2}$ 的积分

（54） $\displaystyle\int \frac{\mathrm{d}x}{\sqrt{a+bx+cx^2}} = \begin{cases} \dfrac{1}{\sqrt{c}}\ln\left|2cx+b+2\sqrt{c(a+bx+cx^2)}\right|+C, & c>0, \\[3mm] -\dfrac{1}{\sqrt{-c}}\arcsin\dfrac{2cx+b}{\sqrt{b^2-4ac}}+C, & b^2>4ac,\ c<0. \end{cases}$

（55） $\displaystyle\int \sqrt{a+bx+cx^2}\,\mathrm{d}x = \frac{2cx+b}{4c}\sqrt{a+bx+cx^2}+\frac{4ac-b^2}{8c}\int\frac{\mathrm{d}x}{\sqrt{a+bx+cx^2}}$.

（56） $\displaystyle\int \frac{x\mathrm{d}x}{\sqrt{a+bx+cx^2}} = \frac{1}{c}\sqrt{a+bx+cx^2}-\frac{b}{2c}\int\frac{\mathrm{d}x}{\sqrt{a+bx+cx^2}}$.

8. 含有三角函数的积分

（57） $\displaystyle\int \sin ax\mathrm{d}x = -\frac{1}{a}\cos ax + C$.

（58） $\displaystyle\int \cos ax\mathrm{d}x = \frac{1}{a}\sin ax + C$.

（59） $\displaystyle\int \tan ax\mathrm{d}x = -\frac{1}{a}\ln\left|\cos ax\right| + C$.

（60） $\displaystyle\int \cot ax\mathrm{d}x = \frac{1}{a}\ln\left|\sin ax\right| + C$.

（61） $\displaystyle\int \sin^2 ax\mathrm{d}x = \frac{1}{2a}(ax-\sin ax\cos ax) + C$.

（62） $\displaystyle\int \cos^2 ax\mathrm{d}x = \frac{1}{2a}(ax+\sin ax\cos ax) + C$.

（63） $\displaystyle\int \sec ax\mathrm{d}x = \frac{1}{a}\ln\left|\sec ax+\tan ax\right| + C$.

（64） $\displaystyle\int \csc ax\mathrm{d}x = -\frac{1}{a}\ln\left|\csc ax+\cot ax\right| + C$.

（65） $\displaystyle\int \sec x\tan x\mathrm{d}x = \sec x + C$.

（66） $\displaystyle\int \csc x\cot x\mathrm{d}x = -\csc x + C$.

（67） $\displaystyle\int \sin ax\sin bx\mathrm{d}x = -\frac{\sin(a+b)x}{2(a+b)}+\frac{\sin(a-b)x}{2(a-b)}+C,\ a\neq b$.

（68） $\displaystyle\int \sin ax\cos bx\mathrm{d}x = -\frac{\cos(a+b)x}{2(a+b)}-\frac{\cos(a-b)x}{2(a-b)}+C,\ a\neq b$.

（69） $\displaystyle\int \cos ax\cos bx\mathrm{d}x = \frac{\sin(a+b)x}{2(a+b)}+\frac{\sin(a-b)x}{2(a-b)}+C,\ a\neq b$.

（70） $\displaystyle\int \sin^n x\mathrm{d}x = -\frac{1}{n}\sin^{n-1}x\cos x+\frac{n-1}{n}\int\sin^{n-2}x\mathrm{d}x$.

（71）$\int \cos^n x\mathrm{d}x = \dfrac{1}{n}\cos^{n-1}x\sin x + \dfrac{n-1}{n}\int \cos^{n-2}x\mathrm{d}x$.

（72）$\int \tan^n x\mathrm{d}x = \dfrac{1}{n-1}\tan^{n-1}x - \int \tan^{n-2}x\mathrm{d}x,\ n>1$.

（73）$\int \cot^n x\mathrm{d}x = -\dfrac{1}{n-1}\cot^{n-1}x - \int \cot^{n-2}x\mathrm{d}x,\ n>1$.

（74）$\int \sec^n x\mathrm{d}x = \dfrac{1}{n-1}\tan x\sec^{n-2}x + \dfrac{n-2}{n-1}\int \sec^{n-2}x\mathrm{d}x,\ n>1$.

（75）$\int \csc^n x\mathrm{d}x = -\dfrac{1}{n-1}\tan x\csc^{n-2}x + \dfrac{n-2}{n-1}\int \csc^{n-2}x\mathrm{d}x,\ n>1$.

（76）$\int \sin^m x\cos^n x\mathrm{d}x = \dfrac{\sin^{m+1}x\cos^{n-1}x}{m+n} + \dfrac{n-1}{m+n}\int \sin^m x\cos^{n-2}x\mathrm{d}x$

$\qquad\qquad\qquad\qquad = -\dfrac{\sin^{m-1}x\cos^{n+1}x}{m+n} + \dfrac{m-1}{m+n}\int \sin^{m-2}x\cos^n x\mathrm{d}x$.

（77）$\displaystyle\int \dfrac{\mathrm{d}x}{a+b\cos x} = \begin{cases} \dfrac{2}{\sqrt{a^2-b^2}}\arctan\left(\sqrt{\dfrac{a-b}{a+b}}\tan\dfrac{x}{2}\right)+C,\ a^2>b^2, \\[4mm] \dfrac{1}{\sqrt{b^2-a^2}}\ln\left|\dfrac{b+a\cos x+\sqrt{b^2-a^2}\sin x}{a+b\cos x}\right|+C,\ a^2<b^2. \end{cases}$

9. 其他形式的积分

（78）$\int x^n \mathrm{e}^{ax}\mathrm{d}x = \dfrac{1}{a}x^n \mathrm{e}^{ax} - \dfrac{n}{a}\int x^{n-1}\mathrm{e}^{ax}\mathrm{d}x$.

（79）$\int x^a \ln x\mathrm{d}x = \dfrac{x^{a+1}}{(a+1)^2}[(a+1)\ln x - 1] + C,\ a\neq -1$.

（80）$\int x^n \sin x\mathrm{d}x = -x^n \cos x + n\int x^{n-1}\cos x\mathrm{d}x$.

（81）$\int x^n \cos x\mathrm{d}x = x^n \sin x - n\int x^{n-1}\sin x\mathrm{d}x$.

（82）$\int \mathrm{e}^{ax}\sin bx\mathrm{d}x = \dfrac{\mathrm{e}^{ax}(a\sin bx - b\cos bx)}{a^2+b^2} + C$.

（83）$\int \mathrm{e}^{ax}\cos bx\mathrm{d}x = \dfrac{\mathrm{e}^{ax}(a\cos bx + b\sin bx)}{a^2+b^2} + C$.

（84）$\int \arcsin\dfrac{x}{a}\mathrm{d}x = x\arcsin\dfrac{x}{a} + \sqrt{a^2-x^2} + C,\ a>0$.

（85）$\int \arccos\dfrac{x}{a}\mathrm{d}x = x\arccos\dfrac{x}{a} - \sqrt{a^2-x^2} + C,\ a>0$.

（86）$\int \arctan\dfrac{x}{a}\mathrm{d}x = x\arctan\dfrac{x}{a} - \dfrac{a}{2}\ln(a^2+x^2) + C$.

（87）$\int x^n \arcsin x dx = \dfrac{1}{n+1}\left(x^{n+1}\arcsin x - \int \dfrac{x^{n+1}}{\sqrt{1-x^2}}dx\right).$

（88）$\int x^n \arctan x dx = \dfrac{1}{n+1}\left(x^{n+1}\arctan x - \int \dfrac{x^{n+1}}{\sqrt{1+x^2}}dx\right).$

10. 几个常用的定积分

（89）$\displaystyle\int_{-\pi}^{\pi}\cos nx dx = \int_{-\pi}^{\pi}\sin nx dx = 0.$

（90）$\displaystyle\int_{-\pi}^{\pi}\cos mx\sin nx dx = 0.$

（91）$\displaystyle\int_{-\pi}^{\pi}\cos mx\cos nx\,\mathrm{d}x = \begin{cases} 0,\ m\neq n, \\ \pi,\ m=n. \end{cases}$

（92）$\displaystyle\int_{-\pi}^{\pi}\sin mx\sin nx\,\mathrm{d}x = \begin{cases} 0,\ m\neq n, \\ \pi,\ m=n. \end{cases}$

（93）$\displaystyle\int_{0}^{\pi}\sin mx\sin nx dx = \int_{0}^{\pi}\cos mx\cos nx dx = \begin{cases} 0,\ m\neq n, \\ \dfrac{\pi}{2},\ m=n. \end{cases}$

（94）$\displaystyle\int_{0}^{\frac{\pi}{2}}\sin^n x dx = \int_{0}^{\frac{\pi}{2}}\cos^n x dx \begin{cases} \dfrac{n-1}{n}\cdot\dfrac{n-3}{n-2}\cdots\dfrac{4}{5}\cdot\dfrac{2}{3} & (n\ \text{为大于}\ 1\ \text{的正奇数}), \\ \dfrac{n-1}{n}\cdot\dfrac{n-3}{n-2}\cdots\dfrac{3}{4}\cdot\dfrac{1}{2}\cdot\dfrac{\pi}{2} & (n\ \text{为正偶数}), \end{cases}$

（95）$\displaystyle\int_{0}^{\frac{\pi}{2}}\sin^{2m+1}x\cos^n x dx = \dfrac{2\cdot4\cdot6\cdots2m}{(n+1)(n+3)\cdots(n+2m+1)}.$

（96）$\displaystyle\int_{0}^{\frac{\pi}{2}}\sin^{2m}x\cos^{2n}x dx = \dfrac{1\cdot3\cdot5\cdots(2n-1)\cdot1\cdot3\cdot5\cdots(2m-1)}{2\cdot4\cdot6\cdots(2m+2n)}\cdot\dfrac{\pi}{2}.$

附录Ⅱ 习题答案与提示

第 1 章

习题 1.1

1. （1）$\{x \mid x > 5\}$；（2）$\{(x,y) \mid x^2 + y^2 < 25\}$；（3）$\{(x,y) \mid x - y = 0 \text{ 且 } y = x^2\}$.

2. （1）$A \bigcup B = \{x \mid x > 3\}$；（2）$A \bigcap B = \{x \mid 4 < x < 5\}$；

   （3）$A - B = \{x \mid 3 < x \leqslant 4\}$.

3. （1）$[-3,3]$；（2）$[1,3]$；（3）$(a-\varepsilon, a+\varepsilon)$；

   （4）$(-\infty,-5] \bigcup [5,+\infty)$；（5）$(-\infty,-3) \bigcup (1,+\infty)$.

4. （1）$(-5,-1)$；（2）$(-1,1) \bigcup (3,5)$.

习题 1.2

1. （1）不是；（2）不是；（3）是；（4）是.

2. （1）$[-2,1) \bigcup (1,2]$；（2）$(1,+\infty)$；（3）$[-1,3]$；

   （4）$2k\pi < x < (2k+1)\pi$（k 为整数）.

3. 1，$\dfrac{1}{4}$，4.

4. $x^2 + x + 3$，$x^2 - x + 3$.

5. $x^2 - 2$，$x^2 + \dfrac{1}{x^2} - 4$.

6. $f(x) = \ln(1 - x^2) + k\pi + (-1)^k \arcsin x$（$k = 0,\ \pm 1,\ \pm 2,\ \cdots$）.

7. （1）$y = \sqrt{x+1} + 1$，$[-1,+\infty)$；（2）$y = \dfrac{1}{3}(x+5)$.

8. （1）$y = \ln u$，$u = v^2$，$v = 2x + 1$；（2）$y = u^2$，$u = \sin v$，$v = 3x + 1$；

   （3）$y = \arctan u$，$u = x^3 - 1$；（4）$y = \ln u$，$u = \arcsin x$.

9. $\varphi(x) = \dfrac{2(1 + \mathrm{e}^{x^2})}{\mathrm{e}^{x^2} - 1}$，$\varphi(x)$ 的定义域为 $x \neq 0$.

10. $f[g(x)] = \begin{cases} \log_2^2(1+x), & x > 1, \\ -2x^2 - 1, & x \leqslant 1; \end{cases}$ $\quad g[f(x)] = \begin{cases} -x^4, & 0 \leqslant x \leqslant 1, \\ -(2x-1)^2, & x < 0, \\ \log_2(1+x^2), & x > 1. \end{cases}$

11. （1）可以；（2）不可以；（3）不可以；（4）可以.

12. （1）偶；（2）非奇非偶；（3）奇.

13. 400 套.

14. $R(x) = \begin{cases} ax, & 0 < x \leqslant 50; \\ 50a + 0.8a(x-50), & x > 50. \end{cases}$

习题 1.3

1. （1）收敛，0；（2）收敛，1；（3）收敛，0；

　　（4）收敛，0；（5）发散；（6）收敛，$\dfrac{4}{3}$.

2. $\lim\limits_{x \to 0^-} f(x) = 1$，$\lim\limits_{x \to 0^+} f(x) = 0$，$\lim\limits_{x \to 0} f(x)$ 不存在.

3. （1）无穷大；（2）无穷大；（3）无穷大；（4）无穷小；

　　（5）无穷小；（6）无穷小；（7）无穷小；（8）无穷大.

习题 1.4

1. （1）9；（2）∞；（3）0；（4）$\dfrac{1}{3}$；（5）∞；（6）0；

　　（7）0；（8）$\dfrac{1}{2}$；（9）0；（10）∞；（11）$\dfrac{3}{2}$；（12）0.

2. （1）$\dfrac{3}{4}$；（2）1；（3）$\dfrac{5}{2}$；（4）e；（5）e^2；

　　（6）e^{-4}；（7）0；（8）e^3；（9）8；（10）e^{-1}.

3. 略

4. （1）$\dfrac{2}{5}$；（2）$\dfrac{1}{6}$.（提示：$\cos x = 1 - 2\sin^2 \dfrac{x}{2}$，$t \to 0$ 时，$\sqrt[3]{1+t} - 1 \sim \dfrac{1}{3} t$，

　　$\arctan t \sim t$）；（3）$\dfrac{1}{3}$；（4）$\dfrac{4}{3}$；（5）π.（提示：令 $y = \dfrac{1}{x}$）

5. （1）$a = 2$，$b = 3$；（2）$a = 4$，$b = 1$；（3）$a = -4$，$b = 4$；（4）$a = -7$，$b = 6$.

6. $A(t) = R_0 e^{(a-r)t}$.

习题 1.5

1. （1）$x = 1$ 是第一类可去间断点，$x = 2$ 是第二类间断点；

　　（2）$x = 0$ 是第一类可去间断点；$k\pi$（$k \neq 0$）无穷间断点.

　　（3）$x = 0$ 是第二类间断点.

2. 左极限为 0，右极限为 a，当 $a = 0$ 时，$f(x)$ 在定义域内连续.

3. （1）函数在定义域内连续；（2）是可去间断点，补充定义 $f(0) = 0$.

4. 略.

5. （1）1；（2）$e^{\frac{1}{2}}$；（3）$\dfrac{\pi}{2}$；（4）$\dfrac{3}{2}$；

　　（5）2.（提示：$x \to 0$ 时，$\ln(x + e^x) \sim x + e^x - 1$）；（6）$\dfrac{1}{2}$；（7）$-1$；（8）$e^2$.

6. 略.

7. $\lim\limits_{x \to 0} f\left(\dfrac{x}{\arcsin x}\right) = f(1) = 0$.

8. $a = 15$.

复习题 1

1. $a = \dfrac{5}{3}$，$b = 0$.

2. $[1, 4)$.

3. （1）偶函数；（2）奇函数；（3）偶函数.

4. （1）$y = \dfrac{x+1}{x-1}$；（2）$y = 10^{1-x} - 2$.

5. $y = u^2$，$u = \sin v$，$v = 2x + 5$.

6. （1）1；（2）$\dfrac{2}{3}$；（3）-2；（4）$\dfrac{4}{3}$；（5）$\dfrac{1}{2}$.

7. （1）$\dfrac{3}{2}$；（2）1；（3）$\ln 3$；（4）$\dfrac{1}{2}$；

（5）$\dfrac{1}{4}$；（6）$\sqrt{2}$；（7）$\dfrac{n}{2}a^{n-2}$；（8）-1.

8. （1）e^{-2}；（2）e^{-4}；（3）1；（4）e；（5）1；（6）$\mathrm{e}^{-\frac{2}{\pi}}$.

9. $-\ln 3$.（提示：$\lim\limits_{x \to \infty}\left(\dfrac{2x-c}{2x+c}\right)^x = \mathrm{e}^{-c}$）

10. $\dfrac{1}{2}$.

11. $a = \pi$.

自测题 1

1. （1）$f(x) = x^2 - 2$；（2）$[-2, 2]$；（3）$y = \mathrm{e}^u$，$u = \sin v$，$v = x^2$；

（4）$a = 0$，$b = 4$；（5）第一类间断点（可去间断点）；（6）$k = \dfrac{1}{4}$.

2. （1）D；（2）B；（3）B；（4）B；（5）C；

（6）B；（7）B；（8）B；（9）B；（10）A.

3. （1）$(-3, 1]$；（2）$(\sqrt{x+1} - 2)^3 + 2$，$\sqrt{x^3 + 3} - 2$；（3）$y = \dfrac{1}{2}(\mathrm{e}^{1-x} - 1)$.

4. （1）$\dfrac{1}{\mathrm{e}^2}$；（2）0；（3）$\dfrac{1}{4}$；（4）$\dfrac{1}{2}$.

5. $A(x) = x(R + \sqrt{R^2 - x^2})$，$x$ 为梯形的高，$A(x)$ 为梯形的面积.

6. $x = 0$ 为第一类间断点.

7. 利用根的存在定理证明.

第 2 章

习题 2.1

1. (1) $v_0 - gt$；(2) $\dfrac{v_0}{g}$；(3) $-v_0$．

2. (1) $2\pi r$；(2) 2π；(3) $\dfrac{1}{\sqrt{\pi}}$．

3. (1) -1；(2) $\dfrac{1}{5}$．

4. (1) $\dfrac{1}{x\ln 3}$；(2) $\dfrac{1}{6}x^{-\frac{5}{6}}$；(3) $\dfrac{2}{3}x^{-\frac{1}{3}}$；(4) $-\sin x$．

5. (1) 正确；(2) 不正确；(3) 正确；(4) 不正确．

6. (1) $-f'(x_0)$；(2) $2f'(x_0)$．

7. 切线方程 $x + y - 2 = 0$，法线方程 $y - x = 0$．

8. 切线方程 $x - y + 1 = 0$，法线方程 $x + y - 1 = 0$．

9. $a = 2x_0,\ b = -x_0^2$．

10. (1) 连续且可导；(2) 连续但不可导；(3) 连续且可导；
    (4) 连续但不可导．

11. $a = 0,\ b = 1$．

12. (1) $f(0) = 1$；(2) 可导，$f'(0) = -1$．

13. $f'(0) = 2g(0)$．

14. (1) 1；(2) $\ln 2 - 1$；(3) -1．

15. 1．

习题 2.2

1. (1) $a^x(1 + x\ln a) + 7e^x$；

    (2) $3\tan x + 3x\sec^2 x + \tan x \cdot \sec x$；

    (3) $3(x^2 + \sin x + x\cos x)$；

    (4) $\dfrac{-2}{x(1 + \ln x)^2} - \dfrac{1}{x^2}$；

    (5) $x(2\ln x + 1)$；

    (6) $3e^x(\cos x - \sin x)$；

    (7) $\dfrac{1 - \ln x}{x^2}$；

    (8) $\dfrac{e^x(x - 2)}{x^3}$；

    (9) $2x\ln x\cos x + x\cos x - x^2\ln x\sin x$；

    (10) $\dfrac{1 + \sin x + \cos x}{(1 + \cos x)^2}$；

    (11) $1 - \dfrac{1}{2\sqrt{x}}$；

    (12) $2 - \dfrac{11}{(x + 2)^2}$；

（13）$2x\log_3 x + \dfrac{x}{\ln 3}$ ；

（14）$\arctan x + \dfrac{x}{1+x^2}$ ；

（15）$2^x \ln 2 \arcsin x + \dfrac{2^x}{\sqrt{1-x^2}} - \dfrac{2}{\sqrt[3]{x}}$ ；

（16）0.

2. （1）$2f(x)f'(x)$ ；

（2）$e^{f(x)}f'(x)$ ；

（3）$\dfrac{-2f(x)f'(x)}{[1+f^2(x)]^2}$ ；

（4）$\dfrac{f'(x)}{1+[f(x)]^2}$ ；

（5）$\dfrac{2f(x)f'(x)}{1+[f(x)]^2}$ ；

（6）$\dfrac{1}{2\sqrt{x}}f'(\sqrt{x}+1)$.

3. （1）$5(x^2-x)^4(2x-1)$ ；

（2）$6\cos(3x+6)$ ；

（3）$-3\cos^2 x \cdot \sin x$ ；

（4）$\dfrac{2}{\sin 2x}$ ；

（5）$\dfrac{1}{2x\sqrt{1+\ln x}}$ ；

（6）$-\sin x - \cos x$ ；

（7）$4(x-2\sqrt{x})^3\left(1-\dfrac{1}{\sqrt{x}}\right)$ ；

（8）$(1-2x)e^{-2x}$ ；

（9）$-\dfrac{1}{x^2+1}$ ；

（10）$-\dfrac{2^{-x}\ln 2 + 3^{-x}\ln 3 + 4^{-x}\ln 4}{2^{-x}+3^{-x}+4^{-x}}$ ；

（11）$-\dfrac{1}{\sqrt{1-2x}}\sin(2\sqrt{1-2x})$ ；

（12）$\dfrac{1}{2\sqrt{x+1}}2^{\sqrt{x+1}}\ln 2 - \cot x$ ；

（13）$2\sqrt{x^2-a^2}$ ；

（14）$\dfrac{1}{\sqrt{x^2+a^2}}$ ；

（15）$\dfrac{2\arcsin\dfrac{x}{2}}{\sqrt{4-x^2}}$ ；

（16）$\csc x$ ；

（17）$\dfrac{1}{x\ln x \cdot \ln(\ln x)}$ ；

（18）$\dfrac{e^{\arctan\sqrt{x}}}{2\sqrt{x}(1+x)}$.

4. （1）$\left(\dfrac{x}{1+x}\right)^x\left(\ln\dfrac{x}{1+x}+\dfrac{1}{1+x}\right)$ ；

（2）$\dfrac{1}{5}\sqrt[5]{\dfrac{x-5}{\sqrt[5]{x^2+2}}}\left(\dfrac{1}{x-5}-\dfrac{2x}{5(x^2+2)}\right)$ ；

（3）$\dfrac{\sqrt{x+2}(3-x)^4}{(x+1)^5}\left(\dfrac{1}{2(x+2)}-\dfrac{4}{3-x}-\dfrac{5}{x+1}\right)$ ；

（4）$\dfrac{1}{2}\sqrt{x\sin x\sqrt{1-e^x}}\left(\dfrac{1}{x}+\cot x - \dfrac{e^x}{2(1-e^x)}\right)$ ；

（5）$\dfrac{\sqrt{x^2+2x}}{\sqrt[3]{x^3-2}}\left[\dfrac{x+1}{x(x+2)}-\dfrac{x^2}{x^3-2}\right]$ ；

（6）$\left(1-\dfrac{1}{2x}\right)^x\left[\ln\left(1-\dfrac{1}{2x}\right)+\dfrac{1}{2x-1}\right]$.

5. $a=3\ln 3-1,\ b=3$.

6. 略.

7. （1）$\dfrac{dy}{dx} = \dfrac{2x - y}{x + 2y}$;

（2）$\dfrac{dy}{dx} = \dfrac{\cos y - \cos(x + y)}{x \sin y + \cos(x + y)}$;

（3）$\dfrac{dy}{dx} = \dfrac{e^{x+y} - y}{x - e^{x+y}}$;

（4）$\dfrac{dy}{dx} = -\dfrac{e^y}{1 + xe^y}$.

8. $\dfrac{dy}{dx} = \dfrac{1 + \sin t + \cos t}{1 + \sin t - \cos t}$, $\dfrac{dx}{dy} = \dfrac{1 + \sin t - \cos t}{1 + \sin t + \cos t}$.

9. （1）$y'' = -2\sin x - x\cos x$;

（2）$y'' = 4e^{2x-1}$;

（3）$y'' = 2\arctan x + \dfrac{2x}{1 + x^2}$;

（4）$y'' = -\dfrac{e^x(x^2 - 2x - 2)}{x^3}$;

（5）$y'' = 2xe^{x^2}(3 + 2x^2)$;

（6）$y'' = -\dfrac{x}{(1 + x^2)^{\frac{3}{2}}}$.

10. 略.

11. $(-\ln 3)^n 3^{-x}$.

习题 2.3

1. 当 $\Delta x = 1$ 时，$\Delta y = 18$，$dy = 11$；当 $\Delta x = 0.1$ 时，$\Delta y = 1.161$，$dy = 1.1$；
   当 $\Delta x = 0.01$ 时，$\Delta y = 0.110601$，$dy = 0.11$.

2. （1）$dy = \left(-\dfrac{1}{x^2} + \dfrac{\sqrt{x}}{x}\right)dx$;

（2）$dy = (\sin 2x + 2x\cos 2x)dx$;

（3）$dy = (x^2 + 1)^{-\frac{3}{2}}dx$;

（4）$dy = \dfrac{2\ln(1 - x)}{x - 1}dx$;

（5）$dy = 2x(1 + x)e^{2x}dx$;

（6）$dy = e^{-x}[\sin(3 - x) - \cos(3 - x)]dx$;

（7）$dy = \left(1 - \dfrac{1}{2}\ln x\right)\dfrac{dx}{\sqrt{x^3}}$;

（8）$dy = \dfrac{dx}{4\sqrt{x}\sqrt{1 - x}\sqrt{\arcsin\sqrt{x}}}$;

（9）$dy = 8x\tan(1 + 2x^2)\sec^2(1 + 2x^2)dx$;

（10）$dy = \left(-\dfrac{3\sin 3x}{2\sqrt{\cos 3x}} + \dfrac{1}{\sin x}\right)dx$.

3. （1）$\dfrac{1}{a}\arctan\dfrac{x}{a} + C$;

（2）$\dfrac{1}{2}x^2 + C$;

（3）$2\sqrt{x} + C$;

（4）$\arcsin x + C$;

4. （1）$f(x) = \dfrac{x^2}{2} + C$;

（2）$f(x) = \ln|x| + C$;

（3）$f(x) = -\dfrac{1}{2}e^{-2x} + C$;

（4）$f(x) = \dfrac{1}{2}e^{x^2} + C$;

（5）$f(x) = x + C$;

（6）$f(x) = \arctan x + C$;

（7）$f(x) = \dfrac{1}{2}\ln(1 + x^2) + C$;

（8）$f(x) = \dfrac{2}{3}(x + 1)^{\frac{3}{2}} + C$;

（9）$f(x) = \arcsin x + C = -\arccos x + C_1$;

（10）$f(x) = \ln|\sec x| + C$.

5. $dy = \dfrac{2x - x^2 - y^2}{x^2 + y^2 - 2y}dx,\quad dy\big|_{(0,1)} = dx$.

6. （1）2.0052；（2）1.0434.

复习题 2

1. （1）不正确；（2）不正确；（3）不正确；（4）不正确.

2. （1）$f'_-(0) = f'_+(0) = f'(0)$；　　　　（2）$f'_-(0) = 1,\ f'_+(0) = 0,\ f'(0)$ 不存在.

3. （1）$\dfrac{2\sec x[(1 + x^2)\tan x - 2x]}{(1 + x^2)^2}$；　　（2）$\dfrac{x - (1 + x^2)\arctan x}{x^2(1 + x^2)} - \dfrac{1}{\sqrt{1 - x^2}}$；

（3）$\dfrac{2x + x^2}{(1 + x)^2}$；　　（4）$x(\sin x + 1)\csc x\left(\dfrac{1}{x} + \dfrac{\cos x}{\sin x + 1} - \cot x\right)$；

（5）$-\dfrac{1 + \cos x}{\sin^2 x} - \cos x$；　　（6）$-\dfrac{x + 1}{\sqrt{x}(x - 1)^2}$；

（7）$-\dfrac{1}{x^2}e^{\tan\frac{1}{x}}\sec^2\dfrac{1}{x}$；　　（8）$\dfrac{3}{2\sqrt{3x(1 - 3x)}}$；

（9）$-6\tan^2(1 - 2x)\sec^2(1 - 2x)$.

4. （1）$\dfrac{dy}{dx} = \dfrac{-y^2e^x}{1 + ye^x}$；　　（2）$\dfrac{dy}{dx} = \dfrac{x + y}{x - y}$.

5. $y'' = 2\ln x + 3$.

6. $y'' = \dfrac{e^{2y}(3 - y)}{(2 - y)^3}$.

7. （1）$\dfrac{1}{m}\left(\dfrac{1}{m} - 1\right)\cdots\left(\dfrac{1}{m} - n + 1\right)(1 + x)^{\frac{1}{m} - n}$；　（2）$(-1)^n\dfrac{2 \cdot n!}{(1 + x)^{n+1}}$.

8. 1.007.

9. $f(x)g(x)$ 在 x_0 处可导，其导数为 $f'(x_0)g(x_0)$.

10. 略.

自测题 2

1. （1）充分，必要；（2）充分必要；（3）充分必要；

（4）$y = 2(x - 1)$；（5）6；

（6）$\dfrac{1}{2\sqrt{x}}\cos\sqrt{x} \cdot f'$；（7）$y + 2x - 2 = 0$；（8）$-1$；（9）$-\dfrac{2}{x^3}$；

（10）$\sin e$；（11）$n!$.

2. （1）D；（2）B；（3）A；（4）A；（5）D；（6）D；

（7）B；（8）C；（9）B；（10）C；（11）D.

3. （1）$y' = -\dfrac{2}{x^2}\cot\dfrac{1}{x}$；（2）$y'' = 2\arctan x + \dfrac{2x}{1 + x^2}$；（3）$dy = \left(\dfrac{3}{x} + \cot x\right)dx$；

(4) $y' = 3\ln^2(\arcsin\sqrt{x}) \cdot \dfrac{1}{\arcsin\sqrt{x}} \cdot \dfrac{1}{\sqrt{1-x}} \cdot \dfrac{1}{2\sqrt{x}} = \dfrac{3\ln^2(\arcsin\sqrt{x})}{2\sqrt{x}\cdot\sqrt{1-x}\cdot\arcsin\sqrt{x}}$;

(5) $e^y y' + e^{-x} + y + xy' = 0$, $y' = -\dfrac{y + e^{-x}}{x + e^y}$;

(6) $y' = 2x2^x + x^2 2^x \ln 2 + \dfrac{-\sin x\cdot(1-x^2) + 2x\cos x}{(1-x^2)^2}$

$\qquad = 2^{x+1}x + x^2 2^x \ln 2 - \dfrac{\sin x}{1-x^2} + \dfrac{2x\cos x}{(1-x^2)^2}$,

$\quad dy = [2^{x+1}x + x^2 2^x \ln 2 - \dfrac{\sin x}{1-x^2} + \dfrac{2x\cos x}{(1-x^2)^2}]dx$.

第 3 章

习题 3.1

1. （1）满足，$\xi = \dfrac{-4+\sqrt{37}}{3}$ ；（2）不满足；（3）不满足；（4）不满足.

2. 3 个根，分别在 $(0,1)$, $(1,2)$, $(2,3)$ 内.

3. （1）$\xi = \sqrt{7}$ ；	（2）$\xi = \arccos\dfrac{2}{\pi}$.

5. （1）设 $f(x) = \ln x$, $[a,b]$ ；	（2）设 $f(x) = \arctan x$, $[a,b]$ ；

　（3）设 $f(x) = e^x$, $[1,x]$ ；	（4）设 $f(x) = \tan x$, $\left[0,\dfrac{\pi}{2}\right)$.

6. 对函数 $f(x)$, $F(x) = x^2$ 在 $[a,b]$ 上使用柯西中值定理.

习题 3.2

1. （1）0；（2）2；（3）17；（4）2；（5）1；（6）2；（7）1；（8）∞ ；

　（9）1；（10）$\dfrac{2}{\pi}$ ；（11）0；（12）$\dfrac{1}{2}$ ；（13）$\dfrac{1}{e}$ ；（14）1；（15）$e^{-\frac{2}{\pi}}$ ；

　（16）e^2 .

2. 在 $x = 0$ 处连续.

习题 3.3

1. （1）在 $(-\infty,+\infty)$ 上单调增加；	（2）在 $(-\infty,+\infty)$ 上单调增加；

　（3）在 $(-\infty,+\infty)$ 上单调减少；

　（4）在 $(0,e]$ 上单调增加，在 $[e,+\infty)$ 上单调减少.

2. （1）在 $(-\infty,-1]$, $[1,+\infty)$ 上单调增加，在 $[-1,+1]$ 上单调减少；

（2）在 $\left(0,\dfrac{1}{2}\right]$ 上单调减少，在 $\left[\dfrac{1}{2},+\infty\right)$ 上单调增加；

（3）在 $(-\infty,0]$ 上单调增加，在 $[0,+\infty)$ 上单调减少；

（4）在 $(-\infty,+\infty)$ 上单调增加．

4．（1）极大值 $f\left(\dfrac{1}{2}\right)=\dfrac{9}{4}$；　　　（2）极大值 $f(-1)=17$，极小值 $f(3)=-47$；

（3）极小值 $f(1)=1$；　　　（4）极大值 $f(1)=\dfrac{\pi}{4}-\dfrac{1}{2}\ln 2$；

（5）极大值 $f\left(\dfrac{3}{4}\right)=\dfrac{5}{4}$；　　　（6）无极值．

5．（1）最大值 $y(4)=80$，最小值 $y(-1)=-5$；

（2）最大值 $y\left(\dfrac{3}{4}\right)=\dfrac{5}{4}$，最小值 $y(-5)=-5+\sqrt{6}$；

（3）最大值 $y(4)=13$，最小值 $y(\pm 1)=4$；

（4）最大值 $y(0)=\dfrac{\pi}{4}$，最小值 $y(1)=0$．

6．最小值 $y(-3)=27$．

7．长为 10，宽为 5．

8．1800 元．

（提示：设每套月房租为 x 元，

则　租不出去的房子套数为 $\dfrac{x-1000}{50}=\dfrac{x}{50}-20$，

租出去的套数为 $50-\left(\dfrac{x}{50}-20\right)=70-\dfrac{x}{50}$，

租出去的每套房子获利 $x-100$，

总收入为 $y=\left(70-\dfrac{x}{50}\right)(x-100)$．）

9．售出价格定在 60 元时能带来最大利润．

（提示：利润函数 $L(x)=(x-40)n=a+b(x-40)(80-x)$．）

10．（提示：$y'=3ax^2+2bx+c$，由 $b^2-3ac<0$，知 $a\neq 0$，$c\neq 0$，y' 是二次三项式，方程 $y'=0$，即 $3ax^2+2bx+c=0$ 的判别式 $\Delta=4(b^2-3ac)<0$，故 $3ax^2+2bx+c=0$ 没有实根．当 $a>0$ 时，y' 的图像开口向上，且在 x 轴上方，从而所给的函数在 $(-\infty,+\infty)$ 内单调增加，因此函数在 $(-\infty,+\infty)$ 内无极值．同理讨论 $a<0$ 时的情形）．

习题 3.4

1．（1）在 $\left(-\infty,\dfrac{5}{3}\right)$ 上是凸的，在 $\left[\dfrac{5}{3},+\infty\right)$ 上是凹的，拐点 $\left(\dfrac{5}{3},\dfrac{20}{27}\right)$；

（2）在 $(-\infty,-1]\cup[1,+\infty)$ 上是凸的，在 $[-1,1]$ 上是凹的，拐点 $(\pm 1,\ln 2)$；

（3）在 $(-\infty,+\infty)$ 上是凹的，无拐点；

（4）在 $(-\infty,2]$ 上是凸的，在 $[2,+\infty)$ 上是凹的，拐点 $(2,2e^{-2})$；

（5）在 $\left(0,\dfrac{1}{\sqrt{2}}\right)$ 上是凸的，在 $\left[\dfrac{1}{\sqrt{2}},+\infty\right)$ 上是凹的，拐点 $\left(\dfrac{1}{\sqrt{2}},\dfrac{1}{2}-\dfrac{1}{2}\ln 2\right)$；

（6）在 $[0,1]$ 上是凸的，在 $(-\infty,0],[1,+\infty)$ 上是凹的，拐点 $(0,0),\left(1,-\dfrac{2}{5}\right)$.

2. $a=-\dfrac{3}{2}$, $b=\dfrac{9}{2}$.

3. $a=1$, $b=-3$, $c=-24$, $d=16$.

4. $k=\pm\dfrac{\sqrt{2}}{8}$.

习题 3.6

1.（1）9.5 元；（2）13 元.

2.（1）1775，约 1.97；（2）约 1.58；（3）约 1.67.

3. 9975，199.5，199.

4. 50000.

5. 250.

6.（1）$R(20)=120$, $R(30)=120$, $\overline{R}(20)=6$, $\overline{R}(30)=4$, $R'(20)=2$, $R'(30)=-2$；

（2）25.

7.（1）3；（2）6.

8. 5 批.

9. 100 台.

10.（1）263.01 吨；（2）19.66 批/年；（3）一个周期为 18.31 天；

（4）22408.74 元.

复习题 3

1. 3 个，分别在 $(1,2)$，$(2,3)$，$(3,4)$ 内.

2.（B）.

4. 提示：设 $F(x)=f(x)e^x$，$[0,1]$，利用拉格朗日中值定理求证.

6.（1）6；（2）2；（3）$\dfrac{1}{2}\ln 6$.

7.（1）在 $(-\infty,-1],[1,+\infty)$ 上单调增加，在 $[-1,+1]$ 上单调减少，极大值 $f(-1)=3$，极小值 $f(1)=-1$；

（2）在 $\left(0,\dfrac{1}{2}\right]$ 上单调减少，在 $\left[\dfrac{1}{2},+\infty\right)$ 上单调增加，极小值 $f\left(\dfrac{1}{2}\right)=\dfrac{1}{4}+\dfrac{1}{2}\ln 2$；

（3）在 $(-\infty,-1]$，$(1,+\infty)$ 内单调减少，在 $[-1,1)$ 上单调增加，极小值 $f(-1)=-\dfrac{1}{2}$.

8. $\varphi = 2\pi\left(1 - \dfrac{\sqrt{6}}{3}\right)$.

9. 收入最大时价格为 e^{-1}.

10.（1）在 $(-\infty, 0]$，$\left[\dfrac{1}{2}, +\infty\right)$ 上是凸的，在 $\left[0, \dfrac{1}{2}\right]$ 上是凹的，拐点 $(0,0)$，$\left(\dfrac{1}{2}, \dfrac{-1}{16}\right)$；

（2）在 $(-\infty, -1]$，$[1, +\infty)$ 上是凸的，在 $[-1,1]$ 上是凹的，拐点 $\left(\pm 1, \dfrac{7}{3}\right)$；

（3）在 $(0,1]$ 上是凸的，在 $[1, +\infty)$ 上是凹的，拐点 $(1,1)$.

自测题 3

1.（1）$\xi = 1$；　　　　　　　　　　（2）$f'(\xi) = \dfrac{f(2) - f(0)}{2}$；

（3）驻点和不可导点；　　　　　　（4）2；

（5）$[1, +\infty)$；　　　　　　　　　（6）$x = -\dfrac{1}{\ln 2}$；

（7）$(1,1)$；　　　　　　　　　　　（8）$y = 0$；$x = 0$.

2.（1）B；（2）D；（3）B；（4）C；

（5）C；（6）A；（7）A；（8）B.

3.（1）$\dfrac{1}{6}$；（2）$\dfrac{1}{2}$；（3）1；（4）$\mathrm{e}^{-\frac{1}{2}}$；（5）2；（6）1.

4.（1）在 $(-\infty, -1]$, $[1, +\infty)$ 上单调增加，在 $[-1, 0), (0, 1]$ 上单调减少，极大值 $y(-1) = -4$，极小值 $y(1) = 4$；

（2）在 $\left(-\infty, -\dfrac{1}{2}\right]$ 上单调减少，在 $\left[-\dfrac{1}{2}, +\infty\right)$ 上单调增加，极小值 $y\left(-\dfrac{1}{2}\right) = -\dfrac{27}{16}$；

（3）在 $\left(0, \dfrac{1}{2}\right]$ 上单调减少，在 $\left[\dfrac{1}{2}, +\infty\right)$ 上单调增加，极小值 $y\left(\dfrac{1}{2}\right) = \dfrac{1}{2} + \ln 2$.

（4）在 $(-\infty, -2]$, $[0, +\infty)a$ 上单调增加，在 $[-2, -1), (-1, 0]$ 上单调减少，极大值 $y(-2) = -4$，极小值 $y(0) = 0$.

5.（1）在 $\left(-\infty, -\dfrac{1}{3}\right]$ 上是凹的，在 $\left[\dfrac{1}{3}, +\infty\right)$ 上是凸的，拐点 $\left(\dfrac{1}{3}, \dfrac{2}{27}\right)$；

（2）在 $(-\infty, 0]$, $[2, +\infty)$ 上是凹的，在 $[0, 2]$ 上是凸的，拐点 $\left(0, \dfrac{1}{4}\right)$，$\left(2, \dfrac{1}{4}\right)$；

（3）在 $(-\infty, -2]$ 上是凸的，在 $[-2, +\infty)$ 上是凹的，拐点 $(-2, -2\mathrm{e}^{-2})$；

（4）在 $\left(-\infty, -\dfrac{1}{2}\right]$ 上是凸的，在 $\left[-\dfrac{1}{2}, 0\right]$, $[0, +\infty)$ 上是凹的，拐点 $\left(-\dfrac{1}{2}, -\dfrac{6}{\sqrt[3]{4}}\right)$.

6.（1）$a = -\dfrac{2}{3}$，$b = -\dfrac{1}{6}$；（2）$a = 1$，$b = -3$；

（3）拐点为 $(2, 2\mathrm{e}^{-2})$，在该点的法线方程为 $y - 2\mathrm{e}^{-2} = \mathrm{e}^2(x - 2)$.

7. 设窗户的周长为 l ，则宽为 $\dfrac{2l}{\pi+4}$ ，高为 $\dfrac{l}{\pi+4}$ 时，窗户的面积最大.

9. 提示：（1）设 $F(x)=f(x)-1+x$ ，在 $[0,1]$ 上使用零点定理；

（2）对函数 $f(x)$ 分别在 $[0,\xi]$，$[\xi,1]$ 上使用拉格朗日中值定理，并利用（1）的结果.

第 4 章

习题 4.1

2. $y=\dfrac{5}{3}x^3$.

6. （1）$y=\ln x+1$ ；　　　　　　　　　　（2）$\sin x+x^2+C$ ；

　　（3）$\sin x-\cos x+C$ ；　　　　　　　（4）$x-\arctan x+C$ ；

　　（5）C_0 ；　　　　　　　　　　　　　（6）$\dfrac{1}{3}x^3+\dfrac{2}{5}x^{\frac{5}{2}}-\dfrac{2}{3}x^{\frac{3}{2}}-x+C$.

7. （1）$\dfrac{4}{7}x^{\frac{7}{2}}+C$ ；　　　　　　　　　（2）$\dfrac{1}{2}x^2-\dfrac{4}{3}x^{\frac{3}{2}}+x+C$ ；

　　（3）$-x^{-1}-2\ln|x|+x+C$ ；　　　（4）$-\dfrac{4}{x}+\dfrac{4}{3}x+\dfrac{1}{27}x^3+C$ ；

　　（5）$-5\cos x+\sin x+C$ ；　　　　　（6）$\dfrac{3^x\mathrm{e}^x}{\ln 3+1}+C$ ；

　　（7）$\dfrac{2^x}{\ln 2}+\tan x+C$ ；　　　　　（8）$\dfrac{1}{2}x^2-\arctan x+C$ ；

　　（9）$\tan x-\sec x+C$ ；　　　　　　（10）$2\tan x+x+C$ ；

　　（11）$-\cot x-\tan x+C$ ；　　　　　（12）$-\cot x+\tan x+C$.

习题 4.2

1. （1）-3 ；　　　（2）$-\dfrac{1}{4}$ ；　　　　（3）$\dfrac{1}{3}$ ；　　　（4）-1 ；

　　（5）$-\dfrac{1}{2}$ ；　　　（6）$\dfrac{1}{6}\ln^2 x+C$ ；　　（7）$-\dfrac{1}{2}$.

2. （1）$-\dfrac{1}{12}(1-3x)^4+C$ ；　　　　　（2）$\dfrac{1}{3}\sin(3x-2)+C$ ；

　　（3）$-\sqrt{3-x^2}+C$ ；　　　　　　　（4）$\ln\left|1+x^3\right|+C$ ；

　　（5）$-\dfrac{1}{2}\mathrm{e}^{-x^2}+C$ ；　　　　　　（6）$\dfrac{5^{2x+3}}{2\ln 5}+C$ ；

　　（7）$\dfrac{2}{3}(x-1)^{\frac{3}{2}}+2(x-1)^{\frac{1}{2}}+C$ ；　　（8）$\mathrm{e}^{\arcsin x}+C$ ；

　　（9）$\ln\left|1+\tan x\right|+C$ ；　　　　　（10）$2\sqrt{1+\ln x}+C$ ；

（11） $x - \dfrac{1}{2}\ln(1 + x^2) - 3\arctan x + C$ ；　（12） $-2\cos x + 2\ln(1 + \cos x) + C$ ；

（13） $\dfrac{2}{5}\mathrm{e}^{\sqrt{x}} + C$ ；　（14） $\ln\left|\cos\dfrac{1}{x}\right| + C$ ；

（15） $\arctan \mathrm{e}^x + C$ ；　（16） $\arctan \mathrm{e}^x + C$ ；

（17） $-\mathrm{e}^{-x} + \ln(\mathrm{e}^x + 1) - x + C$ ；　（18） $\dfrac{1}{2}\arctan\dfrac{x-1}{2} + C$ ；

（19） $\dfrac{1}{4}\ln\left|\dfrac{x^2 - 1}{x^2 + 1}\right| + C$ ；　（20） $\dfrac{1}{2\sqrt{6}}\ln\left|\dfrac{x - 1 - \sqrt{6}}{x - 1 + \sqrt{6}}\right| + C$ ；

（21） $\dfrac{1}{\sin x + \cos x} + C$ ；　（22） $\ln\left|x\ln x\right| + C$ ；

（23） $\ln\left|x + \sin x\right| + C$ ；　（24） $(\arctan\sqrt{x})^2 + C$.

3. （1） $\dfrac{2}{3}\sqrt{3x} - \dfrac{2}{3}\ln(1 + \sqrt{3x}) + C$ ；

（2） $-8\sqrt{2 - x} + \dfrac{8}{3}(2 - x)^{\frac{3}{2}} - \dfrac{2}{5}(2 - x)^{\frac{5}{2}} + C$ ；

（3） $\dfrac{1}{2}\left(\arctan x + \dfrac{x}{x^2 + 1}\right) + C$ ；　（4） $\ln\left|\dfrac{\sqrt{1 + \mathrm{e}^x} - 1}{\sqrt{1 + \mathrm{e}^x} + 1}\right| + C$ ；

（5） $\sqrt{x^2 + 1} + \ln\dfrac{\sqrt{x^2 + 1} - 1}{|x|} + C$ ；　（6） $\sqrt{x^2 - 9} - 3\arccos\dfrac{3}{|x|} + C$ ；

（7） $\dfrac{a^2}{2}\left(\arcsin\dfrac{x}{a} - \dfrac{x}{a^2}\sqrt{a^2 - x^2}\right) + C$ ；　（8） $\arccos\dfrac{1}{|x|} + C$.

习题 4.3

1. （1） $x\mathrm{e}^x - \mathrm{e}^x + C$ ；　（2） $-\dfrac{1}{2}x\cos 2x + \dfrac{1}{4}\sin 2x + C$ ；

（3） $\dfrac{1}{3}x^3\ln x - \dfrac{1}{9}x^3 + C$ ；　（4） $x\arctan x - \dfrac{1}{2}\ln(1 + x^2) + C$ ；

（5） $x^2\mathrm{e}^x - 2x\mathrm{e}^x + 2\mathrm{e}^x + C$ ；　（6） $3\mathrm{e}^{\sqrt[3]{x}}(\sqrt[3]{x^2} - 2\sqrt[3]{x} + 2) + C$ ；

（7） $\dfrac{1}{3}x^3\arctan x - \dfrac{1}{6}x^2 + \dfrac{1}{6}\ln(1 + x^2) + C$ ；

（8） $x\tan x + \ln\left|\cos x\right| + C$ ；

（9） $x(\arcsin x)^2 + 2\sqrt{1 - x^2}\arcsin x - 2x + C$ ；

（10） $\ln x\ln(\ln x) - \ln x + C$ ；

（11） $x\arctan x - \dfrac{1}{2}\ln(1 + x^2) - \dfrac{1}{2}(\arctan x)^2 + C$ ；

（12） $-\dfrac{1}{x}\arctan x + \ln\left|x\right| - \dfrac{1}{2}\ln(1 + x^2) - \dfrac{1}{2}(\arctan x)^2 + C$ ；

（13）$\dfrac{1}{3}(x^3 e^{x^3} - e^{x^3}) + C$；

（14）$\tan x \ln(\tan x) - \tan x + C$；

（15）$\dfrac{1}{2} e^x (\sin x - \cos x) + C$；

（16）$\dfrac{1}{2} x(\cos \ln x + \sin \ln x) + C$．

2．$-2x^2 e^{-x^2} - e^{-x^2} + C$．

习题 4.4

1．（1）$\dfrac{1}{2} x^2 - 2x + 4\ln|x+2| + C$；

（2）$-2\ln|x-1| + 3\ln|x-2| + C$；

（3）$\ln|x+1| - \dfrac{1}{2}\ln(x^2 - x + 1) + \sqrt{3}\arctan\dfrac{2x-1}{\sqrt{3}} + C$；

（4）$\dfrac{1}{x+1} + \dfrac{1}{2}\ln|x^2 - 1| + C$；

（5）$\dfrac{1}{\sqrt{2}}\arctan\dfrac{\tan\frac{x}{2}}{\sqrt{2}} + C$；

（6）$\dfrac{1}{2}\ln x^2 - \dfrac{1}{2}\ln(1 + x^2) + C$；

（7）$\sec x - \tan x + x + C$；

（8）$\dfrac{1}{2\sqrt{3}}\arctan\left(\dfrac{2\tan x}{\sqrt{3}}\right) + C$．

复习题 4

1．（1）$-\dfrac{\ln x}{2x^2} - \dfrac{1}{4x^2} + C$；

（2）$\ln\left|\ln x + \sqrt{1 + (\ln x)^2}\right| + C$；

（3）$-\dfrac{5}{72}(1 - 3x^4)^{\frac{6}{5}} + C$；

（4）$e^{\arctan x} + C$；

（5）$x\ln(1 + x^2) - 2x + 2\arctan x + C$；

（6）$\ln|\csc x - \cot x| + \cos x + C$；

（7）$\dfrac{1}{5}(x + 2\ln|\cos x + 2\sin x|) + C$；

（8）$\dfrac{1}{5}e^x(\sin 2x - 2\cos 2x) + C$；

（9）$-3\sqrt[3]{x^2}\cos\sqrt[3]{x} + 6\sqrt[3]{x}\sin\sqrt[3]{x} + 6\cos\sqrt[3]{x} + C$；

（10）$\tan\dfrac{x}{2} + C$；

（11）$(1 + 2\ln x)^{\frac{1}{2}} + C$；

（12）$2(\sqrt{x}e^{\sqrt{x}} - e^{\sqrt{x}}) + C$；

（13）$\dfrac{1}{3}(1 + 2\ln x)^{\frac{3}{2}} + C$；

（14）$-(xe^{-x} + e^{-x}) + C$；

（15）$-\tan\dfrac{1}{x} + C$；

（16）$2\arctan\sqrt{x} + C$；

（17）$2\arctan\sqrt{e^x - 1} + C$；

（18）$2\sqrt{x} - 4\sqrt[4]{x} + 4\ln(\sqrt[4]{x} + 1) + C$；

（19）$\dfrac{1}{4}\arctan\dfrac{2x+1}{2} + C$；

（20）$\dfrac{3}{2}\sqrt[3]{(x+2)^2} - 3\sqrt[3]{x+2} + 3\ln\left|1 + \sqrt[3]{x+2}\right| + C$；

（21）$\dfrac{1}{2}\left(x^2\ln x-\dfrac{1}{2}x^2\right)+C$；　　　　（22）$x\arcsin x+\sqrt{1-x^2}+C$；

（23）$\dfrac{1}{2}(\sec x\tan x+\ln|\sec x+\tan x|)+C$；

（24）$2\sqrt{x}\arcsin\sqrt{x}+2\sqrt{1-x}+C$；

（25）$\dfrac{1}{2}(x^2\sin x^2+\cos x^2)+C$；

（26）$x\ln(1+x^2)-2x+2\arctan x+C$；

（27）$\dfrac{xe^x}{e^x+1}-\ln(e^x+1)+C$；　　　　（28）$x\tan\dfrac{x}{2}+C$.

2．$xf(x)+C$.

自测题 4

1．（1）$\dfrac{1}{2}F(x^2)+C$；　　　　（2）$-2xe^{-x^2}$；

　　（3）$\dfrac{e^x}{1+e^{2x}}$；　　　　（4）$2e^{\sqrt{x}}+C$；

　　（5）$\sin x-x\cos x+C$；　　　　（6）$\dfrac{x\cos x-2\sin x}{x}+C$；

　　（7）$x\ln x-x+C$；　　　　（8）$-\dfrac{1}{4}\left(x\cos 2x-\dfrac{1}{2}\sin 2x\right)+C$；

　　（9）$\ln|x+2|+C$；　　　　（10）$2\sqrt{f(\ln x)}+C$.

2．（1）D；（2）B；（3）C；（4）D；
　　（5）C；（6）C；（7）C；（8）A.

3．（1）$-\dfrac{1}{9}(2-3x^2)^{\frac{3}{2}}+C$；　　　　（2）$2\ln x-\dfrac{1}{2}(\ln x)^2+C$；

　　（3）$-\dfrac{1}{4}(2x^2+2x+1)e^{-2x}+C$；　　　　（4）$\dfrac{1}{2}x\sin 2x+\dfrac{1}{4}\cos 2x+C$；

　　（5）$x\tan x+\ln|\cos x|+C$；　　　　（6）$x(\ln^2 x-2\ln x+2)+C$；

　　（7）$\dfrac{1}{2}\ln\left|\dfrac{e^x-1}{e^x+1}\right|+C$；　　　　（8）$\ln|1+\tan x|+C$；

　　（9）$-2\cot 2x+C$；　　　　（10）$\dfrac{1}{4}\ln\left|\dfrac{x-1}{x+1}\right|-\dfrac{1}{2}\arctan x+C$；

　　（11）$\arcsin x-\sqrt{1-x^2}+C$；　　　　（12）$\dfrac{1}{5}\cos^5 x-\dfrac{1}{3}\cos^3 x+C$；

　　（13）$\dfrac{1}{3}(x+1)^{\frac{3}{2}}-\dfrac{1}{3}(x-1)^{\frac{3}{2}}+C$；　　　　（14）$-2\sqrt{\dfrac{1+x}{x}}+2\ln\left(\sqrt{\dfrac{1+x}{x}}+1\right)+\ln|x|+C$；

　　（15）$\dfrac{1}{2(1-x)^2}-\dfrac{1}{1-x}+C$；　　　　（16）$\dfrac{1}{2}\arctan(\sin^2 x)+C$；

(17) $\ln\dfrac{\sqrt{e^x+1}-1}{\sqrt{e^x+1}+1}+C$；

(18) $x\ln(x+\sqrt{a^2+x^2})-\sqrt{a^2+x^2}+C$；

(19) $\tan x\ln(\sin x)-x+C$；

(20) $x-\dfrac{\ln(1+e^x)}{x}-\ln(1+e^x)+C$．

第 5 章

习题 5.1

1. 均正确．

2. （1) $\displaystyle\int_0^1 x^3\mathrm{d}x<\int_0^1 x^2\mathrm{d}x$；

（2) $\displaystyle\int_0^1(1+x)\mathrm{d}x<\int_0^1 e^x\mathrm{d}x$；

（3) $\displaystyle\int_1^2\ln^2 x\mathrm{d}x<\int_1^2\ln x\mathrm{d}x$；

（4) $\displaystyle\int_0^5 e^{-x}\mathrm{d}x<\int_0^5 e^x\mathrm{d}x$；

（5) $\displaystyle\int_0^{\frac{\pi}{2}}\sin x\mathrm{d}x<\int_0^{\frac{\pi}{2}}x\mathrm{d}x$；

（6) $\displaystyle\int_0^{\frac{\pi}{2}}\sin^5 x\mathrm{d}x<\int_0^{\frac{\pi}{2}}\sin^3 x\mathrm{d}x$．

3. （1) $24<\displaystyle\int_2^5(x^2+4)\mathrm{d}x<87$；

（2) $\dfrac{1}{2}\leqslant\displaystyle\int_1^2\dfrac{1}{x}\mathrm{d}x\leqslant1$；

（3) $\pi\leqslant\displaystyle\int_{\frac{\pi}{4}}^{\frac{5\pi}{4}}(1+\sin^2 x)\mathrm{d}x\leqslant2\pi$；

（4) $\dfrac{\pi}{9}<\displaystyle\int_{\frac{\sqrt{3}}{3}}^{\sqrt{3}}x\arctan x\mathrm{d}x<\dfrac{2}{3}\pi$．

习题 5.2

1. （1) e^2；（2) $\dfrac{1}{2}$；（3) 1；（4) $-\dfrac{1}{2}$．

2. （1) $x\sqrt{1+x^2}$；

（2) $-2x\ln(1+x^2)$；

（3) $3x^2 e^{-x^6}-\dfrac{1}{2\sqrt{x}}e^{-x}$；

（4) $\dfrac{1}{2}\sin 2xe^{\sin x}-3x^5 e^{x^3}$．

3. $2xe^{-y^2}\cos x$．

4. 极小值 $F(0)=0$．

5. $f(x)=\dfrac{5}{3}x^{\frac{2}{3}}$，$a=-1$．

6. $\dfrac{\pi}{4(2-e)}$ （提示：已知式两端，在 $[0,1]$ 上求积分）．

7. （1) $\dfrac{\pi}{3}$；（2) $\dfrac{1}{2}\ln 3$；（3) $\dfrac{1}{2}\ln 3$；（4) $\dfrac{2\sqrt{3}}{3}-\dfrac{\pi}{6}$；（5) $\dfrac{1}{2}\ln\dfrac{3}{2}-\dfrac{1}{6}$；

（6) $\dfrac{29}{6}$；（7) $1-\dfrac{1}{\sqrt{3}}+\dfrac{\pi}{12}$；（8) $2\sqrt{2}$；（9) 1；（10) 4.

习题 5.3

1. (1) $\dfrac{1}{2}$；(2) $\dfrac{1}{10}$；(3) $\dfrac{\pi}{6}$；(4) 1；(5) $\dfrac{5}{2}$；(6) $\ln\dfrac{1+\sqrt{2}}{\sqrt{3}}$；

(7) $4\dfrac{58}{105}$；(8) $7+2\ln 2$；(9) $\sqrt{3}-\dfrac{\pi}{3}$；(10) $\dfrac{\sqrt{2}}{2a^2}$；(11) $2(\sqrt{3}-1)$；

(12) $\ln\dfrac{e+\sqrt{1+e^2}}{1+\sqrt{2}}$；(13) $\dfrac{4}{3}$；(14) $-\dfrac{1}{8}(\ln 2)^2$；(15) 14；(16) 0；

(17) $\dfrac{\sqrt{3}}{9}\pi$；(18) $\ln\dfrac{3+2\sqrt{2}}{2+\sqrt{3}}$；(19) $\dfrac{1}{6}$；(20) $4-\pi$；(21) $1+\dfrac{1}{2}\ln\dfrac{3}{2}$；

(22) $\dfrac{4}{15}$；(23) $2(1-\ln 2)$；(24) $\ln 2$；(25) $\dfrac{\pi}{4}+\dfrac{1}{2}\ln 2$；(26) $\dfrac{\pi}{8}$；

(27) $2\sqrt{3}-\ln(2+\sqrt{3})$；(28) $\sqrt{3}-\ln(2+\sqrt{3})$；(29) $\dfrac{2}{\pi}(2\sqrt{2}-1)$；

(30) $\dfrac{\pi}{6}-\dfrac{\sqrt{3}}{8}$.

2. (1) $\dfrac{\ln 3-2}{\ln^2 3}$；(2) $e-2$；(3) $2\left[\dfrac{2\pi}{3}-\ln(2+\sqrt{3})\right]$；(4) $\dfrac{\pi}{8}-\dfrac{1}{4}$；(5) $\dfrac{2}{5}\left(1+e^{-\frac{\pi}{2}}\right)$；

(6) $2\ln 2-1$；(7) $\dfrac{\pi}{2}+\ln 2-2$；(8) $\dfrac{e^2-1}{4}$；(9) $8(e-2)$；

(10) $\ln(1+e)-\dfrac{e}{1+e}$；(11) $2\ln(1+\sqrt{3})-\dfrac{1}{2}\ln 2-\dfrac{\sqrt{3}}{2}$；(12) $\dfrac{1}{2}(1-e^{-\frac{\pi}{2}})$；

(13) $\dfrac{1}{4}(e^2-1)$；(14) $\dfrac{1}{4}(1-\ln 2)$；(15) 4π；(16) $\dfrac{4}{9}$.

3. 略.

4. $\ln|x|+1$.

5. $\dfrac{\pi}{4-\pi}$.

6. $\dfrac{\pi}{8}-\dfrac{1}{4}$.

7. (1) 0；(2) $\dfrac{3}{2}\pi$；(3) $\dfrac{\pi^3}{324}$；(4) 0.

习题 5.4

1. (1) 发散；(2) 1；(3) $\dfrac{\pi}{2}$；(4) $\dfrac{\pi}{4}+\dfrac{1}{2}\ln 2$；

(5) -1；(6) $\dfrac{8}{3}$；(7) 0；(8) 发散.

2. $p>1$ 时收敛于 $\dfrac{1}{1-p}(\ln 2)^{1-p}$；$p\leqslant 1$ 时发散.

3. 略.

4. $c = \dfrac{5}{2}$.

5. $p < 1$ 时收敛于 $\dfrac{(b-a)^{1-p}}{1-p}$; $p \geqslant 1$ 时发散.

复习题 5

1. （1）A；（2）B；（3）B；（4）B；（5）C；（6）C；（7）D；（8）B.

（提示：（4）$\sin x \displaystyle\int_0^x f(t)\mathrm{d}t$, $\displaystyle\int_0^x f(t)\mathrm{d}t$ 为偶函数；（6）设 $x = \dfrac{t}{k}$;

（7）$P < 0$, $M = 0$, $N > 0$；（8）$\displaystyle\int_0^{\frac{\pi}{n}} |\sin nx|\mathrm{d}x$.）

2. $xf(x^2)$（提示：设 $u = x^2 - t^2$）.

3. （1）1；（2）$+\infty$（提示：（1）设 $u = xt$；（2）$\dfrac{\infty}{\infty}$ 型）.

4. $\dfrac{b^3 - a^3}{3}$.（提示：$f(x)$ 在 $[a,b]$ 上存在最大值 M 和最小值 m，且 $\displaystyle\lim_{n\to\infty} \sqrt[n]{m} = \lim_{n\to\infty} \sqrt[n]{M} = 1$）.

5. $I_1 = \dfrac{\pi}{2}\left(\dfrac{\pi^2}{3} - \dfrac{1}{2}\right)$, $I_2 = \dfrac{\pi}{2}\left(\dfrac{\pi^2}{3} + \dfrac{1}{2}\right)$（提示：计算 $I_1 + I_2$ 和 $I_2 - I_1$）.

6. 提示：设 $F(x) = \displaystyle\int_a^x f(t)\mathrm{d}t \cdot \int_x^b g(t)\mathrm{d}t$，在 $[a,b]$ 上应用罗尔定理.

7. 提示：设 $F(x) = 2x - \displaystyle\int_0^x f(t)\mathrm{d}t - 1$，用零点定理证明方程有根；用 $F(x)$ 的单调性证明仅有一个根.

8. 提示：任取 $x \in (0,b)$，对 $f(x)$ 在 $[0,x]$ 上应用拉格朗日中值定理.

9. $x < 0$ 时，$I = -\dfrac{\sqrt{\pi}}{2}$；$x = 0$ 时，$I = 0$；$x > 0$ 时，$I = \dfrac{\sqrt{\pi}}{2}$.

（提示：$\displaystyle\int_0^x \sqrt{n}\mathrm{e}^{-nt^2}\mathrm{d}t \xlongequal{\sqrt{nt}=y} \int_0^{\sqrt{nx}} \mathrm{e}^{-y^2}\mathrm{d}y$.）

10. $\mathrm{e}^{-1} - 1$.（提示：用分部积分法计算.）

自测题 5

1. （1）负；（2）$\displaystyle\int_0^1 \sqrt{1+x^3}\mathrm{d}x > \int_0^1 \sqrt{1+x^4}\mathrm{d}x$；（3）$\mathrm{e} - \mathrm{e}^{-1}$；（4）0；

（5）$\arctan f(3) - \arctan f(1)$；（6）$\dfrac{1}{x^3} f'\left(\dfrac{1}{x}\right)$；（7）$\dfrac{2}{3}$；（8）2；

（9）2；（10）2.

2. （1）B（提示：不可两次用洛必达法则）；（2）C；（3）C；（4）B；（5）D.

3.（1）$\arctan e - \dfrac{\pi}{4}$；（2）$\dfrac{1}{\sqrt{2}}\arctan\dfrac{1}{\sqrt{2}}$；（3）$\dfrac{\pi}{2}$；（4）$-\dfrac{1}{8}(\ln 2)^2$；

（5）$\dfrac{1}{2}(e\sin 1 - e\cos 1 + 1)$；（6）$\dfrac{\pi}{2}$；（7）（提示：利用递推公式）$I_n = n!$；

（8）$\dfrac{1}{2}$；（9）$\dfrac{\mathrm{d}y}{\mathrm{d}x} = \dfrac{e^{y^2}\cos x^2}{2y}$，$y \neq 0$；

（10）当 $t = \dfrac{1}{2}$ 时，面积最小，当 $t = 0$ 时，面积最大．

第 6 章

习题 6.1

1.（1）$\dfrac{1}{2}$；（2）5；（3）1；（4）$e + e^{-1} - 2$；（5）8；（6）$\dfrac{16}{3}$；

（7）$\dfrac{7}{6}$；（8）$\dfrac{1}{2}$；（9）$4\sqrt{2}$．（10）$\dfrac{7}{48}$；（11）48．

2. $\dfrac{9}{4}$．

3. 8∶1．

4.（1）$a^2\left(\dfrac{\pi}{6} + \dfrac{\sqrt{3}}{4}\right)$；（2）$\dfrac{a^2}{4}(e^{2\pi} - e^{-2\pi})$；（3）$6\pi a^2$．

5.（1）$t = \dfrac{\pi}{4}$；（2）$t = 0$．

6.（1）$a = \dfrac{1}{\sqrt{2}}$，$s = \dfrac{2 - \sqrt{2}}{6}$；（2）$V_x = \dfrac{1 - \sqrt{2}}{30}\pi$．

7. $\dfrac{1000}{3}\sqrt{3}$．

8.（1）$V_x = \dfrac{32}{3}\pi$；（2）$V_x = \dfrac{32}{5}\pi$，$V_y = 8\pi$；（3）$V_x = \pi(e - 2)$；

（4）$V_x = \dfrac{128}{15}\pi$；（5）$V_x = \dfrac{64}{3}\pi$；（6）$V_y = 2\pi^2$．

9. $a = \dfrac{1}{4}$．

习题 6.2

1. 50，100．

2.（1）9987.5；（2）19850．

3.（1）4（百台）；（2）0.5（万元）．

4.（1）$Q(t) = 100t + 5t^2 - 0.15t^3$（吨）；（2）572.8（吨）．

5.（1）$C(x)=1+3x+\dfrac{1}{6}x^2$，$R(x)=7x-\dfrac{1}{2}x^2$，$L(x)=-1+4x-\dfrac{2}{3}x^2$；

    （2）16（万元）；16（万元）；

    （3）$x=3$（百台）；$L(3)=5$（万元）.

复习题 6

1.（1）$\dfrac{2}{3}-\ln 2$；（2）$b-a$ （3）$2\pi+\dfrac{4}{3}$；（4）$\dfrac{\sqrt{2}}{4}\left(\dfrac{1}{3}+\dfrac{\pi}{2}\right)$；（5）18.

2.　$\dfrac{16}{3}p^2$.

3.（1）$\dfrac{5}{4}\pi$；（2）$\dfrac{\pi}{6}+\dfrac{1}{2}-\dfrac{\sqrt{3}}{2}$.

4.　$\dfrac{4\sqrt{3}}{3}R^3$.

5.（1）$V_x=\dfrac{48}{5}\pi$，$V_y=\dfrac{24}{5}\pi$；（2）$V_x=4\pi^2$，$V_y=\dfrac{4}{3}\pi$；

    （2）$V_x=\dfrac{128}{7}\pi$，$V_y=\dfrac{64}{5}\pi$.

6.　略.

7.　$100qe^{-\frac{q}{10}}$.

8.（1）7500（万元）；（2）2500（万元）.

自测题 6

1.（1）C；（2）D；（3）C.

2.（1）$2\pi+\dfrac{4}{3}$，$6\pi-\dfrac{4}{3}$；（2）$\dfrac{32}{3}$；（3）$\dfrac{9}{2}$；（4）$\dfrac{3}{2}-\ln 2$；（5）$\dfrac{1}{2}+\ln 2$；

    （6）$\dfrac{5}{6}\pi$；（7）$a=-\dfrac{5}{3}$，$b=2$，$c=0$；（8）$\dfrac{3}{2}\pi$；（9）$666\dfrac{1}{3}$；

    （10）$L(q)=-20+24q-3q^2$（万元），当 $q=4$ 时可以取得最大利润 $L(4)=28$ 万元.

参考文献

[1] 同济大学应用数学系. 高等数学（第六版）. 北京：高等教育出版社，2006.

[2] 同济大学数学系. 高等数学习题全解指南. 北京：高等教育出版社，2006.

[3] 顾静相. 经济数学基础. 北京：高等教育出版社，2004.

[4] 徐建豪，刘克宁. 经济应用数学. 北京：高等教育出版社，2003.

[5] 毛京中. 高等数学学习指导. 北京：北京理工大学出版社，2001.

[6] 朱来义. 微积分（第二版）. 北京：高等教育出版社，2003.

[7] 范培华，章学诚，刘西垣. 微积分. 北京：中国商业出版社，2006.

[8] 刘淑环，刘崇丽，闫红霞. 高等数学. 北京：北京华文出版社，2002.

[9] 张国楚，徐本顺，李祎. 大学文科数学. 北京：高等教育出版社，2002.

[10] 李铮，周放. 高等数学. 北京：科学出版社，2001.

[11] 周建莹，李正元. 高等数学解题指南. 北京：北京大学出版社，2002.

[12] 上海财经大学应用数学系. 高等数学. 上海：上海财经大学出版社，2003.

[13] 蒋兴国，吴延东. 高等数学. 北京：机械工业出版社，2002.

[14] 赵树嫄. 微积分. 北京. 中国人民大学出版社，2002.

[15] 盛祥耀. 高等数学. 北京：高等教育出版社，2002.

[16] 何春江. 高等数学. 北京：中国水利水电出版社，2006.

[17] 何春江. 经济数学. 北京：中国水利水电出版社，2008.

[18] 张义清，徐新丽. 高等数学学习指导. 北京：机械工业出版社，2003.

[19] 张翠莲. 高等数学（经管、文科类）. 北京：中国水利水电出版社，2009.